도서출판
굿든벌
기술이 바뀌면, 생활이 행복이다

친환경 페인팅의 신세계
Waterborne Paint

김 재 훈 지음

자동차 수용성 도장

머리말 preface

우리는 산업화와 더불어 환경을 파괴하는 물질들을 대량으로 사용하면서 산림자원의 파손, 미세먼지와 광학 스모그의 발생, 하천이나 강 등의 수질 오염을 가속화하고 있다. 이에 오염물질 배출과 관련한 규제가 강화되면서 도료 회사들의 고민도 커지고 있다. 그 결과 업체들은 환경규제 기준에 적합한 수용성 도료 제품을 판매하고 있다.

자동차 선진국인 유럽 연합의 경우 10여년 전부터 수용성 도료를 사용하고 있지만, 국내의 경우 정식적인 시판이 불과 1~2년 전에 시작되어 상대적으로 많이 늦은 상황이다. 현재 VOCs 환경규제 사항을 충족하고 환경을 보호하기 위해 수용성 도료를 사용해야 하지만, 대부분의 정비 공장 사업주는 수용성 도료로 보험 청구나 견적비용에서 추가적인 할증을 기대하며 도장부서에 사용을 권유하고 있다. 이것은 기존의 유성 도료와 비교할 때 작업성이 까다롭고 작업 시간이 길어지는 것을 전혀 고려하지 않는 현실이다.

수용성 도료의 적용으로 작업자는 기존 유성 도료보다 건강에 덜 해롭고 작업 환경도 좋아지므로 점진적으로 사용하는 작업장이 증가할 것으로 예상된다. 수용성 도료를 사용하기 전 본서에 있는 대표 수용성 도료 제작사를 참고하여 사용한다면 새로운 환경에 발빠르게 대처할 수 있을 것이다.

이 책은 수용성 도료의 도입 배경과 환경 규제, 수용성 도료 도장에 필요한 장비 및 공구, 도료 회사별 사용 매뉴얼, 안전 순으로 기술되어 있다.

책을 쓰면서 나 자신도 많이 배우는 계기가 되었으며, 수용성 도료를 접하게 되는 기술자들에게 있어서도 조그마한 보탬이 되었으면 한다. 끝으로 자료를 협조해 주신 도료 회사별 자동차 보수팀 관계자 분들과에게 감사드리며, 보기 좋도록 잘 편집해주신 이상호 간사님과 안명철 편집자님에게도 감사를 드린다.

2018년 6월 김재훈

차례 contents

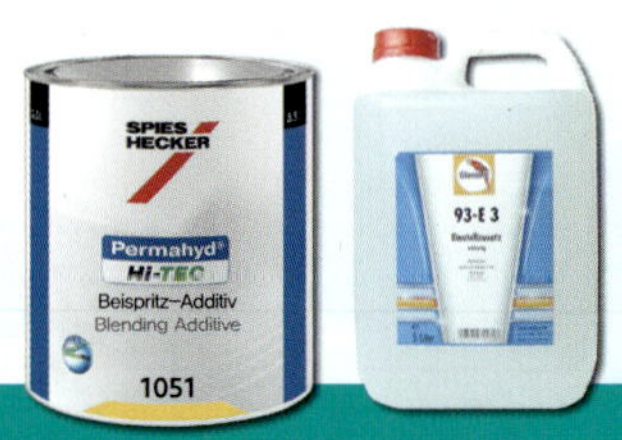

P·A·R·T 4 작업 안전

수용성 도료

수용성 도료의 개요

1 수용성 도료

10년 전 수도권 대기 환경청에서 국내의 자동차 보수도장 시장의 패러다임을 바꿀만한 계획이 시작되었다. 법적으로 페인트 중의 유기용제 배출량에 대해 유럽, 미국, 일본 등지에서 환경보호 정책의 일환으로 **VOCs**(Volatile Organic Compounds; 휘발성 유기화합물) 규제를 입법화하면서 자동차 보수도장 시장에서는 **베이스 코트**(Base coat)용 수용성 도료가 수입 제품으로부터 판매되기 시작하였다. 이에 국내의 도료 회사들도 제품 개발 인원을 편성, 신제품 개발에 박차를 기하여 최근에 출시하였다.

수용성? 수성이면 수성이지, 왜 용(溶)을 중간에 넣어서 쓸까? 이유는 간단하다. 수성 페인트에 용제가 조금 첨가되어 있기 때문이다. 약 10%정도 첨가되어 있는데 이 용제가 도료 중에 첨가되어 있기 때문에 수성 페인트라 하지 못하고 **수용성 페인트**라 부르며, 영어로는 **Waterborne Paint**이다.

물은 용매의 대부분을 차지하지만 적은 양의 용제는 수용성 베이스 코트를 구성하는 안료 중 특수한 안료들을 골고루 퍼지게 하고 사용할 수 있도록 해주는 역할을 한다. 도료 중에 첨가되는 물과 용제의 가장 큰 차이점은 증발하는 기본 개념에 있다.

기존의 유기용제는 온도가 올라가면 올라갈수록 빨리 증발하지만, 물의 경우에는 **습도**가 핵심이다. 거실의 바닥을 창문이 닫힌 상태에서 물걸레로 닦고 기다리면 물은 빨리 마르지 않는다. 하지만 물걸레질을 한 후 거실의 창문을 열어두면 바닥의 물은 빨리 건조되는 것을 경험들 하였을 것이다.

물은 페인트 표면에서 증발함에 따라 표면 근처에 공기가 포화되어 더 이상의 물을 가질수 없기 때문에 건조가 되지 않아 작업공정이 공정이 느려지게 된다. 따라서 공기의 유동을 빠르게 하면 증발되는 표면 근처의 공기가 포화되지 않기 때문에 건조가 빨라지게 된다. 따라서 수용성 페인트의 건조 속도를 결정하는 요소는 **상대 습도와 온도**이다.

도장하는 주변의 공기가 건조하면 페인트 중의 물은 빨리 없어진다. 도장 중 건조되는 과정에서 표면의 색상은 젖어 있을 때 명도가 높아 보이지만 건조되어 가면서 명도가 젖은 도막보다 낮아지게 된다. 결국 수용성 베이스 코트는 플래시 오프 타임이 필요 없다.

"수용성 페인트의 건조 속도를 결정하는 요소는 상대 습도와 온도이다."

현재 페인트를 제조하여 판매되는 수용성 제품은 베이스 코트가 대부분이며, 투명이나 서페이서가 간혹 있기는 하지만 유성도료가 환경에 저촉을 받지 않기 때문에 아직까지는 유성페인트가 주류를 이루고 있다. 향후에도 계속 지속될 것으로 보이며, 베이스 코트를 제외한 다른 공정의 도료들은 하이솔리드 형태로 만들면 도료 중의 VOCs 기준을 만족하기 때문에 아직까지 유성페인트를 사용하고 있다.

하지만 상도용으로 사용되는 베이스 코트는 하이솔리드 형태로 만들지 못하기 때문에 수용성을 사용하는 것이다. 수용성 베이스 코트를 사용하기 위해서 가장 중요한 장비로는 에어 컴프레서를 들 수 있다. 에어 컴프레서의 압축 공기에는 오일이 존재할 수 있으며, 물과 기름은 절대 섞이지 않는다. 압축 공기 중에 존재하는 오일은 작업 전반에 물고기 눈과 같은 **"피시아이"**의 결함이 발생된다. 그러므로 수용성을 적용하기 전에 에어 컴프레서와 관련된 시스템을 고품질로 변경하는 것이 최우선이다. 그 이유는 모든 준비가 잘되었지만 도장을 망치게 되기 때문이다.

수용성 도료의 특징

① 대기 환경오염의 저감 및 작업환경의 개선 효과가 매우 크다.

② 인체 유해성, 냄새 및 화재의 위험성이 적다.

③ 물의 특성상 용제형 대비 건조가 느리므로 강제 건조 설비가 필요하다.

④ 온도, 습도, 먼지, 유분 등 주변 환경에 민감하다.

01 물의 특성

물은 자연계에서 존재하는 가장 좋은 용매로 다양한 물질을 용해한다. 물은 극성이 커서 극성 물질을 특히 잘 용해하며, 물에 직접 용해되지 않는 물질이라도 다른 물질이 첨가된 물에는 잘 용해된다. 아래의 표는 물의 특성 및 사용 시의 장단점이다.

물의 특성	장 점	단 점
무독	공해가 없고 위생적	부패가 쉽고, 방부제가 필요
불연	대용량의 환기를 필요로 하지 않기 때문에 열풍 이외의 가열도 가능하며, 열효율을 높일 수 있음	소각하기 어려움
휘발이 느림	용제 배출량이 적음	흘러내리기 쉽고 도장의 작업성이 나쁨
표면장력이 강함	특수한 형태의 도장이 가능	도장하기 어렵고 최저의 도막 두께가 두꺼우며, 거품 제거가 어렵고 끊음 현상이 발생하기 쉬우며, 미세한 부분의 도장이 어려움
물에 섞임	수분이 함유된 면도 도장이 가능	수지, 첨가제, 용제 등 수용성 유기 화합물을 사용하기 때문에 폐수 처리가 필요

02 수용성 도료의 도막

수용성 도료 단면의 구성을 세부적으로 구분하면 가장 위에는 클리어 도막으로 약 44㎛, 아래로 베이스 17㎛, 중도 32㎛, 하도가 약 20㎛ 정도이다. 그리고 사람의 머리카락은 약 70㎛정도이다.

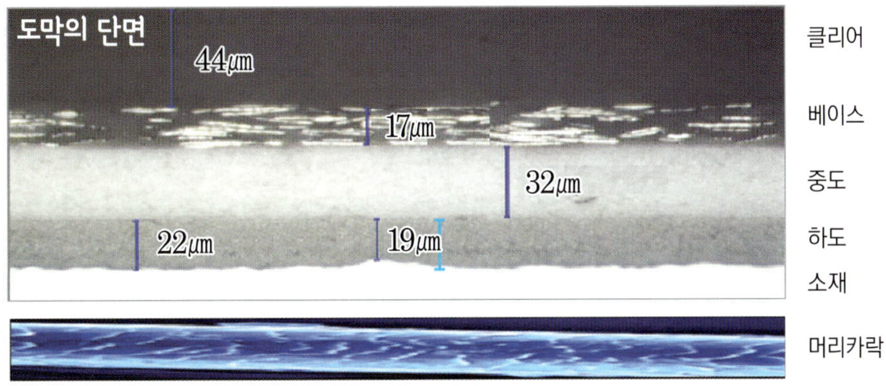

수용성 도막은 유성의 **1coat**(솔리드 컬러) 방식의 도료는 업체에서 제조하지 않아 작업 현장에 없으며, 베이스 도료를 도장한 후 클리어를 도장해야 하는 **2coat** 방식과 **3coat** 방식이 있다.

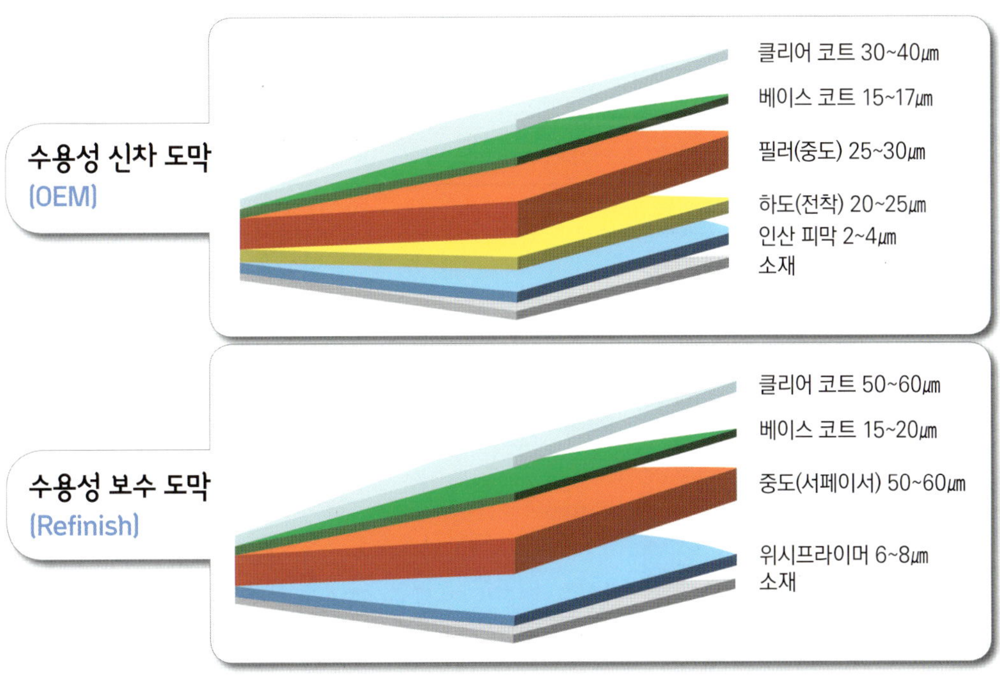

03 수용성 도료와 유성 도료의 비교

용제형 도료의 경우 점도를 조절할 때 시너를 사용하지만 수용성 도료는 물을 사용하며, 도료의 점성을 제어하기 위해 **에멀젼 수지**(emulsion resin)를 사용하였다.

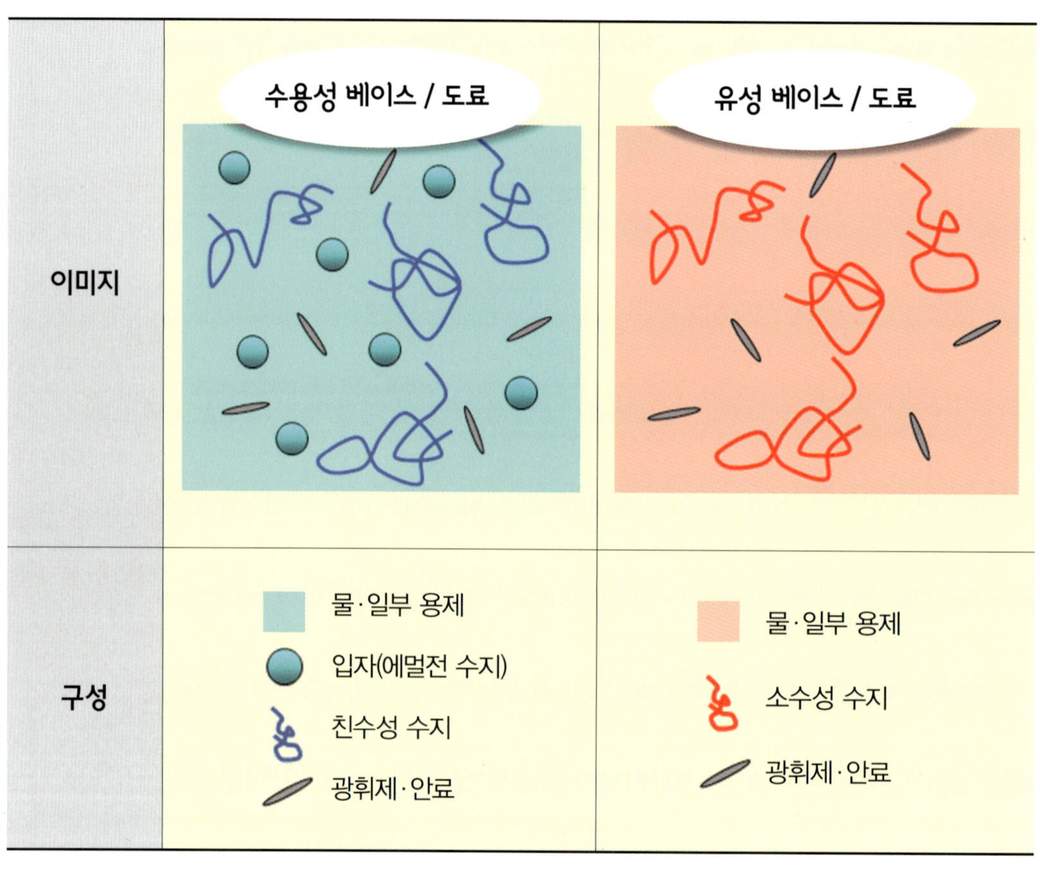

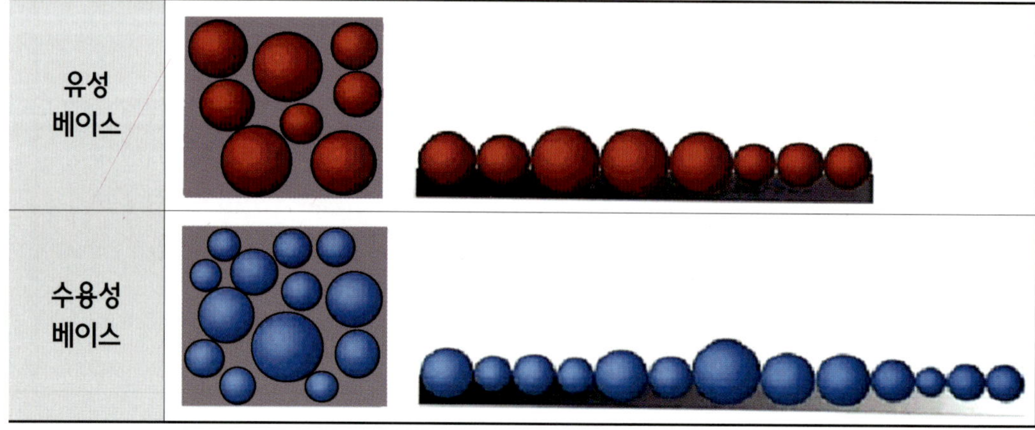

　유성 안료와 수용성의 안료 크기를 비교하면 수용성의 안료 크기가 작아 은폐가 잘되는 것을 알 수 있다. 노란색과 같이 은폐가 잘되지 않는 컬러의 경우에도 3회의 도장으로 은폐가 가능하다.

	도장의 두께	도장 횟수
유성 베이스 코트	20~30㎛	3~4
수용성 베이스 코트	20~30㎛	1~2

04 물과 용제의 차이점

항　목	물	유기용제	단위
비 중	1	About 0.9	g/㎤, 25℃
끓는점	100	118 ～ 128	℃
증발열	5527	250 ～ 55	J/g
표면 장력	72	29	mN/m
화제위험성	낮다	높다	

　유성 도료를 수용성 도료로 사용하였을 경우 나타나는 현상은 다음과 같다.

① 도료의 **재료비가 증가**한다.

② 도장의 **작업비가 증가**한다.

③ 도장 **업체 투자**(설비에 대한 신규투자, 교체 및 신설)가 **필요**하다.

④ 도장 작업시간의 증가로 **생산성이 감소**한다.

⑤ 도료 업체의 제품 교육이 필수 및 **새로운 도장기술의 습득이 필요**하다.

2 수용성 도료의 특성

01 도료의 구성

유성 도료는 유기용제가 대부분을 차치하며, 건조 후 도막으로 남는 성분은 16%정도이다. 수용성 베이스를 보면 왜 수용성인지를 확인할 수 있다.

도료를 구성하는 성분 중에 유성과 같이 유기용제가 약 10% 정도 들어가게 된다. 적은 량의 유기용제가 들어가 있기 때문에 수용성이라고 한다. 아래의 표는 유성과 수용성 도료의 대표적인 특징을 비교한 것이다.

항목	유성 도료	수용성 도료
스프레이건 노즐	1.4mm 정도	1.2mm 정도
은폐력	좋음	매우 좋음 (안료의 크기가 작음)
희석제	유기용제	증류수
건조	빠름 (온도에 민감)	느림 (습도 및 온도 조건에 민감하고, 증발잠열이 커서 건조가 늦음) 대책 : 공기 분사, 승온, 충분한 플래시 오프 타임
주변 조건	비교적 영향이 적음	주변 환경에 영향을 받음
색상	차이가 비교적 적음	도장 방법에 따른 색상의 차이
세척	시너 세척	정수 세척 (수용성 세척기)
색상 얼룩	자주 발생	잘 발생하지 않음
저장성	상온 보관	동절기에 동결 가능성이 있음
가격	낮음	높음

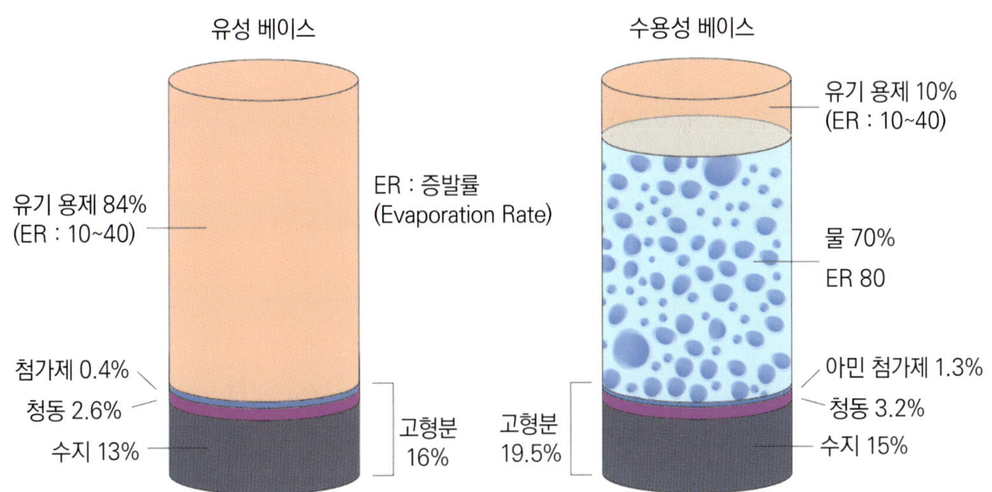

02 도료의 건조

도료를 도장한 후 수분이 증발하면서 입자들 간의 접촉이 상호 확산되면서 점진적으로 도막으로 변화하며, 수분이 완전히 증발하면 계면 가교반응도 종료된다.

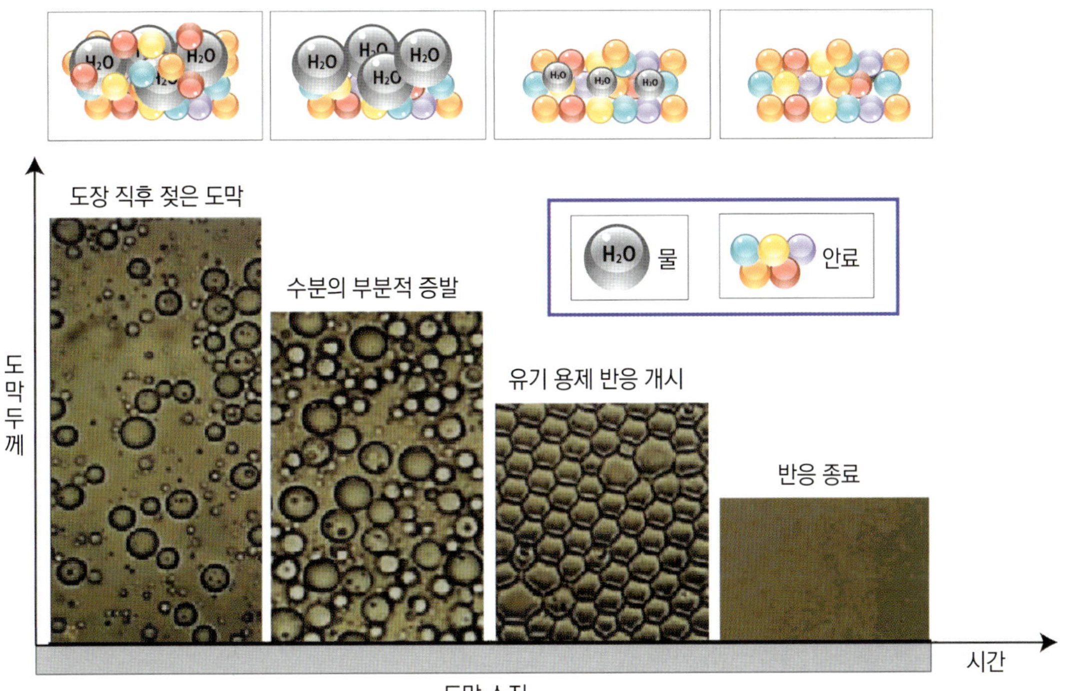

03 온도와 습도의 관계

수용성 도료는 유성 노료보다 온도, 습도에 대한 영향이 크다. 우리나라는 사계절이 뚜렷하여 그래프와 같은 환경이 골고루 형성된다. 따라서 작업장을 최적의 조건으로 만들어 작업할 필요가 있으며, 결국 하자발생을 줄이는 방법이 된다.

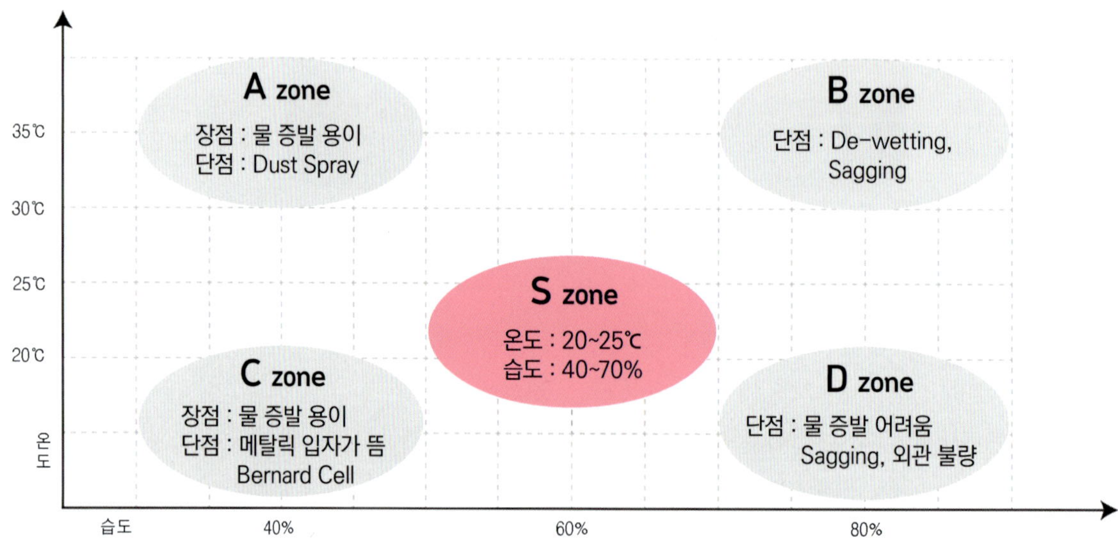

A zone
우리나라의 겨울철에는 도장 부스의 온도를 높게 하고 작업하는 경우로 물 증발이 용이하여 작업성은 향상되지만 온도가 높고 습도가 낮아 스프레이건에서 피도체로 날아가는 중간에 건조가 되어 날림 도장(Dust Spray)이 된다.

B zone
우리나라의 장마철이나 여름철의 대표적인 온도와 습도로 표면의 젖음이 부족한 De-wetting 현상이 발생하거나 흐름(sagging) 현상이 발생된다.

C zone
우리나라의 겨울철에 해당되며, 물의 증발은 용이하여 건조는 빠르지만 메탈릭 입자가 표층으로 떠버리거나 도장 후 헤어드라이기 등으로 빨리 건조시킬 때 발생하는 베르나르드 셀(Benard cell)로 벌집이나 오각형, 육각형 모양이 나타나기도 한다.

D zone
장마철 온도가 낮을 때로 습도가 높아 건조가 잘되지 않으며 흐름이 발생하거나 지나치게 늦게 건조되어 메탈릭 입자들이 바닥에 가라앉는 등 이색 현상이 발생된다.

S zone
가장 좋은 작업조건으로 온도는 20~25℃, 습도 30~70%이다. 가급적 해당 조건을 만들어 작업하기를 권장한다.

■ 건조 과정 중 공기 흐름의 원리

공기 흐름이 빠를 때

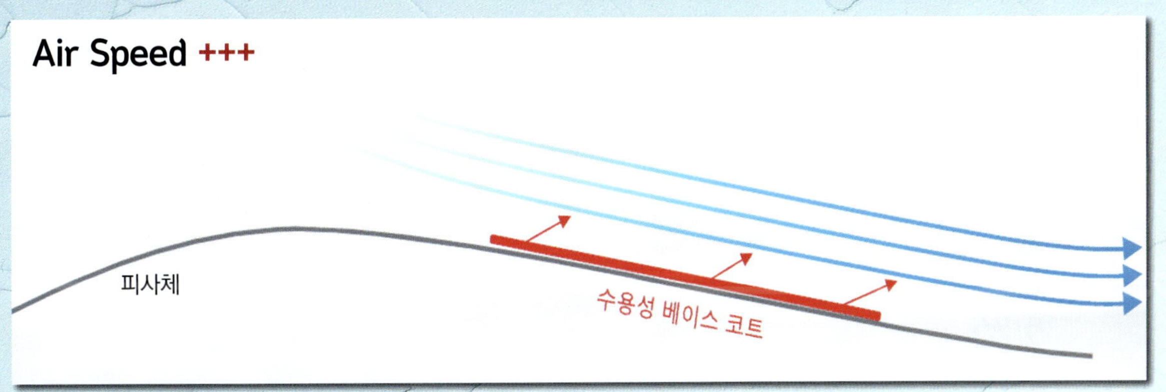

- 피사체 위로 공기 흐름이 빠를수록 습기가 도장의 표면에서 제거가 덜 된다.
- 도막 내의 건조 불균형으로 도장의 표면에 건표 현상(Dry Skin)이 발생한다.

공기 흐름이 느릴 때

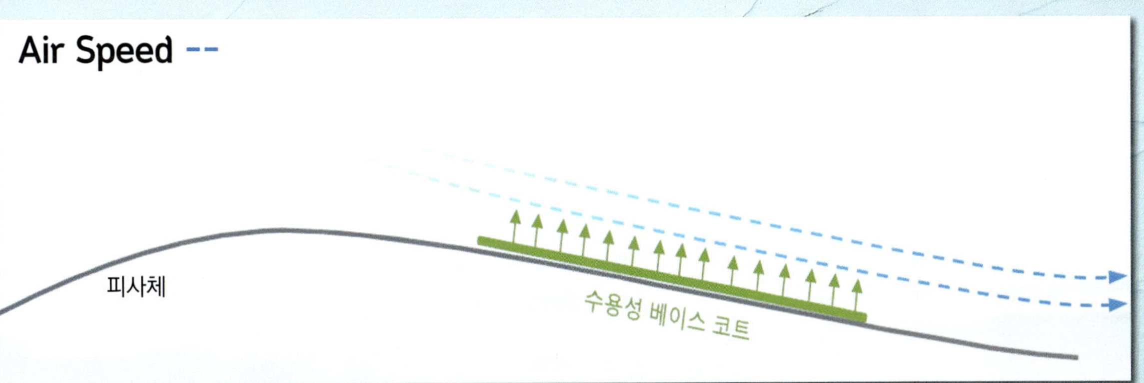

- 피사체 위로 공기 흐름이 느릴수록 더 많은 습기가 도장의 표면에서 제거된다.
- 도막 내의 건조 불균형으로 도장의 표면에 건표 현상(Dry Skin)이 발생된다.

04 도료 사용시 주의사항

수용성 도료는 **부식, 점도, 전단력, 엉김, 거품, 유속과 온도, 습도** 등에 민감하다.

1) 부식의 민감성

수용성 도료는 철로 된 소재는 물론 일부 스테인리스도 녹이 발생된다. 따라서 도료의 용기는 녹이 슬지 않는 스테인리스나 용제에 녹지 않는 플라스틱으로 대치되어야 한다. 용기 내에서 부식이 발생하면 금속의 이온이 방출되고 이 방출된 금속의 이온이 화학적인 양향을 미쳐 도료를 오염시키게 된다.

2) 점도

수용성 도료는 유동이 없을 땐 마요네즈와 같이 고점도이고 유동이 있을 때에는 저점도이다. 동일한 도료에서 교반을 많이 하는 경우에는 점도가 낮아지고 교반을 적게 하는 경우에는 점도가 높아진다. 밀가루 반죽을 계속 만지면 조금씩 묽어지는 것을 경험을 하였을 것이다.

3) 응집성

응집은 흐름이 없는 한 부분에서 도료가 겔화되는 것으로 엉킨 도료는 스프레이건을 막히게 하거나 이물질의 원인이 된다.

4) 피막성

수용성 도료는 유성 도료와 달리 건조 후 다시 용해되지 않는다. 도료 통의 입구에서 건조된 도료가 통 내부로 떨어져 섞이게 되면 재용해가 되지 않기 때문에 불순물이 된다. 또한 사용 기구에 묻은 도료도 즉시 세척을 해야 한다.

그리고 도료의 뚜껑이 얼었을 경우 피막이 생기지 않도록 하고 공기와의 접촉을 최소화하는 것이 좋으며, 도료를 사용할 때에는 반드시 수용성 전용필터나 유성필터 2장을 겹쳐서 걸러진 도료를 사용해야한다.

5) 도료 중 공기 방울

도료의 내부에 공기 방울이 생성되면 비율 혼합 시 공기 방울로 인해 정확한 량을 계량하기 힘들게 된다. 따라서 교반시 지나치게 빠르게 회전시키지 않도록 하여야 한다.

05 도료의 보관

① 직사광선을 피하여 5℃~35℃를 유지할 수 있는 실내에 보관한다.

② 부식의 방지를 위하여 적절히 코팅된 용기, 비닐, 플라스틱 용기에 보관한다.

③ 피부나 눈 등 신체에 도료가 접촉되지 않도록 하고, 어린이의 손에 닿지 않는 곳에 보관한다.

④ **물질안전보건자료**(MSDS; Material Safety Data Sheet)를 반드시 확인하고 사용한다.

휘발성 유기화합물

1 휘발성 유기화합물의 개요

최근 주거지역이나 산업단지 등에서 새롭게 대두된 **휘발성 유기 화합물**(VOCs; Volatile Organic Compounds)은 우리가 살고 있는 모든 영역에 존재하는 물질로 아직까지 국제적으로 통일된 정의나 대상 물질의 범주가 준비되어 있지 않다.

그로 인해 VOCs에 대한 정의나 범위는 VOCs 규제의 배경과 대기 중 오존 오염물질이 국가 및 지역에 따라 조금씩 다르게 적용되고 있다. 일반적으로 휘발성 유기 화합물이란 상온·상압에서 대기 중에 가스 형태로 배출되는 탄소와 수소로 이루어진 물질을 말한다.

이 휘발성 유기 화합물은 벤젠이나 1,3-뷰타디엔과 같이 물질 차체에 독성 및 발암성이 있어 사람의 건강이나 생태계에 영향을 주며, 포름알데히드와 같이 악취 원인물로 작용하고 또한 에틸렌과 같이 오존을 일으키는 **전구물질**(Precursor)로도 작용한다.

대표적인 유기용제의 배출 규제로는 미국 환경청의 휘발성 유기 물질 규제와 독일의 대기정화법(TA-Luft) 등이 있다. 미국의 경우에는 코팅 조성물 중의 유기용제량을 중심으로 규제 선을 정하고 독일은 자동차 한 대를 도장하는데 필요한 도장 조성물로부터 배출되는 유기용제량을 제한하고 있다.

01 VOCs의 정의

1) 대기환경보전법에 따른 정의

휘발성 유기 화합물이라 함은 탄화수소류 중 석유 화학제품·유기용제 기타 물질로서 환경부장관이 관계 중앙행정기관의 장과 협의하여 고시하는 것을 말한다. (대기환경보전법 시행령 제39조 제1항)

2) 미국

대기 중으로 쉽게 휘발하는 특성을 갖는 탄화수소류로서 태양광선에 의해 질소산화물(NOx)과 광화학 반응을 일으켜 지표면의 오존 농도를 증가시켜 광화학 스모그를 일으키는 물질로 정의하며, 벤젠, 톨루엔, 프로판 등 광화학 반응성이 에탄보다 큰 318종의 물질과 이들 물질을 포함하는 **진증기압**(TVP; True Vapor Pressure)이 1.5psi 이상인 석유 화학제품 및 유기용제 등이라 규정하고 있다.

3) 유럽연합

주로 자동차로부터 발생하는 VOCs의 배출량을 저감하기 위해 연료로써 사용되는 가솔린에 초점을 두고 있다. 이에 따라 **레이드 증기압**(RVP; Reid Vapor Pressure)이 27.6 KPa 이상인 석유류 제품이 주로 규제 대상에 속하는 반면, 액화석유가스는 그 대상에서 제외되는 경향이다.

4) 일본

탄소화합물 가운데 일산화탄소, 이산화탄소, 탄소 등을 제외한 유기화합 물질(단, 메탄은 제외)이 규제 대상이며 원유, 가솔린, 납사 및 항공터빈유 4호(JP-4) 및 위의 물질 이외에 단일물질의 경우는 끓는점이 1기압에서 150℃이하, 혼합물질인 경우는 1기압에서 5% 유출점이 150℃ 이하인 것으로 규정되어 있다.

02 VOCs 배출원

1) 자연 배출원

VOCs의 상당량은 나무 등이 뿜어내는 이소플렌, 테프펜, 알코올, 에스테르 등에서 기인하며, 3~4% 정도이다.

2) 인위 배출원

석유류 및 유기용제 등의 유통과정, 도료나 잉크의 제조·사용, 유기용제를 이용한 세척 등 기타 제조 공정, 자동차의 운행 및 VOCs를 함유한 생활용품의 사용과정 등 그 배출원이 산업 활동과 일상생활 등 광범위하게 분포한다. 2012년 서울시정개발연구원이 공개한 서울시 휘발성 유기화합물의 주요 배출원 분석 및 관리 방안에 따르면 지금까지는 페인트, 잉크 등 유기용제가 VOCs의 최대 배출원으로 분석되었지만 자동차 배출량이 과소평가된 사실을 확인하고 배출원을 분석한 결과 화석 연료가 57%로 가장 큰 비중을 차지하였으며, 유기용제의 VOCs 배출량 비중은 30~40% 정도로 확인되었다.

03 VOCs의 영향

벤젠, 할로겐화탄화수소 등 일부 VOCs는 그 자체가 발암성 등 유해성을 가지며, 질소산화물(NOx)과 광화학 반응을 일으켜 지표면의 오존 농도를 증가시키는 스모그의 발생 물질이 된다. 또한 대기로 노출되면 **질소산화물**(NOx)과 반응하여 **오존**(Ozone), **수산기**(OH Radical) 등과 같은 **광화학 옥시던트**(Oxidant)를 발생시키기도 한다.

이 광화학 옥시던트는 질소산화물과 탄화수소가 빛에너지에 의해 반응하여 생기는 강산성 물질로 자극성 및 독성이 매우 강하여 호흡기 질환을 악화시키는 등 사람의 건강에 악영향을 주고, 지표면 부근에서의 오존 생성에 관여하므로 간접적으로 지구온난화를 발생시키며 특유의 냄새로 악취의 원인 물질이기도 하다.

$$VOC + 2NO + 2O_2 \rightarrow H_2O + 2NO_2 + R'C(O)R''$$
$$NO_2 + h\upsilon \rightarrow NO + O$$
$$O + O_2 + M \rightarrow O_3 + M$$
$$\therefore VOC + 3O_2 \rightarrow H_2O + O_3 + R'C(O)R''$$

▲ VOCs가 오존 생성에 미치는 메커니즘

04 국가별 규제현황

1) 미국

휘발성 유기화합물에 대하여 세계 최초로 규제를 실시하는 국가는 미국으로 1944년에 캘리포니아의 LA지역에서 농작물이 고사하고 사람의 눈을 자극하는 새로운 형태의 대기오염물질이 나타나자 캘리포니아를 중심으로 VOC에 대한 규제 실시했다.

2) 유럽

1979년 「장거리월경 대기오염 협약」을 체결하고 1984년 가맹국에 대하여 VOC 억제를 위한 입법화를 촉구하였다. 이에 따라 1986년 독일을 시작으로 이탈리아(1988년), 네덜란드(1988년), 영국(1990년) 등이 입법화되었다.

3) 대한민국

대기질 양상은 아황산가스, 일산화탄소 등 1차 오염물질은 연료 정책의 추진 등으로 점차 개선되는 추세에 있지만 오존이나 미세먼지 등 2차 오염물질은 악화되고 있어 VOC에 대한 규제의 필요성이 점차 증가되고 있는 실정이다.

이에 따라 1995년 VOC에 대한 규제의 근거조항을 마련하여 특별대책지역인 여천(1996년) 및 울산·온산(1997년)산단지역과 대기환경규제지역인 수도권(2000년), 부산(2002년), 대구(2003년), 광양만(2004년) 지역에 대하여 규제를 실시하였으며, 수도권 지역에 대하여는 수도권 대기환경 개선에 관한 특별법을 제정하여 2005년 1월 1일부터 시행하는 한편, 같은 해 7월 1일부터는 수도권 대기관리권역 내에 공급·판매하는 도료에 대하여 VOC 함유량 기준을 설정하여 규제하고 있다.

2 휘발성 유기화합물 지정물질

 종류

배출시설(대기환경보전법 시행령 제45조제1항)외 관리대상 휘발성 유기화합물의 종류로 1 기압 250℃ 이하에서 최소 비등점을 가지는 유기화합물(다만, 탄산 및 그 염류 등 국립 환경과학원장이 정하여 공고하는 물질은 제외)을 말한다.

37종 오염물질 종류

No	CAS No.	물질명(국문)	물질명(영문)	화학식
1	000050-00-0	포름알데히드	Formaldehyde	$CH_2O[HCHO]$
2	000064-19-7	아세트산	Acetic Acid	$C_2H_4O_2$
3	000067-56-1	메탄올	Methanol	$CH_4O[CH_3OH]$
4	000067-63-0	이소프로필 알코올	Isopropyl Alcohol	$C_3H_8O[(CH_3)CHOHCH_3]$
5	000067-66-3	클로로포름	Chloroform	$CHCl_3$
6	000071-43-2	벤젠	Benzene	C_6H_6
7	000074-85-1	에틸렌	Ethylene	C_2H_2
8	000075-09-2	디클로로메탄	Dichloromethane	CH_2Cl_2
9	000075-56-9	프로필렌 옥사이드	Propylene oxide	C_3H_6O
10	000078-93-3	메틸 에틸 케톤	Methyl ethyl ketone	$C_4H_8O[CH_3COCH_2CH_3]$
11	000079-01-6	트리클로로에틸렌	Trichloroethylene	C_2HCl_3
12	000100-41-4	에틸벤젠	Ethylbenzene	C_8H_{10}
13	000100-42-5	스티렌	Styrene	C_8H_8
14	000106-97-8	부탄	Butane	C_4H_{10}
15	000106-98-9	1- 부텐, 2-부텐	1-Butene, 2-Butene	$C_4H_8[CH_3CH_2CHCH_2]$

No	CAS No.	물질명(국문)	물질명(영문)	화학식
16	000106−99−0	1, 3 − 부타디엔	1,3−Butadiene	C_4H_6
17	000107−02−8	아크롤레인	Acrolein	C_3H_4O
18	000107−06−2	1, 2 − 디클로로에탄	1,2−dichloroethane	$C_2H_4Cl_2[Cl(CH_2)_2Cl]$
19	000107−13−1	아크릴로니트릴	Acrylonitrile	C_3H_3N
20	000108−88−3	톨루엔	Toluene	C_7H_8
21	000109−89−7	디에틸아민	Diethylamine	$C_4H_{11}N[(C_2H_5)_2NH]$
22	000110−54−3	n − 헥산	n−Hexane	C_6H_{14}
23	000110−82−7	시클로헥산	Cyclohexane	C_6H_{12}
24	000115−07−1	프로필렌	Propylene	C_6H_6
25	000124−40−3	디메틸아민	Dimethylamine	C_2H_7N
26	000127−18−4	테트라클로로에틸렌	Tetrachloroethlyene	C_2Cl_4
27	001330−20−7	자일렌	Xylene	C_8H_{10}
28	001634−04−4	메틸 tert − 부틸 에테르	Methyl tert−butyl ether	$C_5H_{12}O[CH_3OC(CH_3)_2CH_3]$
29	000056−23−5	사염화 탄소	Carbon tetrachloride	CCl_4
30	000071−55−6	1,1,1−트리클로로에탄	1,1,1−Trichloroethane	$C_2H_3Cl_3$
31	000074−86−2	아세틸렌	Acetylene	C_2H_2
32	000075−07−0	아세트알데히드	Acetaldehyde	$C_2H_4O[CH_3CHO]$
33	000098−95−3	니트로벤젠	Nitrobenzene	$C_6H_5NO_2$
34	000540−59−0	아세틸렌 디클로라이드	Acetylene Dichloride	$C_2H_2Cl_2$
35	* 8030−30−6	원유	Crude Oil	
36	* 8002−5−9	납사	Naphtha	
37	* 86290−81−5	휘발유	Gasoline	

체크 CAS No(Chemical Abstracts Service Registry Numbers)는 미국화학회(ACS; American Chemical Society)에서 동질성을 갖는 물질 등에 부여한 고유번호를 말한다.

02 배출시설 외 관리대상 휘발성 유기화합물

1기압 250℃에서 최소 비등점을 갖는 유기화힙물(다만, 단산 및 그 염류 등 국립환경과학원장이 정하여 공고하는 물질은 제외)을 말한다.

체크 면제물질(4종) : Acetone, PCBTF, Dimethyl carbonate, tert-Buthylacetate

03 휘발성 유기화합물의 위해성

휘발성 유기화합물은 독성의 노출 농도와 기간, 개인별로 다르게 나타나며 취급하는 근로자가 고농도의 휘발성 유기화합물에 노출되면 중추 신경계 마비에 따라 정신기능 장애·의식 상실·경련 등의 증상이 나타날 수 있으며, 호흡중추가 억제되는 경우 사망에 이르게 된다. 또한 휘발성 유기화합물에 포함된 벤젠은 IARC(유엔 산하 국제암연구소)에서 사람에게 암을 일으키는 1등급(Group 1)으로 규정하고 있다.

휘발성 유기화합물 위해성

번호	물질명	주요 위해성	비고
1	포름알데히드	호흡곤란, 심각한 화상, 통증, 수포, 복부경련, 발암성(B1)	특정 대기유해물질
2	아세트산	두통, 현기증, 호흡곤란, 수포, 화상, 시력상실, 복통, 설사	–
3	메탄올	현기증, 구토, 복통, 호흡곤란, 의식불명	–
4	이소프로필 알콜	현기증, 졸음, 두통, 구토, 시야가 흐려짐	–
5	클로로포름	졸음, 두통, 통증, 설사, 현기증, 복통, 구토, 의식불명 / 발암성(B2)	특정 대기유해물질
6	벤젠	졸음, 의식불명, 통증, 설사, 현기증, 경련, 구토, 발암성 특히 백혈병 유발	특정 대기유해물질, 오존 전구물질
7	에틸렌	졸음, 의식불명	오존 전구물질
8	디클로로메탄	현기증, 졸음, 두통, 구토, 의식불명, 화상, 복통, 발암성	–
9	프로필렌옥사이드	졸음, 질식, 두통, 메스꺼움, 구토, 화상, 발암성(B2)	특정 대기유해물질

10	메틸에틸케톤	현기증, 졸음, 무기력증, 두통, 구토, 호흡곤란, 의식불명, 복부경련	–
11	트리클로로에탄	현기증, 졸음, 두통, 의식불명, 통증, 복통	특정 대기유해물질
12	에틸벤젠	현기증, 두통, 졸음, 통증, 시야가 흐려짐	특정 대기유해물질, 오존 전구물질
13	스틸렌	현기증, 졸음, 두통, 구토, 복통	특정 대기유해물질
14	부탄	졸음, 액체 상태로 접촉시 동상	오존 전구물질
15	1-부텐, 2-부텐	현기증, 의식불명, 액체 상태로 접촉시 동상	오존 전구물질
16	1,3 – 부타디엔	졸음, 구토, 의식불명, 액체 상태로 접촉시 동상, 발암성(B2)	특정 대기유해물질
17	아크롤레인	화상, 숨참, 통증, 수포, 복부경련	–
18	1,2-디클로로에탄	졸음, 의식불명, 통증, 설사, 현기증, 구토, 시야가 흐려짐, 복부경련	특정 대기유해물질
19	아크릴로니트릴	두통, 구토, 설사, 질식, 발암성	특정 대기유해물질
20	톨루엔	현기증, 졸음, 두통, 구토, 의식불명, 복통	오존 전구물질
21	디에틸아민	호흡곤란, 수포, 고통화상, 설사, 구토, 시력 상실	–
22	n-헥산	현기증, 졸음, 무기력증, 두통, 호흡곤란, 구토, 의식불명, 복통	–
23	시클로헥산	현기증, 두통, 메스꺼움, 구토	오존 전구물질
24	프로필렌	졸음, 질식, 액체 상태로 접촉시 동상	오존 전구물질
25	디메틸아민	복부 통증, 설사, 호흡곤란, 고통, 화상, 시야가 흐려짐	–
26	테트라클로로에틸렌	현기증, 졸음, 두통, 구토, 의식불명, 수포, 화상, 복통	특정대기유해물질
27	자일렌 (o-,m-,p-포함)	현기증, 졸음, 두통, 의식불명, 복통	오존 전구물질
28	메틸 tert – 부틸 에테르	현기증, 졸음, 두통	–
29	사염화탄소	현기증, 졸음, 두통, 구토, 복통, 설사 / 발암성(B2)	특정대기유해물질
30	1,1,1,–트리클로로에탄	졸음, 두통, 구토, 숨이 참, 의식불명, 설사	–
31	아세틸렌	현기증, 무기력증 및 액체 상태로 접촉시 동상	오존 전구물질
32	아세트알데히드	졸음, 의식불명, 통증, 설사, 현기증, 구토	특정 대기유해물질1
33	니트로벤젠	두통, 청색증(푸른 입술 및 손톱), 현기증, 구토, 의식불명	–
34	아세틸렌 디클로라이드	현기증, 무기력증 및 액체 상태로 접촉시 동상	–
35	원유	두통, 구토	–
36	납사	졸음, 두통, 구토, 경련	–
37	휘발유	졸음, 두통, 구토, 의식불명	–

3 휘발성 유기화합물의 배출

휘발성 유기화합물은 배출시설 관리대상 VOCs와 배출시설 외 관리대상(도료, 용제 등) VOCs로 관리체계가 이원화되어 관리되고 있으며, 배출시설의 경우 특별 대책지역과 대기환경 규제지역에 소재한 시설을 대상으로 관리한다.

01 배출량의 산정

국가 대기오염물질의 배출량은 **대기정책지원시스템**(Clean Air Policy Support System, CAPSS)으로 산정하며, 그 외 7개의 대기오염 물질(CO, NOx, SOx, TSP, PM10, VOCs, NH_3)을 대상으로 1999년부터 배출량을 산정하고 있으며, 2011년부터 PM2.5를 추가 산정하고 있다.

그리고 배출량은 150여개 유관기관으로부터 250여 종의 자료를 입수, 2년의 시간 간격을 두고 산정한다.

체크 CAPSS : 배출원 목록(Emission Inventory)에 근거한 대기질 관리 종합시스템으로 체계적인 기초자료 수집·관리를 통하여 대기오염총량관리제, 대기보전시책의 효율적 평가 등 정책 수행에 필요한 정보 및 시스템을 제공하고 양질의 정보를 제공하는 대국민 정보 서비스를 실시

02 배출원 분류 체계

배출원은 각각 대분류(12개), 하부에 각각 중분류(58개), 소분류(334개), 세분류(579개)로 한다. 배출원의 분류 체계는 유럽연합 배기가스(ORINAIR Emissions) 배출원 분류 체계(SNAP97)를 기초로 하고 있으며, 2007년에 배출원의 분류 체계를 국내의 현실에 맞추어 변경하였다.

<table>
<thead>
<tr><th colspan="2">2006년 이전</th></tr>
</thead>
<tbody>
<tr><td>코드</td><td>분류명</td></tr>
<tr><td>1</td><td>에너지 산업 연소</td></tr>
<tr><td>2</td><td>비산업 연소</td></tr>
<tr><td>3</td><td>제조업 연소</td></tr>
<tr><td>4</td><td>생산 공정</td></tr>
<tr><td>5</td><td>에너지 수송 및 저장</td></tr>
<tr><td>6</td><td>유기용제 사용</td></tr>
<tr><td>7</td><td>도로 이동 오염원</td></tr>
<tr><td>8</td><td>비도로 이동 오염원</td></tr>
<tr><td>9</td><td>폐기물 처리</td></tr>
<tr><td>10</td><td>자연 오염원</td></tr>
<tr><td>11</td><td>농업</td></tr>
<tr><td>12</td><td>–</td></tr>
<tr><td>13</td><td>–</td></tr>
</tbody>
</table>

<table>
<thead>
<tr><th colspan="2">2007년 이후</th></tr>
</thead>
<tbody>
<tr><td>코드</td><td>분류명</td></tr>
<tr><td>1</td><td>에너지 산업 연소</td></tr>
<tr><td>2</td><td>비산업 연소</td></tr>
<tr><td>3</td><td>제조업 연소</td></tr>
<tr><td>4</td><td>생산 공정</td></tr>
<tr><td>5</td><td>에너지 수송 및 저장</td></tr>
<tr><td>6</td><td>유기용제 사용</td></tr>
<tr><td>7</td><td>도로 이동 오염원</td></tr>
<tr><td>8</td><td>비도로 이동 오염원</td></tr>
<tr><td>9</td><td>폐기물 처리</td></tr>
<tr><td>10</td><td>농업</td></tr>
<tr><td>11</td><td>기타 면오염원</td></tr>
<tr><td>12</td><td>비산먼지</td></tr>
<tr><td>13</td><td>생물성 연소 (2011년)</td></tr>
</tbody>
</table>

03 유기용제 사용 배출량 산정 방법

1) 분류법

페인트, 잉크, 세탁소 용매 및 가정용품 등 휘발성이 큰 유기용제의 사용에 따른 휘발성 유기화합물 배출량을 산정하며, 산업시설 도장, 건축물·비산업용 도장, 세정, 세탁, 기타 인쇄, 가정, 아스팔트 포장 등으로 분류하여 산정한다.

2) 산정 방법

배출량 산정 방법은 도료의 소비량과 배출계수를 고려하며, 장비 설비가 장착되어 있는 산업시설의 경우 방지 효율을 고려하여 산정한다. 그리고 도료의 소비량은 도료의 생산량과 동일하다고 가정하며, 용도에 따라 공간의 배분을 위해 업종별 종업원 수 자료를 고려하여 산정하기도 한다.

배출량 산정식

분 류	배출량 산정식
산업용 도장시설	E = [기타 도료 소비량 (l/yr) × 배출계수(kg/l) + 시너 소비량(l/yr) × 시너 비중(kg/l)] × (1 − 방지효율 / 100)
비산업용 도장시설	E = 도료 생산량 × 배출계수
세정 시설	E = 종업원 수 × 배출계수
세탁 시설	E = 업소 수 × 배출계수
마스터 / 스크린 인쇄	E = 업소 수 × 배출계수
옵셋 / 그라비어 인쇄	E = 종업원 수 × 분배계수 × 배출계수
가정 및 상업용 유기용제	E = 인구 수 × 배출계수
아스팔트 도로포장	E = 국내 총 아스팔트 소비량 × 총 아스팔트 사용량 중 컷백 아스팔트비율 × 배출계수

배출계수 산정을 위한 배출계수 지정

중분류	소분류	배출량 산정식	단위
도장 시설	자동차 제조	0.512	kg/l
세정 시설	금속 세정 공정	223.1	kg/종업원수/yr
	전자부품 제조	39.463	kg/종업원수/yr
	기타 산업용 세정 공정	39.463	kg/종업원수/yr
세탁 시설	세탁(드라이크리닝)	610.368	kg/업소수/yr
기타 유기용제	마스터 인쇄	499.6	kg/업소수/yr
	스크린 인쇄	1,694.30	kg/업소수/yr
	옵셋 인쇄	248.3	kg/종업원수/yr
	그라비어 인쇄	4,443.80	kg/종업원수/yr
	가정 및 상업용 유기용제 사용	2.64	kg/인/yr
	아스팔트 도로포장	600	kg/kl

04 분류별 휘발성 유기화합물(VOCs) 배출량

최근 10년간 통계자료를 보면 전반적으로 배출량이 증가하는 추세이다.

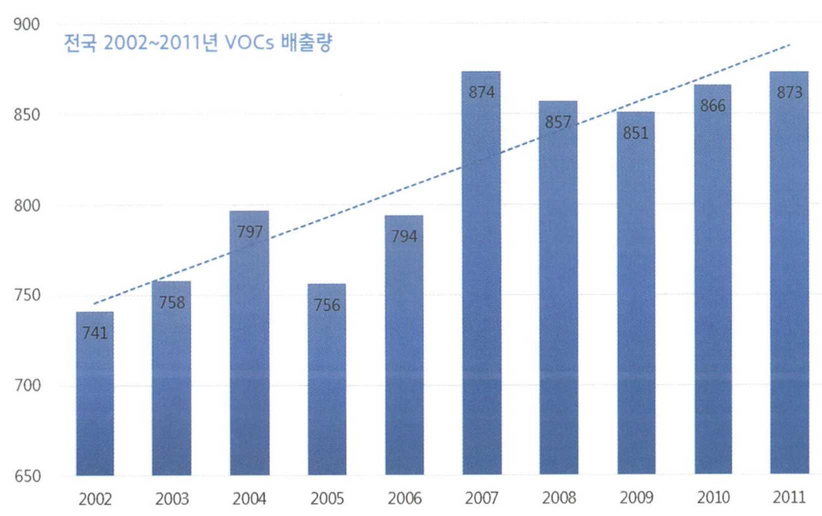

전체 배출량 866,000톤 중 도장시 유기용제 발생량(도장·세정·세탁시설, 도로포장 등)이 63.7%(2010년), 64.09%(2011년) 차지한다. 아래의 표는 VOCs 주요배출원이다.

VOCs 주요 배출원

구분		2010년		2011년	
		배출량(ton)	비율(%)	배출량(ton)	비율(%)
계		866,358	100	873,108	100
면오염원	비산업 연소	2,991	0.3	2,948	0.34
	에너지수송 및 저장	35,504	4.1	25,318	2.89
	유기용제 사용	552,042	63.7	559,662	64.09
점오염원	에너지 산업연소	7,070	0.8	7,623	0.87
	제조업 사용	3,288	0.4	3,560	0.41
	생산 공정	136,864	15.8	146,499	16.78
	폐기물 처리	36,880	4.3	40,879	4.68
이동오염원	도로 이동 오염원	74,785	8.6	69,059	7.91
	비도로 이동 오염원	16,347	1.9	16,758	1.92

4 휘발성 유기화합물의 관리

01 자동차 제조업 배출시설 관리

1) 자동차 도장 공정 배출 시설

자동차 공장에 있어서 도장 공정은 **프라이머 도장**(전착) ⇨ **건조** ⇨ **중간칠**(중도) ⇨ **건조** ⇨ **마무리칠**(상도)의 순서로 진행된다. 따라서 도장 공정에서 VOCs는 주로 도장 부스 안과 건조로에서 배출된다.

도장 부스 안에서는 도장기로부터 도료와 함께 분무되어 피도장물에 부착하고 도막에서 서서히 휘발하는 것과 피도장물에는 부착되지 않고 그대로 휘발되는 것이 있다. 피도장물은 도장 직후의 세팅 공정에서 용제가 계속 휘발되고 건조로에 들어가면 온도 상승과 함께 용제는 완전히 휘발된다.

건조로 내에서 휘발한 용제는 건조물로부터 배기와 함께 대기 중으로 배출된다. 피도장물에 부착되지 않는 도료 중의 용제는 도장 부스 안에서 휘발되지만 일부는 집진기에서 물에 포착된 도료 미스트와 함께 슬러지 탱크로 운반되고 여기서도 휘발된다.

용제형 메탈릭 베이스 코트도 도료를 도장하였을 때 도장의 영역으로부터 용제가 배출되는 비율은 도장 부스에서 90%, 건조로에서 약 10%의 VOCs가 발생한다.

2) 규제 대상 시설

① 모든 도장시설(건조시설 포함)
② 저장 용량 10 이상의 유류, 유기용제 및 유기용제 함유물질의 저장시설

3) 배출억제 · 방지시설의 설치 등에 관한 기준

① 연속 도장 공정, 즉 **메인부스**(main booth)에 대하여는 다음과 같다.

- 기존 시설의 경우 유기용제의 사용을 억제하고 사용 도료 내의 유기용제 함유량을 단계적으로 줄인다.

- 신규 시설의 경우 휘발성 유기화합물질 배출량이 전착·도장면적 당 메탈릭 도료(metallic paint)를 사용하는 경우는 120g/㎡, 고체 도료(solid paint)를 사용하는 경우는 60g/㎡이하는 배출되는 시설을 갖추어야 한다.

② 그 외 도장 시설**(건조시설과 혼합시설을 포함)**의 경우는 국소 배기장치 및 휘발성 유기화합물질 배출을 억제할 수 있는 방지시설을 설치하여야 한다.

③ 저장시설은 밀폐구조이어야 하며, 환기구를 통해 배출되는 휘발성 유기화합 물질은 방지시설을 설치·처리하여야 한다.

④ 충전시 배출되는 휘발성 유기화합물질을 전량 운송차량으로 회수하여야 한다.

4) 배출 억제 기술

도장 공정에서 VOCs를 저감할 수 있는 최적의 방법은 근본적으로 VOCs 배출이 적은 다음과 같은 도료를 사용하는 것이다.

① 수성 도료 전착도장

② 저용제 프라이머 도료, 저용제 마무리 도장 도료

5) 배출 방지 기술

VOCs 저감은 도료 자체의 휘발성 유기화합물질을 낮추는 방법은 다음과 같은 VOCs 후처리 방식이 있다.

① 도장 부스

- **축열식 직접 연소장치** : 미국에서 초기에 사용한 방법으로 도장 부스의 배기를 축열식 직접 연소장치에 의해 처리한다. 설비비와 운전비가 큰 것이 단점이다.

- **용제 농축 탈착용 장치** : 도장 부스의 배기를 활성탄 등을 통하여 용제를 흡착하고, 가열공기로 연속적으로 10~15배로 농축하여 탈착하고. 직접 연소로 혹은 축열식 직접 연소장치로 연소 처리하는 방식이다.

② 건조 시설

건조로의 배기를 연소 배가스로 예열하고 나서 연소 공기와 혼합하여 연소

처리하는 방식이다. 90% 이상의 제거효율이 있다. 최근에 촉매 연소 방식도 사용되고 있다. 촉매 소각은 열 소각에 비하여 보조 열원으로 필요한 연료가 적게 들어가는 장점을 가지고 있다. 전착 도장 건조로의 배기를 축열식 직접 연소장치로 처리하는 사례도 있다.

③ 저장 시설

- 밀폐 구조이어야 하며, 환기구를 통해 배출되는 휘발성 유기화합물질은 방지 시설을 설치·처리하여야 한다.
- 충전시 배출되는 휘발성 유기화합물질을 전량 운송차량으로 회수하여야 한다.

02 자동차 보수 도료 휘발성 유기화합물의 함유기준

VOCs 함량 규제가 강화되면서 2015년 1월 1일 제조 및 생산일 기준으로 도료의 VOCs 함유기준이 초과하는 도료 공급 및 판매 금지가 되며, 위반시 1년 이하의 징역이나 일천만원 이하의 법금을 부과하게 된다.(대기환경보전법 제44조의 2)

용 도 분 류	휘발성 유기화합물의 함유기준(g/ℓ)(희석 후)			
	2005년 7월 1일 이후	2007년 1월 1일 이후	2014년 12월 31일 까지	2015년 1월 1일 부터
1. 워시프라이머	850이하	780이하	780이하	780이하
2. 프라이머/서페이서	650이하	580이하	580이하	540이하
3. 상도-single	650이하	580이하	500이하	450이하
4. 상도-basecoat	650이하	620이하	500이하	450이하
5. 상도-topcoat	650이하	620이하	500이하	450이하
6. 특수기능도료	900이하	840이하	840이하	800이하

면제물질(4종) : Acetone, PCBTF, Dimethyl carbonate, tert-Buthylacetate

03 휘발성 유기화합물 함유량 산정식　　국립환경과학원고시 제2017-47호

1) 제1조 목적

이 고시는 대기환경보전법 시행규칙(이하 "시행규칙"이라 한다) 제61조의2 별표 16의 2)에 의한 **"도료에 대한 휘발성 유기화합물의 함유기준"**(이하 "함유기준"이라 한다)을 확인하기 위한 휘발성 유기화합물의 함유량 산정방법 및 도료 용기의 표시사항 등에 대하여 규정함을 목적으로 한다.

2) 제2조 정의

이 고시에서 사용하는 용어의 정의는 다음과 같다.

① **"휘발성 유기화합물**(이하 "VOCs"라 한다)"이라 함은 대기환경보전법 제2조제10호에 따라 환경부장관이 정하여 고시한 물질 또는 제품을 말한다.

② **"함유기준"**이라 함은 도료 또는 도료와 용제를 혼합하여 사용하는 제품에 대한 단위 도료량(L) 당 허용할 수 있는 최대의 VOCs 질량(g)을 규정하는 기준을 말한다.

③ **"최대 희석비"**라 함은 도료를 용제로 희석할 때 최대로 사용할 수 있는 용제의 비율(V %)을 말한다.

④ **"수분 함량"**이라 함은 도료 중에 포함되어 있는 수분의 질량백분율(W%)을 말한다.

3) 제3조 함유량 산정방법

① 도료 중 VOCs의 함유량은 다음의 식을 이용하여 산정한다.

VOCs 함유량 (g/L) **=**

$$\frac{\left[(100 - NV - Mw - \sum Es) \times \rho s \times 10 + \text{최대희석비} \times \dfrac{100 - Mwt - \sum Est}{100} \times \rho d \times 10\right]}{(100 + \text{최대희석비})/100}$$

여기서, NV : 불휘발분 함량(W%), 이때 NV는 KSM ISO 3251에 따라 시험한다.

주1 도료제품 제조사와 판매자(수입업체 포함)는 제품 내 250℃ 이상 물질이 불휘발분 함량에 영향을 줄 수 있을 경우 이를 확인할 수 있도록 관련자료(물질안전보건자료 등)를 관계기관에 제출하여야 한다.

주2 이 경우, 분석기관에서는 최소 비등점 250℃ 이상 물질의 함유 여부를 최소비등점 250±3℃의 순수한 물질(예, 비극성 시스템의 경우 테트라데칸(최소 비등점 252.6℃), 극성 시스템의 경우 디에틸아디페이트(최소 비등점 251℃)로 확인한 후 불휘발분함량(NV) 산정시 고려하여야 한다.

주3 다성분계 도료의 경우 시험시료를 온도(23±2℃), 대기압에서 1시간 동안 접시에 담긴 상태로 방치한다. 그런 다음 접시를 오븐에 놓고, KS M ISO 3251에 따라 계속 진행한다. 가열하는 동안 비정상적인 분리 및 분해가 발생한다면 합의에 따라 KS M ISO 3251에 주어진 시험 시간 또는 온도와 다른 조건을 사용할 수 있다.

Mw : 수분함량(W%)

Mwt : 희석용제의 수분함량(W%), 이때 Mw와 Mwt는 KS M 5000(시험방법2261) 또는 KS M 0034의 칼피셔적정법에 따라 시험한다.

ΣEs : 도료 함유 VOCs 면제물질 총량(W%),

ΣEst : 희석용제 중 VOCs 면제물질 총량 (W%) 이때, ΣEs와 ΣEst는 KS M ISO 11890-2에 따라 시험한다.

ρs : 23℃에서의 도료밀도(g/㎖)

ρd : 23℃에서의 희석용 용제밀도(g/㎖), 이때 ρs 및 ρd는 KSM ISO 28811에 따라 시험한다.

4) 제4조 도료용기 표시사항

도료 용기에는 기존 표시사항 이외에 다음의 사항을 표시하여야 한다.

① 시행규칙 제39조 별표9에 의한 도료 제품별 용도분류 및 함유기준

② 도료내 휘발성 유기화합물 함유량

③ 희석 용제의 종류 및 최대 희석비

④ 제조 또는 수입 일자

⑤ 1~4항의 표시사항 기재 시, 주변 다른 표시사항 글자 크기에 대해 2포인트 확대 또는 기존 글자체 대비 굵게 표시하여야 한다.

5) 제5조 표준 처리기간

표준 처리기간(행정처리 기간 포함)은 시험·검사기관에서 소요되는 기간(시료채취에 따른 소요기간은 제외)으로써 16일로하며, 접수일(13:00시 이후에 접수된 경우에 한한다), 공휴일 및 휴무 토요일은 포함하지 아니한다.

6) 제6조 재검토 기한

「훈령·예규 등의 발령 및 관리에 관한 규정」(대통령훈령 제248호)에 따라 이 고시 발령 후의 법령이나 현실 여건의 변화 등을 검토하여 2015년 9월 1일을 기준으로 매 3년이 되는 시점마다 그 타당성을 검토하여 개선 등의 조치를 하여야 한다.

부   칙(국립환경과학원 고시 제2017-47호, 2017.09.25.) 이 고시는 고시한 날부터 시행한다.

04 규제대상 품목에 대한 용기 표시사항   국립환경과학원고시 제2017-47호

1) 표시 내용

① 도료 제품별 용도분류 및 함유기준

② 도료 내 휘발성 유기화합물 함유량

③ 희석 용제의 종류 및 최대 희석비

④ 제조 또는 수입일자

⑤ ①~④항의 표시사항 기재 시, 주변 다른 표시사항 글자 크기에 대해 2포인트 확대 또는 기존 글자체 대비 굵게 표시하여야 한다.

2) 표시 위치 – 용기의 정면 중앙 상단에 표시

3) 표시 크기 – 일반인이 볼 때 식별이 가능한 규격

05 세부 표시 방법

1) 도료 제품별 용도분류 및 함유기준

대기환경보전법 시행규칙 제61조 별표 16의 2의 표기된 용어와 분류 기준을 그대로 사용한다.

① 대분류(건축용, 자동차 보수용, 도로 표지용), 중분류(일반 철재용, 일반 목재용 등), 소분류(수성무광, 수성광택 등)를 모두 구분하여 표기한다.

주의

단, 용어가 혼동의 우려가 없는 경우 중분류와 소분류만 표기가 가능하나, 건축용과 자동차 보수용의 특수 기능 도료 등 용어가 동일하여 혼동의 우려가 있는 경우에는 대분류, 중분류, 소분류를 함께 표기해야 한다.

② 소분류 기준 중 (   )안의 래커계, 래커계 제외, 불소계, 불소계 제외 등의 구분 표시는 분류기준의 해당 문구를 모두 표시하여야 한다.

③ 도료의 용도가 복수 사용이 가능하고 용도별로 기준이 다른 경우에는 강한 기준의 용도와 VOCs 함유기준을 표시하되, 용도는 모두 표기가 가능하다.

2) 도료 내 휘발성 유기화합물(VOCs) 함유량

제품의 VOCs 함유량을 단위(g/l)를 포함하여 제품에 함유될 수 있는 최대의 양 또는 정량을 표시한다.

주의 '범위(~)' 또는 '00 g/l 이하' 등으로 표시하는 것은 지양한다.

3) 희석 용제의 종류 및 최대 희석비

① 희석 용제의 종류는 대기환경보전법에 규정된 37종의 VOCs 물질 명을 표시하되, 상품명을 (   )등을 사용하여 병기 할 수 있다.

- VOCs 물질명은 전체를 표시하되 함유 비율이 가장 많은 물질 1종 이상을 백분율(%)로 표시하며, 시너(thinner)의 종류(에나멜 시너 등)를 추가적으로 표시하는 것은 업체 자율적으로 시행이 가능하다.

② 최대 희석비는 도색 방법(붓, 롤러, 스프레이 등) 별로 구분하여 표기하여야 한다.

- 불가피할 경우 도색 방법 중 최대 희석 비율이 가장 높은 것을 대표로 표기가 가능하다.

4) 제조 또는 수입일자

① 도료 제조자의 경우 제조일자를, 수입자의 경우 통관일자를 수입 일자로 적용하여 숫자로 표시하여야 한다.

- 연도는 4자리수로 표시하고, 월, 일 표시는 공란 없이 붙여서 표시한다.

1. 용도 : 특수기능도료 – 발수제
   일반 철재용 – 상도 마감용(래커계 제외)
2. VOCs 함유기준/함유량 : 550g/l 이하 / 450g/l
3. 희석 용제의 종류 : 톨루엔 50% 등 (abc024), 최대 희석비 : 30%
4. 제조 또는 수입일자 : 2005. 7. 1

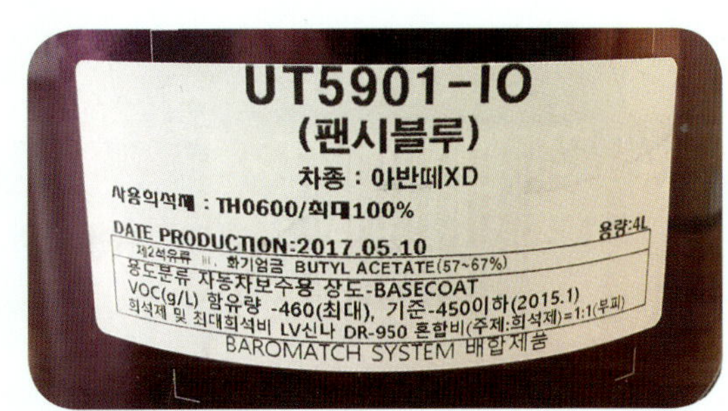

▲ 〈표시안 예시〉 복수 용도 (특수 기능 도료·일반 철재용) 제품의 경우

5) 도료 용기에 표시된 희석비율

- 도료 사용자는 용기에 표시된 희석제를 최대 희석비 범위 내에서 희석하여 사용하여야 한다.

06 취급자별 유의사항

1) 제조(수입)자

① 휘발성 유기화합물(VOCs)의 함유기준에 부적합한 도료(건축용, 자동차 보수용, 도로 표지용, 공업용)의 공급을 금지하여야 한다.

- 법적기준에 적합하지 않은 제품의 공급시 대기환경보전법 제90조의2의 규정에 의하여 3년 이하의 징역 또는 3,000만원 이하의 벌금 부과

② 규제대상 품목에 대한 용기 표시사항 부착 준수

- 용도 구분, 휘발성 유기화합물(VOCs)의 함유기준 및 함유량, 희석용제의 종류 및 최대 희석비, 제조(수입)일자 등

③ 관계 공무원의 사업장 출입 등에 협조 의무

- 도료의 공급자는 환경부령이 정하는 바에 따라 보고 및 자료제출 명령에 따라야 하며, 관계 공무원의 사업장출입 및 시료 채취, 관계서류, 시설·장비 등 검사에 협조해야 한다.

④ 판매자 등에 대한 교육

- 당해 제조(수입) 제품 판매자에 대한 관련 법령 준수사항 등

⑤ 환경친화형 도료 기술개발을 위한 노력

- 도료의 휘발성 유기화합물 함유량 저감을 위한 기술개발 및 투자확대

2) 판매자

① 휘발성 유기화합물(VOCs)의 함유기준에 부적합한 도료(건축용, 자동차 보수용, 도로 표지용, 공업용)의 판매를 금지하여야 한다.

- 도료 공급자(제조·수입자)로부터 제품 공급을 받을시 휘발성 유기화합물 함유 기준의 적합 여부 및 용기표시 사항의 적정 표기여부를 먼저 확인하고 제

품을 인수하여야 한다.

- 법적기준에 적합하지 않은 제품의 판매시 대기환경보전법 제90조의2의 규정에 의하여 3년 이하의 징역 또는 3,000만원 이하의 벌금 부과
- 규제대상 품목 중 법적기준에 적합하지 않은 제품을 공급받아 보관하고 있는 경우에는 해당 공급자의 책임사항에 해당될 수 있다.

② 관계 공무원의 사업장 출입 등에 협조 의무

- 도료의 판매자는 환경부령이 정하는 바에 따라 보고 및 자료제출 명령에 따라야 하며, 관계공무원의 사업장 출입 및 시료 채취, 관계서류, 시설·장비 등 검사에 협조해야 한다.

③ 규제대상 품목과 비규제 대상 품목 간 분리 진열(권장 사항)

- 규제대상 품목과 비규제 대상 품목 간 구별을 명확히 할 수 있도록 가급적 양 제품을 분리하여 진열한다.

④ 도료 용기에 표시된 희석 비율을 준수하여 사용할 수 있도록 사용자 계도한다.

- 도료 용기에 표시된 희석제 및 최대 희석용량 범위 내에서 희석·사용할 수 있도록 사용자(소비자)에게 안내한다.

3) 사용자

① 도료 용기에 표시된 희석제 및 희석비 범위 내에서 희석·사용한다.

- 도료 중 휘발성 유기화합물의 함유량 산정 방법, 용기 표시사항 등에 관한 고시(국립환경연구원 고시 제2017-47호, 2017.09.25)에 의하여 도료 용기에 "희석용 제의 종류 및 최대 희석비"를 표시하도록 하고 있으므로 용기에 표시된 희석제를 표시된 최대 희석비 범위 내에서 희석 사용하여야 한다.

② 사용자가 환경친화형 도료를 사용하지 않는 경우 제재사항·사용자에 대한 행정처분이나 처벌 규정은 없다.

- 다만, 단기적으로 수도권 내 대규모 건설사업장 등 사전 환경성검토 및 환경 영향평가 대상 사업장의 경우, 사전 환경성검토 및 환경 영향평가 협의 시 특별법이 규정한 환경친화형 도료의 사용 등을 조건으로 부여하도록 하고 있다.

③ 사용자는 친환경적인 도장 방식 및 가급적 저VOCs 도료를 사용하고, 사용 중인 도료의 관리 철저로 대기 중 VOCs 배출을 최대한 억제하여야 한다.

- 건물 외부 도장은 스프레이가 아닌 롤러 방식으로 작업하고 내부 도장은 유성 도료의 사용을 줄이고 가급적 수성도료를 사용한다.
- 하도급 도장업체가 환경친화형 도료 제품을 사용토록 계약체결 및 관리를 하여야 한다.
- 자동차 정비업체는 도료 및 희석제를 배합할 경우 도장시설(BOOTH) 내에서 하여야 하며, 사용하고 남은 도료 등은 대기 중 배출되지 않도록 실내에 보관하여야 한다.

1·3 도료 일반

1 도료의 정의

　액체나 분체 상태의 도료를 소재의 표면에 도장하고 자연건조, 경화건조, 가열건조의 과정을 거치면서 도막을 형성하여 제품의 미관을 좋게 한다. 미관을 좋게 하기 위해서는 아름다운 색채의 도료로 도장하여 피도장물의 상품가치를 향상시킨다.

　그리고 녹이나 기타 오염물질 등이 붙어 부식이나 오염되는 것을 방지하며 생물들이 부착되는 것을 방지하기 위하여 독성이 있는 방오 도료, 전기를 통하지 않게 하기 위하여 전기 절연도료, 열손실을 방지하는 단열도료, 실내의 습기를 조절하거나 원적외선을 방출 또는 특정한 무늬를 지닌 도료도 있다.

　피도장물에 사용할 도료의 용도를 파악한 후에 적절한 도료를 선정하여 해당 도료의 도장횟수, 사용 희석제, 도장 방법 등을 정하며 작업 중 발생할 수 있는 안전에 유의하고 올바른 작업 방식을 채택하여 공정별로 최선을 다한다면 최상의 도장 품질을 만들어 낼 수 있을 것이다.

2 도료의 구성

　도료는 도장 후 도막에 존재 유무에 따라 크게 도막 형성의 주요소, 부요소, 조요소로 나뉜다. 도막 형성의 주요소로는 피도장물에 안료와 함께 남아서 보호와 미관에 직접적인 역할을 하는 **수지**(Resin)와 아름다운 색을 부여하는 **안료**(Pigment)가 있다.

　부요소로는 도막에 소량 첨가하여 도료나 도막에 성능을 향상시키는 **첨가제**(Additive)가 있으며, 마지막으로 조요소로는 도료를 사용함에 있어 도장별 용구에 따라 사용하기 편리하게 하기 위하여 점도를 조정하기 위한 **용제**(Solvents)가 있다.

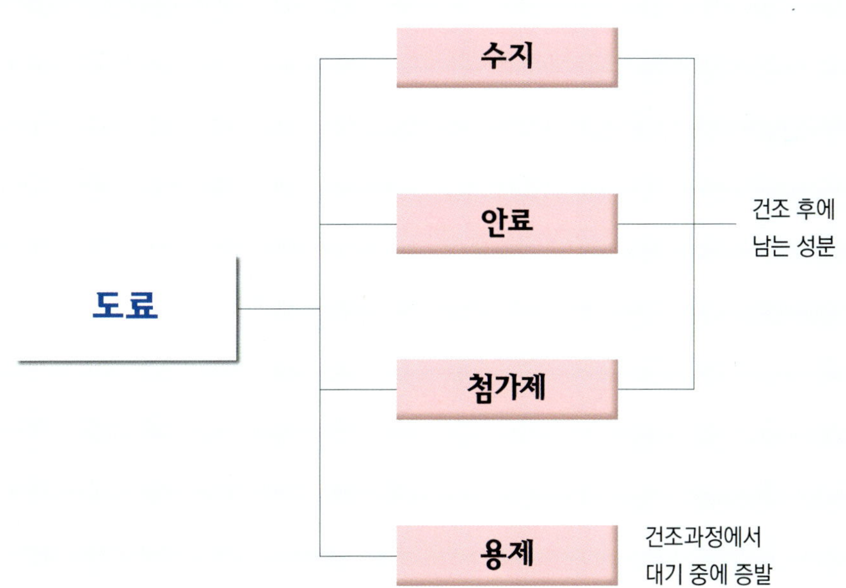

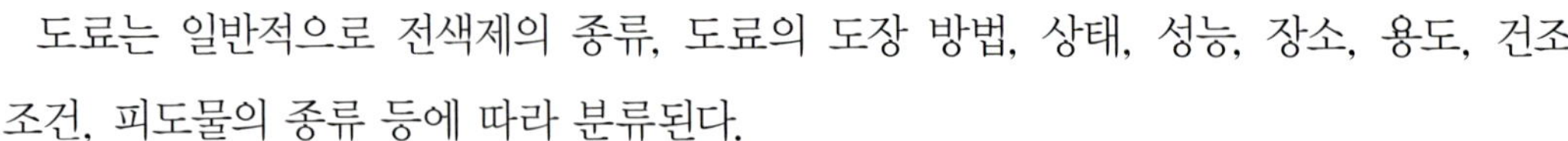

3 도료의 분류

도료는 일반적으로 전색제의 종류, 도료의 도장 방법, 상태, 성능, 장소, 용도, 건조 조건, 피도물의 종류 등에 따라 분류된다.

분류법	종류와 예
도막 주요소에 의한 분류	유성 도료, 프탈산 수지 도료, 합성수지 도료, 에폭시 수지 도료, 수성 도료, 아미노알키드 수지 도료 등
안료 종류에 의한 분류	메탈릭 도료, 펄 도료, 그라파이트 도료, 징크 더스트 도료, 광명단 도료 등
도료 상태에 의한 분류	조합 페인트, 분체 도료, 2액형 도료, 에멀션 도료 등
도막 성능에 의한 분류	내산 도료, 내알칼리 도료, 방부 도료, 방화 도료, 내열 도료, 전기 절연도료 등
도막 성상에 의한 분류	투명 도료, 무광 도료, 백색 도료 등
도장 방법에 의한 분류	붓 도장용 도료, 스프레이 도장용 도료, 정전 도장용 도료, 전착 도장용 도료, 침지 도장용 도료, 롤러 코터용 도료 등
피도장물에 의한 분류	금속용 도료, 플라스틱용 도료, 목공용 도료, 콘크리트용 도료 등
도장 장소에 의한 분류	내부용 도료, 외부용 도료, 바닥용 도료, 지붕용 도료 등
도장 공정에 의한 분류	하도용 도료, 중도용 도료, 상도용 도료 등
도료의 경화 건조 성상에 의한 분류	자연 건조형 도료, 저온 소부형 도료, 가열 건조형 도료, 자외선 경화 도료, 전자선 경화 도료 등
용도에 의한 분류	선박용 도료, 중박식용 도료, 건축용 도료, 자동차용 도료, 목공용 도료 등
유통 경로에 의한 분류	범용 도료, 가정용 도료, 공업용 도료 등

4 도료 제조 공정

도료의 일반적인 제조 공정은 배합 ⇨ 분산 ⇨ 조합 ⇨ 조색 ⇨ 충진을 거쳐 완성된다.

01 배합

예비 혼합 공정으로 분산 공정 효과를 최대화하기 위해 원재료(수지, 안료, 첨가제, 용제)를 통에 넣어 반죽(paste)을 한다.

02 분산

응집되어 있는 안료 입자를 분리하여 수지상에 분산시키고 재응집을 방지한다.

03 조합

균일한 상태가 되도록 하는 공정으로 기본적인 원색 도료가 완성된다.

04 조색

원색이나 광휘재(메탈릭, 펄)를 넣어 색을 조합한다.

05 충진

검사 후 여과하고 용기에 담는다.

1·4 도료 구성 원료

도료를 구성하는 원료로는 수지, 안료, 첨가제, 용제가 있으며 도막이 이루어지는 과정에서 피도물에 남아 있는 물질이 있고, 도막이 형성되는 과정에서 도막으로서 사용하기 쉽게 도와주고, 휘발되는 요소가 있다.

도료의 안정성은 단순히 저장 안정성뿐만 아니라, 도막 형성 후의 색상, 광택 등에도 영향을 미친다. 2개 이상의 입자가 응집되지 않기 위해서는 입자에 흡착된 고분자 물질의 입체 장애 효과에 의한 응집력의 감소와 입자가 가진 전하에 의해 발생되는 반발력이 있어야 한다.

입자 간의 반발력에 반대되는 힘은 응집력이 있다. 반발력이 크면 분산 상태를 유지하고, 응집력이 크면 응집하게 된다.

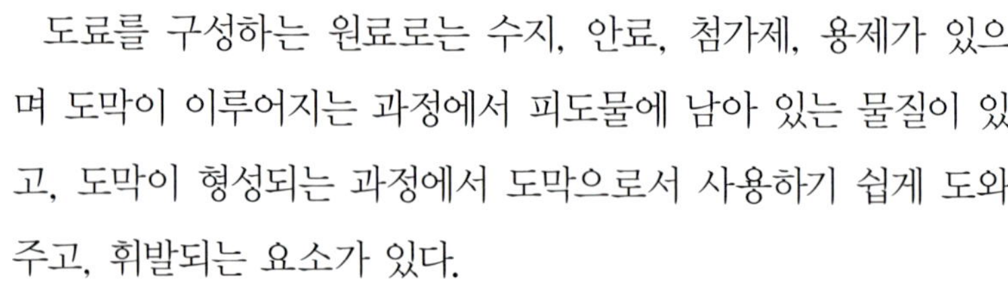

앞으로 설명할 도막 형성의 주요소에는 도료를 도장한 후에 도막으로 남아 있는 **수지**(Resin)와 **안료**(Pigment)가 있다.

1 도막 형성의 주요소

01 수지

수지는 고체 또는 반고체의 물질로 나뉘는데 크게 침엽수 등 수액의 휘발 성분이 휘발하고 남아 고화된 수지인 **천연수지**(Natural resin)와 열이나 압력을 가하여 성형이 가능하도록 인공적으로 만든 수지인 **합성수지**(Synthetic resin) 두 가지가 있다.

수지는 도료의 기본 골격으로 물리적·화학적 특성을 결정하는 요소이며, 안료를 균일하게 분산시켜 피도물에 부착시키고 도막에 내구성, 작업성, 광택 등을 결정짓게 하는 가장 중요한 요소이다. 에폭시 수지 도료, 알키드 수지 도료 등과 같이 수지의 형태에 따라 이름이 붙여진다.

수지는 도료에 사용되는 형태에 따라 크게 두 가지로 나뉘는데 젖은 액체 상태에서 건조된 도막으로 전환시 화학적으로 그 물성이 변화하지 않고 용제가 증발하는 건조 과정에서 도막을 형성하는 비전환형 도료가 있고, 용제의 증발에 의한 건조와 함께 화학적인 반응이 일어나면서 물성이 변화(경화반응)하여 도막을 형성하는 전환형 도료가 있다. 경화 반응의 종류는 다음과 같다.

① 대기 중의 산소와 산화 반응에 의한 경화   ② 경화제의 반응에 의한 경화
③ 공기 중의 수분과 반응에 의한 경화   ④ 열의 반응에 의한 경화
⑤ 자외선의 반응에 의한 경화

체크

■ **천연수지(Natural resin)** : 천연수지는 자연의 동·식물 등에서 얻어지는 것으로 고온에 연화 또는 용해되며 로진(rosin), 셀락(shellac) 등이 있다.

■ **합성수지(Synthetic resin)** : 합성수지는 화학적으로 얻은 수지로써 거의 모든 합성수지들은 석유화학에서 얻어지는 여러 가지 원료로 제조되며 고분자 화합물이다. 종류로는 크게 열가소성 수지(Thermoplastic resin)와 열경화성 수지(Thermosetting resin)로 나뉜다. 가열 건조형 도료에는 열경화성 수지를 사용하며, 래커계열의 상온에서 자연건조 또는 가소제를 이용한 것이 열가소성 수지이다.

자동차도장에 사용되는 공정별 수지 

비전환형 도료	도막이 건조되는 과정에서 화학적 변화가 없이 단순히 용제의 증발에 의하여 도막이 형성된다. 건조 후에도 녹일 수 있는 용제가 있으면 쉽게 녹일 수 있다. 아크릴 수지, 염화고무 수지, 비닐 수지 등이 있다.
전환형 도료	도막이 건조되는 과정에서 물리적, 화학적으로 그 성분이 변화하면서 도막이 형성된다. 용제가 증발하면서 도료의 건조가 시작되고, 동시에 도료 중에 함유된 반응기를 갖는 물질이 서로 화학적으로 반응하면서 분자 구조가 커지면서 내용제성을 갖는 도막으로 형성되며 한번 형성된 도막은 용제에 녹지 않는다. 폴리에스테르 수지 도료, 에폭시 수지 도료, 폴리우레탄 수지 도료, 알키드 수지 도료 등이 있다.

수지
- 천연수지 — 자연의 동식물에서 추출 분비
- 합성수지
  - 열가소성 수지 — 가열하면 연화되어 재사용 가능
  - 열경화성 수지 — 가열하면 경화되어 재사용 불가

체크

■ **열가소성 수지(Thermoplastic resin)** : 열을 가하여 성형한 후 다시 열을 가하면 형태를 변형시킬 수 있는 수지로써 그 종류로는 염화비닐 수지, 아크릴 수지(자동차용), 질화면(NC), 셀롤로즈, 아세테이드, 부칠레이트(CAB) 등이 있다.

■ **열경화성 수지(Thermosetting resin)** : 열을 가하여 성형한 후 다시 열을 가해도 형태가 변하지 않는 수지로써 경도가 높고 용제에 강한 성질을 가지고 있다. 그 종류로는 에폭시 수지, 멜라민 수지, 불포화폴리에스테르 수지, 폴리우레탄 수지, 아크릴우레탄 수지 등이 있다.

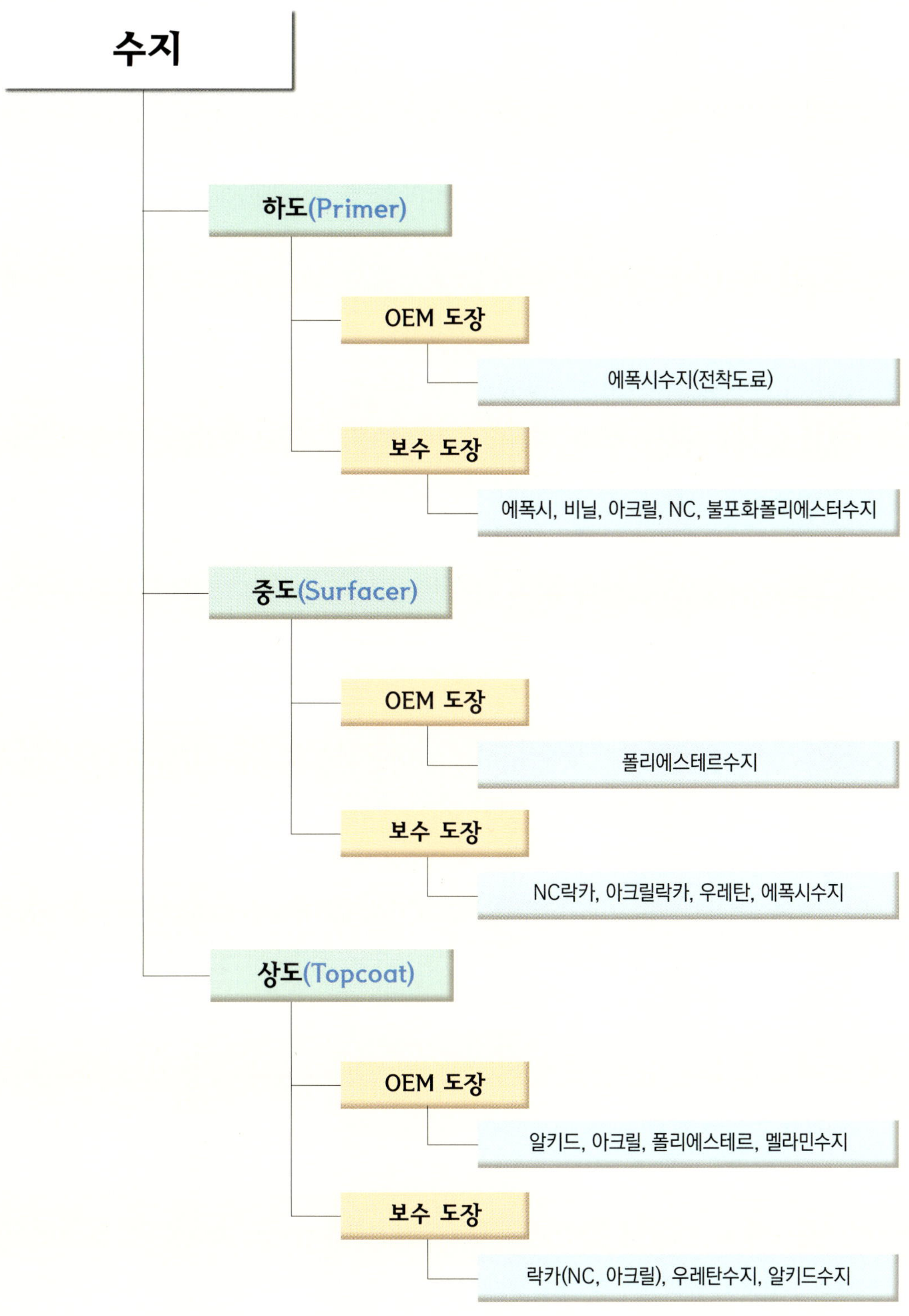
수지
하도(Primer)
OEM 도장
에폭시수지(전착도료)
보수 도장
에폭시, 비닐, 아크릴, NC, 불포화폴리에스터수지
중도(Surfacer)
OEM 도장
폴리에스테르수지
보수 도장
NC락카, 아크릴락카, 우레탄, 에폭시수지
상도(Topcoat)
OEM 도장
알키드, 아크릴, 폴리에스테르, 멜라민수지
보수 도장
락카(NC, 아크릴), 우레탄수지, 알키드수지

1) 천연 수지의 종류

① 송진(Rosin)

소나무과의 나무가 손상을 입었을 때 분비되는 물질로써 미국이 대표적인 산지이며, 제조 방법에 따라 검 로진(gum Rosin), 톨 로진(tall Rosin)으로 분류된다. 성분은 수지분(로진)이 70~75%, 테레빈유는 18~22%, 물과 기타 불순물 5~7%인데 그 중 송진산은 전체의 60~65%로 레보피마르산·네오아비에틴산 등으로 되어 있다. 산가가 높기 때문에 그 자체로서 사용하지 않으며, 글리세린이나 펜타에리스리톨 등의 다가알코올로 에스테르화하여 에스케르검으로 사용된다.

② 셀락(Shellac)

천연수지의 일종으로 인도에 많이 사는 깍지벌레의 분비물에서 얻으며, 담황색 또는 황갈색이고 물에 녹지 않는다. 건조가 빠르고, 살오름성 및 광택이 좋고, 가격도 싸서 옛날부터 목재의 상도용으로 사용되어 왔으나 내후성과 내수성이 나쁘고, 균열이 생기기 쉬운 단점이 있다.

③ 담머(Dammer)

인도 수마트라 지방의 수목에서 나오는 수액을 채취한 것으로 비교적 용제에 가용성이며, 색상이 양호하여 용제로 용해시켜 휘발성 바니시로 주로 사용한다.

④ 에스테르검(Ester gum)

각종의 로진을 원료로 하여 다가알코올로 에스테르화시킨 것으로 가격이 싸고, 각종 수지와의 상용성이 좋으나 내수성, 내알칼리성, 건조속도 및 도막의 경도가 나쁜 단점이 있다.

2) 합성 수지의 종류

① 아크릴 수지(Acrylic resin)

아크릴산이나 메타크릴산 등의 에스테르로부터의 중합체로 무색투명하며, 빛이나 자외선이 보통 유리보다 잘 투과한다. 자외선에 강하여 옥외에 노출시켜도 변색하지 않고 내약품성·내수성·전기 절연성 등이 양호하다.

①-1 열가소성 아크릴 수지(Thermo plastic acrylic resin)

열가소성 아크릴 수지는 단독 또는 초화면, 염화비닐, 초산비닐 공중합수지 등과 혼합하여 상온 건조형 도료로 사용되고 있다. 투명 도막은 무색투명, 착색 도막은 색이 선명하고 고온에서도 변색이 잘 되지 않으며, 광택이나 광택 보유성이 매우 좋고, 내수성, 내후성, 내약품성 등도 우수하기 때문에 자동차, 차량 등 금속용 도료, 플라스틱 도료 등에 많이 사용되고 있다.

①-2 열경화성 아크릴 수지(Thermo setting acrylic resin)

열경화성 아크릴 수지의 도막은 경도, 부착성, 광택, 내수성, 내약품성, 내오염성, 내후성 등이 우수하여 자동차, 전기기기 도장에 쓰인다.

② 알키드 수지(Alkyd resin)

다염기산과 다가알코올을 에스테르화시켜 축합하여 얻어진 폴리에스테르 수지라고 하며 무수프탈산, 글리세린 및 건성유 지방산을 주성분으로 하는 도료용 수지를 알키드 수지 또는 프탈산을 다량 사용하기 때문에 프탈산 수지라고 하며, 합성섬유 등에 널리 이용되고 있다. 종류로는 단유성으로 유장이 35~45% 정도, 중유성 45~55% 정도, 장유성은 55~65% 정도이며, 그 외 유장이 35% 이하인 것을 초단유성, 65% 이상인 것을 초장유성 알키드 수지라고 한다.

③ 페놀 수지(Phenolics resin)

석탄산 수지라고도 하며 합성수지 중 가장 오래된 것으로서 페놀 종류와 포름알데히드를 축합시켜 만든다. 제조 시 촉매를 산으로 사용하면 열가소성인 노불락(novolac)형이 되며, 알칼리를 사용하면 열경화성인 레놀(resol)형 페놀 수지가 된다. 내열성, 내약품성, 방식성, 내용제성은 좋지만 도막이 변색하기 쉬운 특징이 있다.

④ 에폭시 수지(Epoxy resin)

비스페놀A(Bisphenol A)와 에피클로로히드린(Epichlorohydrine)을 알칼리 촉매가 존재 하에 60~120℃에서 가열 축합하여 얻어지는 비스페놀 A형수지이다. 도료로서는 에폭시 수지에 멜라민 수지, 요소 수지, 페놀 수지 등의 열경화형 수지를 조합하여 만든 소부 도료가 방청 방식 도장, 관내면 도료, 전선 도장 등에 쓰이며 아민 폴리아마이드(poly-amide)를 경화제로 하여 상온, 저온 건조 도료로 방청, 방식 도장에 사용되고 있다.

⑤ 아미노 수지(Amino resin)

요소, 멜라민 등의 아미노 화합물과 포름알데히드와 축합하여 만든 수지를 아미노 수지라고 한다. 대표적인 레졸(Resol)형의 축합 수지로 알키드 수지, 아크릴 수지, 에폭시 수지와의 조합에 의해 공업용 도료에 많이 사용되고 있다.

현재 주로 쓰이고 있는 아미노 수지는 알키드 수지와 조합하여 가열 건조용의 공업용 도료로 사용되는 멜라민 수지(Melamine resin), 산의 촉매 작용으로 경화하는 상온 건조용의 목공용으로 사용되는 요소 수지 등이 있다.

⑥ 비닐 수지(Vinyl resin)

초산비닐 단독의 것과 초산비닐, 염화비닐의 공중합 수지가 있으며, 공중합 수지는 염화비닐 수지의 강인성, 내화학 약품성과 초산비닐 수지의 가소성, 부착성 등을 도료에 적절하게 응용하기 위해 공중합시킨 것이다.

소량의 무수말레인산이나 알코올성 OH기를 도입한 것도 있다. 상온 건조 도료이지만 각종 아미노 수지와 조합하여 소부 건조용으로 내약품 도료, 방식 도료, 콘크리트 도료, 스트립퍼블(Strippable) 페인트, 전선 도료 등에 사용된다.

⑦ 폴리에스테르 수지(Polyester resin)

도료에 사용되는 폴리에스테르 수지는 불포화폴리에스테르 수지(Unsaturated poly- ester rosin)라고도 한다. 일반수지 중에서 가장 높은 결정성을 가지고 있으며 내열성, 내부식성, 전기적 특성이 우수하여 절연저항과 내알칼리성이 뛰어나다.

불포화폴리에스테르 수지의 구성 원료는 불포화 2염기산으로 하는 무수말레인산, 푸말산과 포화 2염기산으로 하는 무수프탈산 등, 글리콜으로 하는 EG, PG, DEG, DPG가 있다. 용도는 살오름성이 좋은 도막을 얻을 수 있으므로 두껍게 칠하는 바니시나 퍼티에 사용한다.

⑧ 폴리우레탄 수지(Polyurethane resin)

분자 구조에 우레탄 결합($-NH \cdot CO \cdot O-$)을 함유한 수지는 폴리우레탄 수지로써 3가지 종류가 있다. 첫 번째는 폴리에스테르나 폴리에테르와 이소시아네이트($-NCO$)를 가진 화합물을 반응시키는 형태로 보통 2액형이며, 사용할 때는 지정된 비율로 혼합하여 사용한다. 거의 모든 종류의 소재에 대해서 부착성이 우수하고, 물성, 화학성도 우수하며, 과거에는 황변하는 경우가 많았지만 현재에는 많이 개량되어 있다.

두 번째는 공기 중의 수분을 이용하여 경화시키는 형태로서 습기 경화형이라고도 하며, 1액형 수지이다. 폴리올(Ployol)과 이소시아네이트로 된 프레폴리머(Prepolymer)로 말단에 (−NCO)를 남겨 공기 중의 수분과 반응하여 경화하며, 경화 속도는 공기 중 습기의 양에 의해 좌우된다.

세 번째는 건성유 유도체와 이소시아네이트로된 우레탄화유로 도막은 알키드 수지나 에폭시 수지보다도 딱딱하며 내마모성, 내후성, 내약품성이 우수하지만 실내에서 황변하는 경향이 있다. 바닥, 벽, 실외 등 건재용 외에도 선박·공업용 방식도료 등에 사용된다.

⑨ 합성수지 에멀션(Synthetic resin emulsion)

고분자량의 합성수지 미립자를 수중에 현탁시킨 유백색 액체로서 물로 희석이 가능하며, 일반적으로 수성 페인트라고 한다. 합성수지 에멀션은 자연 건조형으로 물의 증발과 함께 입자가 융착하여 도막을 형성한다.

용제형의 합성수지보다 고분자량화가 가능하기 때문에 내약품성이 우수하고 기계적 강도도 크지만 온도가 낮아지면 동결되어 에멀션이 파괴되거나 도막이 갈라지기 쉬운 결점이 있다.

⑩ 수용성 수지(Water soluble resin)

합성수지 에멀션이 고분자 입자의 수중 현탁체이지만 수용성 수지는 일반 유기용제 대신에 물로 용해할 수 있도록 설계된 합성수지이다. 분자 구조 내에 유리산기를 도입하고, 이것을 암모니아 또는 휘발성 아민으로 중화시켜 수용성을 부여하여 아미노 수지, 아크릴 수지, 알키드 수지, 페놀 수지가 사용되고 있다.

수용성 수지는 도막 형성 후에도 남아있는 유리산기의 영향으로 내알칼리성 등에 의한 결점이 있으며, 용제형 수지와 같은 불휘발분에 비교하면 점도가 높은 경향이 있다. 하지만 유기용제에 대한 대기오염이 없기 때문에 현재 자동차용 도료로 개발되어 시판되고 있다.

3) 특수 도료의 종료와 특성

① 내열 도료

일반적으로 자연 건조형 도료는 내열성은 별로 없으며, 소부 건조형 도료도 단시간의 열에는 견디나 계속되는 열에는 견디지 못하여 도막(塗膜)의 성분이 분해되고 밀착성이 열화된다. 알키드 수지 도료는 150℃ 이하의 내열성은 갖고 있으나 그 이상의 온도에 항상 견디기 위해서는 실리콘 수지 도료를 사용한다.

최고의 안료는 실버이며, 고온이 되면 용해하여 소재와 융합한다. 그리고 실리콘 알키드 수지인 실버는 250℃, 실리콘 수지 실버는 300℃에 견디고 이것보다 고온에 견디는 것은 부틸티타네이트 도료 실버로 600℃까지 견딘다. 도장법은 메이커의 지시와 같이 시공해야 하며, 용도는 난로, 보일러, 건조기 및 파이프 등이 있다.

② 방화 도료

대부분의 도막은 화재 시에 도막이 연소하여 확대되지만 방화도료는 화재발생시 인적이나 물적 피해를 미연에 방지하거나 최소화시킨다. 관련법규나 규격에 따라 방염도료, 난연도료, 내화도료 등으로 구분한다.

- **방염 도료** : 화재 발생시 불연성의 두터운 단열 탄화층을 형성하여 화염이나 열이 피도체에 접촉되는 것을 차단시키는 동시에 우수한 방화성능을 발휘한다. 수성형의 경우 건축내장재에 주로 사용하며 유성형은 철재나 목재에 사용한다.
- **난연 도료** : 화재 발생시 재질의 열전달 및 내부 온도 상승을 억제하며, 플라스틱 열분해를 지연시켜 화재 확산 방지 효과 및 각종 시설물 피해를 최소화 시킨다.
- **내화 도료** : 화재 발생시 고온의 열이 철골구조물 내부 강재에 미치는 영향을 차단하거나 지연시켜 철구조물의 급격한 내력저하로 건축물의 붕괴를 지연시켜 화재진압 및 인명구조 시간을 제공하는 역할을 한다.

③ 시온 도료(카멜레온 도료)

온도계 등으로 간단하게 측정하지 못하는 물체의 표면 온도 측정이나 온도 분포상태의 파악과 위험방지에 사용한다. 즉 이 도료를 도장하여 일정온도가 되면 색이 변하는 성질을 이용하는 것이다.

이것은 안료의 물리 화학적 변화에 의한 것으로 **가역형**(저온↔고온의 색의 변화가 몇 회라도 반복된다)의 것과 **불가역형**(저온→고온에서 색이 변하나 고온→저온에서는 변색하지 않음)의 것이 있다.

비이클(vehicle ; 도료 속에서 안료를 분산시키는 액상의 성분)은 온도에 따라서 100℃까지는 래커(lacquer), 150℃까지는 비닐계, 프탈산 수지계 그리고 300℃까지는 실리콘 수지를 사용한다.

④ 발광 도료

형인광체를 주된 안료로 한 도료이다.

- **형광 도료** : 도막이 장파장, 자외선 등의 빛의 자극을 받게 되면 이 자극을 제거한 후에도 어느 시간 빛이 나는 도료로서 형광물질이 들어있다. 비이클(vehicle)은 염화비닐 수지, 프탈산 수지, 스티롤 수지 및 메타크릴 수지 등이 있다.
- **야광 도료** : 형광 도료 중에 라듐 등의 방사성 물질을 함유한 것으로 자극이 없을 때에도 빛이 난다. 비이클(vehicle)은 메타크릴릭 수지, 프탈산 수지 등이며 용도는 도로 표지, 시계, 미터 및 광고 등에 사용한다.

⑤ 방곰팡이 도료

고온 다습하고 일광이 닿지 않는 장소에 곰팡이의 포자가 부착하면 곰팡이만 번식하여 도막이 오손되고 그 성능이 열화된다. 방곰팡이 도료는 곰팡이 종류가 생식하지 못하게 하는 도료이다.

일반적으로 염화비닐계 용액형 도료나 아크릴릭계나 초산비닐, 염화비닐계 에멀션 도료로서 여기에 할로겐 화합물(염소나 취소를 함유하는 화합물) 등의 방곰팡이제를 첨가한 것이다.

욕실 내부, 식품 공장의 내부, 통신기 등에서 곰팡이가 발생하기가 쉬운 부위에 도장한다. 도장하기 전에 곰팡이가 발생되어 있는 경우에는 충분히 그 곰팡이를 제거한 후에 도장한다.

⑥ 스트리퍼블 페인트

물품의 일부 또는 전부를 도장하여야 할 경우에 또는 도장이 끝난 물건의 방오염 등에 일시적으로 도장을 하고 필요할 때에는 간단하게 벗길 수 있는 도료이다. 스트리퍼블 페인트는 막의 두께가 얇게 되면 탈거할 때에 1장의 시트가 되어 탈거하기 어렵기 때문에 두꺼운 막으로 도장을 한다.

칠솔 도장이나 스프레이 도장에서 주의할 것은 비닐계는 강한 용제를 사용하기 때문에 바닥의 도장이나 소재(특히 플라스틱의 경우)가 침범될 때에는 사용하지 못한다.

⑦ 전기 절연 도료

전기를 절연할 필요가 있는 장소에 도장하는 것으로 일반적으로 유용성 페놀수지 바니시, 셀락 니스를 사용하며 고도의 절연성에는 실리콘 수지 도료를 사용한다.

⑧ 전기 전도성 도료

일반적으로 은분, 구리분 등의 도전성 금속 입자와 초산비닐 에멀션, 폴리염화 비닐 수지 등으로 만든다.

⑨ 내약품 도료

도막의 내약품성이라면 내산성과 내알카리성이 주체이며, 일반적으로 도막은 산보다 알카리에 약하고 산 안에서는 유산, 염산, 초산의 순서로 내구성이 불량하다. 내산 도료로는 역청질바니시, 페놀 수지 등이며 내산, 내알카리성 도료로서는 염화비닐수지, 염화고무, 에폭시 수지, 실리콘 수지, 아크릴릭 수지 및 우레탄 수지 도료를 사용한다.

⑩ 선저 도료

선저는 항상 물에 침수되어 있으므로 해수의 부식을 받는 동시에 해중의 생물이 부착하여 배의 속도를 저하하고 또는 연료비를 증가하게 된다. 이러한 것을 방지하기 위하여 선저에는 전용의 도료를 칠한다.

선저 도료에는 바닥(초벌) 칠(1호 선저 도료)이 있으며, 전자는 강판의 방청을 주 목적으로 하고 후자는 생물의 부착을 방지하는 것을 목적으로 한다. 목선은 철선과 동일하게 생물이 부착하나 그 이외에 선체 침식 곤충과 나무 침식 곤충이 선재를 부식하는 경우가 있다.

⑪ 방사선 방어 도료

방사선에서 오염과 손상을 방지하는 것을 목적으로 하기 위하여 칠하는 도료이다. 이것에는 세정형과 박리형이 있으며, 전자는 세정제로 세척, 제거할 수 있는 도료이며 후자는 도막마다 벗길 수 있는 도료이다.

이 외에 X선 산란 방어 도료가 있는데 이것은 X선이 벽 및 천정 등에 닿아 산란하여 작업자가 X선 장해를 받는 것을 방지하는 도료이다.

⑫ 징크리치 페인트

이것은 녹을 방지하는 도료의 일종으로 금속 아연(아연 분말) 90~95, 비이클(vehicle) 5~10을 함유하며, 특히 방청 성능이 우수하다. 유기계(보통 에폭시계)와 무기계가 있다.

⑬ 에어졸 도료

스프레이 장치가 필요 없으며, 버튼을 누르면 도료가 분출하는 형식의 것으로서 현재로는 래커형이 많으며 가전용, 전화제품, 차량의 보수 및 다시 칠하는데 사용된다. 이것은 깡통 안에 도료와 같이 추진제(프레온 등)가 들어 있어서 추진제는 압력으로 액화하여 도료 안에 용해되어 있다.

버튼을 누르면 추진제가 도료와 같이 압출되는 동시에 추진제는 공기 안에서 기화하여 도료를 무화한다. 깡통 안에서 안료의 침강은 피할 수 없으므로 이것을 방지하기 위하여 초자 구슬이 깡통 안에 2~3개 들어 있으며, 사용 전에 이것이 깡통을 진동시킨다. 도장 방법은 손을 빠르게 움직여서 액이 흐르지 않게 도장한다. 깡통은 내압이 있으므로 온도를 40℃ 이상 상승하게 되면 폭발할 염려가 있기 때문에 주의해야 한다.

⑭ 광중합 도료

광중합 도료란 빛을 조사하는 것으로써 경화하는 도료를 말한다. 이것은 래디컬 중합하는 도료에 한정된다. 그 대표적인 도료는 불포화폴리에스테르 수지 도료이다. 이 도료의 특징은

- 건조시간이 빠르므로 적중의 신속화, 제품 저장고의 절약 및 설비 면적의 소형화 등으로 도장의 합리화를 기할 수 있다.
- 발열하지 않으므로 목재, 플라스틱, 종이, 콘크리트 등의 감온성 재료나 열용량이 큰 후판 도장에 적당하다.
- 조사 설비는 간단하고 소형이며, 설비비와 유지비가 저렴하다.
- 1액형의 도료이다.
- 무용제형 도료이기 때문에 100%의 도막이 되며, 공해 문제에서도 유리하다.

용도는

- 합판, 가구, 캐비닛 등 목재품의 클리어 마무리 칠
- 플라스틱과 두꺼운 판 금속면의 클리어 마무리 칠
- 종이 등의 광택 내기 등에 사용

⑮ 하이빌드 도료

하이빌드 도료란 도막의 두께가 두꺼워 고성능을 얻는 도료이다. 교량, 탱크, 건축 및 선박 등의 대형 철강 구조물의 분야에서 설비가 대형화되어 도장 면적이 증가하고 건설비의 스피드화가 요구된다.

인건비의 상승, 사람 손의 부족에서 경제성의 추구가 수반되는 데에 따라서 가급적 보수 도장이 필요 없는 메인터넌스 프리(Maintenance free)의 필요가 생기므로 이러한 것에 순응하기 위하여 단지 1회 도장으로 도막 두께가 두껍고 고성능인 도료가 개발되었다.

따라서 하이빌드 도료는 환경 중에서 여러 가지 부식 성분을 도막이 차단하는 데에 중점을 둔 것이다. 이 때문에 도막의 내수성, 내염수성, 내약품성, 내기후성과 내열성 등의 성능이 좋은 수지를 사용한다.

02 안료(Pigment)

염료와 안료를 사용하는 목적은 물체에 색상을 부여 외관을 아름답게 하고 코팅되는 피도물을 보호하며, 도막의 두께를 증가시키기 위한 충진제 역할을 한다. 안료는 물이나 용제에 녹지 않은 착색된 미세한 분말(powder) 입자의 크기는 대략 0.3~40㎛ 정도이고 200㎛가 넘는 메탈릭 안료도 있으며, 염료와 비교하면 불투명하다.

전색제(vehicle)와 함께 혼합되어 착색 도막의 두께, 도막의 내구성을 부여하기 위해서도 이용되며, 화학적 성질과 물리적 성질도 안료에 따라 좌우된다. 도료에 사용되는 안료는 색과 은폐력을 부여하는 착색 안료라 하며, 이 안료들은 **유기 안료**와 **무기 안료**로 나뉘게 된다.

사용하는 용도에 따라 단단한 도막을 얻을 수 있으며, 내구성을 향상시키고, 살오름성을 좋게 하는 체질 안료, 금속 재질에 부식을 방지하는 방청 안료, 다양한 색상과 광휘감의 부여하는 금속분 안료, 특수한 목적으로 사용하는 특수 안료 등으로 나뉜다.

도료에 있어서 안료는 도막에 색채와 은폐력을 부여하며, 내구성과 강도를 높여주고 도료에 유동성을 주어 도장하는데 적당한 점도가 되도록 하고 경우에 따라서는 무광효과를 갖도록 하는 역할을 한다.

이러한 안료가 갖추어야 하는 구비요건은 은폐력, 착색력이 좋아야 하며, 인체에 해가 없고 분산성, 내광성, 내후성, 내수성, 내용제성 등이 좋아야 하는 것이다. 도료의 사용 목적에 따라 내약품성, 내열성 등이 요구되기도 한다.

체크

■ **유기 안료(Organic Pigment)** : 천연 안료와 화학반응에 의한 유기합성으로 만들어지는 합성 안료로 나누어지며, 색상은 선명하지만 은폐력이 부족하다. 상도 도장용으로 많이 사용되고 무기 안료의 색조가 선명하지 못한 것을 보완하기 위해 금속과 유기 화합물이 결합된 형태인 레이크(Lake) 안료와 물에 녹지 않는 염료 그대로 사용한 색소 안료로 구분된다.

■ **무기 안료(Inorganic Pigment)** : 아연, 티탄, 납, 철, 구리, 크롬 등의 금속 화합물을 원료로 하여 제조되는 것과 천연광물을 그대로 가공·분쇄하여 만들어지는 광물성 안료가 있다. 유기 안료와 비교하여 내광성, 내열성, 내후성, 은폐성이 좋지만 불투명하여 단독으로 사용하지 않고, 유기 안료와 병행하여 사용한다.

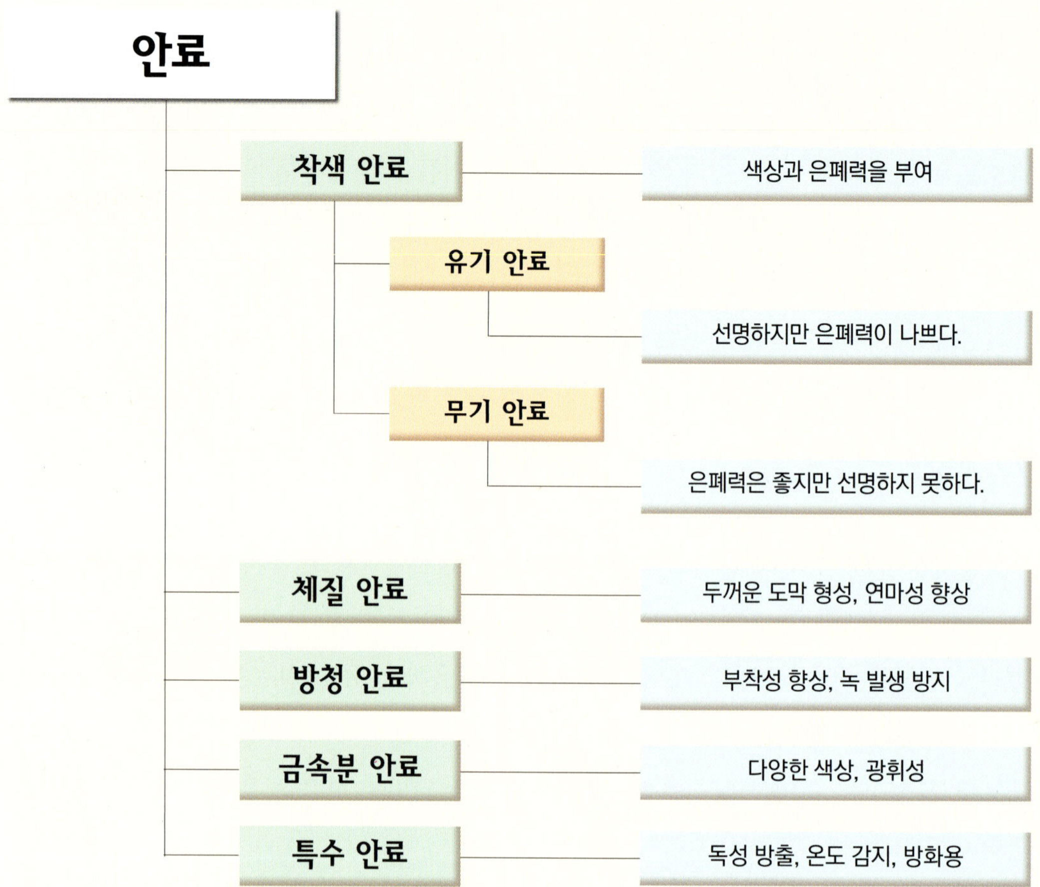

유기 안료와 무기 안료의 특성 비교

	유기 안료	무기 안료
색상	선명성 좋음	선명성 약함
은폐력	낮음	높음
광택	높음	낮음
내광성	낮음	높음
내열성	낮음	높음
광택도	높음	낮음
가격	고가	저가
용도	제한적	범용

1) 착색 안료(Color pigment)

착색 안료는 도막을 착색하는 목적으로 사용하는 안료이다. 대부분의 유기 안료(Organic pigment)는 천연 안료와 화학반응에 의한 유기 합성으로 만들어지는 합성 안료로 나누어지며, 색상은 선명하지만 은폐력이 부족하다.

무기 안료(Inorganic pigment)는 아연, 티탄, 납, 철, 구리, 크롬 등의 금속 화합물을 원료로 하여 제조된 내구성과 은폐력이 좋은 금속 산화물이며, 인체에 무해한 안료를 사용한다.

① 백색 안료

■ 티탄백(TiO_2)

이산화티탄(TiO_2)의 결정을 주로 사용하며, 농황산으로 처리한 황산티탄으로 하고 이것을 분해하여 침전시켜 배소하여 제조된 것으로 내쵸킹성, 분산성, 은폐력, 흡유량 등을 개선하기 위해 Al_2O_3, SiO_2, ZnO 등의 수화물과 Ti, Al, Zr, Zn 등의 인산염으로 처리한 것이다.

결정에 따라 2가지로 분류하는데 아나타제(anatase)형은 백색순도는 좋지만 은폐력, 내쵸킹성이 나쁜 특성을 가지고 있으므로 내부용도료나 하도용도료에 많이 사용하며 루틸(rutile)형은 약간의 황미는 있으나 은폐력, 착색력이 좋고 내후성도 좋은 특징이 있으며 외부용, 합성수지도료에 많이 사용된다.

■ 아연화(ZnO)

아연광석을 가공한 산화아연의 미세한 분말로 이루어져 있으며, 백색 안료 중에서 자외선을 가장 잘 흡수한다. 착색력은 연백의 2배 정도이며, 은폐력은 백색티탄의 1/3~1/4정도로 떨어지고 산, 알칼리에 좋으며 독성이 없다.

보일유, 유성 바니시, 유용성 페놀 수지 바니시, 알키드 수지 바니시 등의 유지계의 전색제와 조합하면 건조가 좋고 점착성이 없는 도막을 얻을 수 있는 장점이 있지만, 겔화가 촉진되거나 옥외에서 폭로시킨 도막에 균열이 생기기 쉬운 결점이 있기 때문에 연백과 혼용하여 사용한다.

그리고 티탄백과 혼합하면 도막의 경화나 건조성이 좋아지고 쵸킹화가 적고 보색성도 개량 된다.

■ **리토폰(Lithopone)**

황산바륨($BaSO_4$)과 황화아연(ZnS)의 혼합물로 황화아연의 함유량은 15~50% 정도이며, 표준품은 30% 정도로 제조되고 있다. 중성으로 산가가 높은 유바니시와도 반응하지 않으므로 안전하며, 무기산에서 황화수소를 발생하나 알칼리 황화수소에는 안전하다.

아연화처럼 건조성을 촉진시키는 일은 거의 없기 때문에 황연, 연백 등을 함유하고 있는 도료와의 혼합은 하지 않도록 한다. 일반적으로 하도용 도료나 내부용 도료로 사용된다.

■ **연백($2PbCO_3$, $Pb(OH)_2$)**

실버 화이트(Silver white)라고도 하며, 염기성 탄산납을 주성분으로 하는 백색 안료이다. 연에 초산과 탄산가스가 작용 시 제조되며, 제조법으로는 오랜티법과 독일법이 있다. 보통 독일법에 의하여 제조된 것이 은폐력이 좋기 때문에 많이 사용하고 있다.

연백을 첨가하여 만든 도료는 부착성이 좋으며, 강한 도막을 만들어 단독 사용해도 내구력이 우수한 도막을 얻을 수 있다. 그리고 도료의 건조를 촉진시키기 때문에 퍼티의 건조제로도 사용하며, 목재의 하도용이나 외부용 상도 도료로도 사용되고 있다.

하지만 연백을 사용한 도료는 어두운 곳에서 황변하기 쉽고 황화물계와 혼합하면 황화현상을 일으켜 흑변하게 된다. 백색 아연계 도료의 균열은 연백도료를 혼합하여 방지시킬 수 있다.

② 흑색 안료

■ **카본 블랙(Carbon black)**

탄소의 초미립자로 천연가스나 타르 등을 불완전 연소시켜 생긴 그을음이다. 제조법으로는 채널법, 디스크법, 휘네스법 등이 있으며 색, 은폐력, 착색력, 내구력이 뛰어나므로 일반적인 흑색안료로 사용된다.

제조 방법에 따라 비중이 1.8~2.1로 변하고 회색을 나타내는 것을 그레이 블랙(gray black)이라고 한다. 도료용으로는 입자경이 10~30㎛ 정도의 것이 좋다.

- ■ **철흑**(Fe_3O_4)

산화 철흑이라고도 하며 내열성, 내광성이 좋으므로 내열도료 등에 많이 사용된다. 비중이 크고 착색력, 은폐력은 카본 블랙보다 못하지만 산에는 약하고 알칼리에는 강하다.

- ■ **본 블랙**(Bone black)

아이보리 블랙(Ivory black)이라고 하며, 상아를 태워서 만든 검은색 안료이다. 탄소분이 적으며, 인산칼슘을 함유하고 있다. 참고로 복숭아를 태워서 만든 검정색 안료를 피치 블랙(Peach black)이라고 한다.

③ 적색안료

- ■ **철적**(Fe_2O_3)

인도의 벵갈라 지방에서 산출되는 산화 제2철을 안료로 사용하기 때문에 벵갈라(Bengala)라고도 한다. 제조 시 가열 온도와 안료의 입자 크기에 따라 색상이 달라진다. 화학적으로 매우 안정된 상태의 안료로 착색력, 내후성, 은폐력은 크지만 비중이 크기 때문에 쉽게 침전된다.

- ■ **몰리브덴 레드**(Molybdenum red)

크롬산연($PbCrO_4$), 몰리브덴산연($PbMoO_4$)과 미량의 황산연($PbSO_4$)을 함유하고 있는 적색 안료로 착색력, 은폐력이 크고 내광성도 좋으나 햇빛에 의해 검게 변하는 경향이 있다. 선명도나 은폐력이 약하고 내알칼리성에 취약하여 다른 안료와 혼용하여 사용된다.

- ■ **카드뮴 레드**(Cadmium red)

황화 카드뮴과 세렌(Selen)화 카드뮴 및 중정석을 혼합하여 만든다. 조성 비율의 변화에 따라 레드 오렌지 색상을 띠며, 세렌이 많을수록 색상이 짙어진다. 햇빛이나 공기에 의하여 잘 퇴색되지 않기 때문에 내약품이나 내열용 등의 특수용으로 사용되지만 독성을 가지고 있고 가격이 비싼 단점이 있다.

- ■ **퍼머넌트 레드**(Permanent red)

아조계의 붉은색 유기 안료로 블리딩(Bleeding)이 없으며, 착색력이 크고 내광성이 좋다.

④ 황색 안료

■ 황연(Chrome yellow, Chrome orange)

금속 납을 질산 또는 아세트산에 용해하고, 중크롬산나트륨 수용액을 가하면 침전되어 만들어 진다. 크롬산연($PbCrO_4$)을 주성분으로 하고 녹색에 가까운 황색(황연 10G)에서 적미가 있는 황색(황연 5R)까지 있다.

비교적 가격이 저렴하고 착색력, 은폐력이 좋고 햇빛에 강하며 알칼리에서도 침식되지 않지만 황화수소를 첨가하면 검게 변하고 내약품성이 약한 단점이 있다. 감청을 섞어 크롬그린을 제조하는 데에도 사용된다.

■ 철황(FeO/OH)

산화철적 제조(습식법)시 중간공정에서 나오는 황갈색의 안료이다. 250℃ 정도에서 탈수시키면 철적으로 변화하며 내광성, 내약품성이 우수하지만 착색력이 약한 단점이 있다. 합성수지 에멀션 도료에 사용된다.

■ 카드뮴 옐로(Cadmium yellow)

황화카드뮴을 주성분으로 하는 안료로서 조성의 변화에 따라 엷은 노랑, 노랑, 주황색 등의 색상이 나온다. 색의 선명도가 좋고 은폐력이 강하지만 내알칼리성이나 내후성에 약하다.

■ 티탄 옐로(Titan yellow)

티탄, 니켈, 안티몬의 3가지 성분을 가지고 있는 새로운 황색 안료이다. 내열성, 내후성, 내약품성이 우수하며, 독성이 없기 때문에 완구용 도료나 합성수지 도료에 많이 사용된다.

■ 크롬산 바륨(Chrom산barium)

크롬산 수소 원자 대신 바륨 원자가 결합된 유독한 노란색 안료로서 염산에는 녹지만 알칼리에는 불용이다. 현재 방청도료로 많이 사용되고 있다.

⑤ 녹색 안료

■ 에메랄드 그린(Emerald green)

산이나 알칼리에는 약하고 유화수소에 의하여 흑색으로 변한다. 독성이 있기 때문에 선저 도료로 사용된다.

■ 크롬 그린(Chrome green)

산화 제2크롬으로 만드는 짙은 녹색의 안료로 황연과 감청을 섞어서 제조한다. 은폐력이과 착색력이 크며, 내광성이 좋지만 황연의 내산성이 좋지 않은 점과 감청의 내알칼리성이 좋지 않은 단점이 있다.

크롬그린을 배합한 도료를 공기 중에 방치하면 황연이 공기 중의 이산화황(SO_2)과 물이 반응하여 백색의 황산연이 되고 그 이유로 청색으로 변하는 경우가 있다.

■ 산화 크롬(Chromium oxide)

크롬은 초록색을 내는 안료이며, 착색력은 좋지 않지만 내열성, 내약품성, 내후성이 우수하여 특수 도료에 많이 사용된다.

■ 그린 골드(Green gold)

녹황색을 띠고 있는 안료로서 내광성이 매우 좋으며 내열성, 내약품성이 우수하고 명성이 크기 때문에 금속 광택 도료의 착색제로 이용된다.

⑥ 청색 안료

■ 군청(Ultramarine blue)

울트라마린블루라고도 하며, 초기 제조 시에는 천연 광석인 유리로부터 만들었지만 최근에는 합성하여 만들어지고 있다. 제조 공정에 따라 규산분이 많이 첨가되고 알루미나분이 적게 첨가되면 적미가 난다. 무기 안료로서 내광성, 내열성, 내알칼리성 등이 강하지만 산에는 약하다. 이 안료가 많이 첨가될 경우 광택이 잘 나지 않는다.

■ 감청(Milori blue)

iron blue, iron blue pigment Prussian blue, Milon blue, Berlin blue라고 하며 프러시안화제2철을 주성분으로 한 파란색 안료로 $Fe_4(Fe(CN)_6)_3nH_2O$의 구조를 갖고 있다. 금속광택이 있는 것은 브론즈, 없는 것은 논브론즈라 하며, 브론즈 현상은 감청의 농도가 높을 때 생기고 담색은 생기지 않는다. 착색력이 크고 산에 강하며, 알칼리나 열에는 약해 150℃ 이하에서도 분해되어 적갈색으로 변하기 때문에 고온에서 건조가 이루어지는 도료에서는 사용할 수 없다.

자연 건조형 도료에 사용하며 유성 도료에서는 건조가 지연되는 경향이 있고, 황색과 혼합하여 사용하면 색 분리 현상이 쉽게 나타난다.

■ **프탈로시아닌 블루(Phthalocyanine blue)**

선명한 청색의 유기안료로 테트라벤조프로핀이라고도 한다. 착색력이 뛰어나며, 감청의 수배, 군청의 20배 이상이다. 내광성, 내수성, 내산성, 내알칼리성이 우수하지만 벤젠계, 아세톤계의 용매에 녹아 결정이 생겨 변색하거나 착색력이 저하되는 단점이 있다.

2) 체질 안료(Extender pigment)

착색 안료나 방청 안료와 함께 사용하여 양을 늘리거나 농도를 묽게 만들기 위하여 사용하는 무채색의 안료로 탄산칼슘, 황산바륨 등을 많이 사용한다. 착색의 역할은 하지 못하며, 기존 도료에 첨가되거나 단독으로 사용하여 도막의 경도를 높이고, 연마성을 좋게 하며 광택을 없애는 기능을 한다.

분말 상태에서는 빛을 반사하여 백색으로 보이나 아마인유나 수지 액을 섞으면 반투명으로 보인다. 한 예로 산화티탄과 같은 고가의 안료 사용을 줄이고 백색도를 저해하지 않는 범위에서 탄산칼슘으로 대체하여 물리적 기계적 물성은 유지하지만 제조 원가를 줄일 수 있는 장점이 있다.

① 탄산칼슘($CaCO_3$)

비결정성의 분말로 입자는 편평상의 형태이며 조개 등의 껍질을 분쇄하여 만들어서 호분이라고도 한다. 분산성이 좋아서 프라이머, 퍼티의 중량제로 사용되고 비중이 크며 분말을 조합 페인트에 혼합하면 붓 작업성이 좋아지는 특징이 있다.

소광제, 침강 방지제로도 사용되고 있으나 산에는 약하기 때문에 요소 수지의 산성경화제와 반응하여 발포하거나 경화하는데 지장을 준다. 아주 적은 알칼리성으로 감청 등의 내알칼리성이 약한 안료 등과 혼합하여 사용하면 백악화(chalking)나 퇴색의 원인이 되기도 한다.

② 크레이(Clay)

규소알미늄을 주성분으로 한 천연 규산염으로 암석이 열이나 물의 풍화작용으로 생긴 것이다. 일반적으로 활력분(Talc) 등의 도료에 사용되고 있으며, 화학적으로 안전하다.

③ 규조토(Diatomaceous earth, / SiO_2/nH_2O)

백색 또는 회백색의 이산화규소 화합물로서 규조의 유해로 만들어진 연질의 암석과 토양을 뜻한다. 다공질로 액체에 흡수가 잘 되고 서페이서나 방화 도료에 많이 사용되며, 침강 방지제나 소광제, 흐름 방지제로도 사용된다.

④ 황산바륨(Barium sulfate, $BaSO_4$)

천연산 중정석(Barite)을 분쇄하는 과정에서 석고와 함께 산출된다. 순수한 것은 바륨염 수용액에 황산이온을 함유한 수용액 또는 묽은황산을 첨가하면 흰색 침전이 생겨 얻어진다. 이렇게 물 대신 화학적으로 침전시킨 것을 침강성 바라이트(중정석)라 하며, 산과 알칼리에는 안정되어 내열성 도료의 체질 안료로 사용된다.

⑤ 황토

산화철이 섞인 점토를 물 또는 청각재의 액으로 반죽하여 덩어리로 건조시킨 것으로 입자의 크기와 산지에 따라 황색에서 황갈색을 띤다. 바탕 도료나 착색 결 메꿈제로 사용된다.

3) 방청 안료

금속은 산성의 물 등이 표면에 닿게 되면 산화 작용을 하게 되어 녹이 발생된다. 이것을 방지하기 위해 방청 안료를 사용하며, 금속면과 닿기 전에 방청 안료와 반응하여 산성을 제거하거나 용해하여 알칼리로 변화시켜 금속표면에 녹이 발생하는 것을 방지하는 안료로 금속의 하도용 도료에 사용된다.

① 광명단(Red lead)

사산화연(Pb_3O_4)을 주성분으로 하는 적색 안료로 광택이 쉽게 나고 약간의 일산화연(리사지, PbO)가 함유되어 있어 화학적으로는 활성이며, 방청력이 매우 우수하다. 공기 중에 방치하면 공기 중의 수분 및 탄산가스와 반응하여 부분적으로 희게 된다.

단독 또는 징크 크로메트와 병용해서 사용한다. 광명단 중에 일산화연(PbO)의 함량이 많아지면 염의 생성이 많이 줄어들며, 튼튼한 도막을 만들어 내습, 내수성이 좋아지나 저장성은 나빠진다.

② 염기성 크롬산 연(Chrom red)

일산화연(PbO)을 핵으로 하여 그 주위를 염기성 크롬산연으로 둘러싼 구조를 갖는 연한 굴색의 방청 안료이다. 알칼리성을 나타내며, 건성유와 반응하여 금속 비누를 만들어 녹을 방지한다. 도료의 저장성이 좋아 장기 저장이 가능하다.

③ 아연 황

징크 크로메이트(Zinc chromate)라고도 하며, 염기성 크롬산 아연칼륨(K_2O, $4ZnO$ / $4CrO_3$ / $3H_2O$)을 주성분으로 하는 황색의 방청 안료이다. 수용분 6~8%를 갖고 있으며, 물에 용출되어 금속면에 크롬산 이온을 방출하여 녹막이 피막이 된다.

주로 합성수지 바니시와 혼합하여 속건성 프라이머로 사용하는데, 특히 경금속의 하도에 적합하며, 징크 크로메이트(Zinc chromate)나 에칭 프라이머(Etching primer)로 판매되고 있다.

④ 아연말(Zinc powder)

금속 아연(Zn)의 미세한 분말로 무독하며, 은폐력은 크지만 착색력이 좋지 않다. 전색제 중의 지방산과 반응하여 금속 비누가 되어 튼튼한 도막을 만들어 유해가스의 침입을 방지하며, 자외선을 잘 흡수하여 도막이 노화하는 것을 방지할 수 있다. 아연화와 아연말의 함유량에 따라 징크 더스트 페인트(아연말 함유량 20~60%), 징크 리치페인트(아연말 함유량 60%)로 나누어진다.

4) 금속분 안료

자동차 도장에 사용되는 금속분 안료로 메탈릭(Matical)과 마이카(Mica)가 있다. 이들 안료는 자외선이 하도 도료로 침투하는 것을 차단하는 역할도 한다.

① 알루미늄 안료

은분이라고도 하며 금속 알루미늄의 엷은 판을 비늘 조각처럼 분쇄한 것이다. 건식법으로 만들어진 분말형의 은분과 습식법으로 알루미늄 페이스트가 있는데 페이스트형은 혼합하기가 쉬워 최근에 많이 사용되고 있으며, 도장 후 알루미늄이 표면에 떠 있는 리핑형과 가라앉아 있는 논-리핑형 두 가지가 있다.

■ 리핑(Leafing)형

바니시와 섞어서 도장하면 알루미늄분이 표면에 떠올라서 알루미늄의 독특한 금속광을 내는 형태로서 은분의 비늘 조각 표면의 스테아린산 피막 때문에 떠오르는 것이며, 이 스테아린산 피막은 공기 중의 유해가스, 일광, 습기 등이 도막에 침투하는 것을 방지한다. 기름 탱크·난방용의 라디에이터 등의 표면 도장에 많이 사용된다.

■ 논–리핑(Non–Leafing)형

이것은 바니시에 섞어서 도장하면 알루미늄분이 가라앉아서 은은한 알루미늄 광을 낸다. 현재 전자제품의 케이스로 사용되는 플라스틱 사출품의 고급 도장에 많이 쓰이며 함마톤 에나멜 등에도 사용된다. 입자가 큰 것을 사용하면 메탈릭 효과를 얻을 수 있다.

■ 동분

금분이라고도 하며 동과 아연의 합금을 분말로 만든 것인데 합금의 성분에 따라 색상이 달라진다. 리핑성은 알루미늄 안료보다 적은편이며 바니시의 산가에 따라 변색하는 수가 있다.

5) 특수 안료

① 아산화 동(Cu_2O)

적색 안료로 은폐력이 크지만, 독성이 있어 선저 도료의 원료로 사용된다. 배의 밑바닥에 조개, 해초 등의 해양 생물이 부착하는 것을 방지한다. 방오 효과를 오랫동안 지속하기 위하여 산화수은과 병용하여 사용하고 있다.

② 황색 산화수은

누런색 가루로 아산화동과 혼합하여 선저 도료로 사용된다. 공기 중에 빛을 받으면 분해되며, 독성이 강하지만 단독으로는 방오력이 떨어진다.

③ 산화안티몬(Antimony oxide)

방화도료용 안료로 염화파라핀과 병용하여 사용하며 백색 안료이다.

④ 형광 안료

눈에 잘 띄는 선명한 형광색을 내지만 내광성이 좋지 않다.

⑤ 발광 안료

약한 방사선을 내는 성분이 있어서 밤에 빛을 받지 않아도 선명하게 보인다.

⑥ 축광 안료

태양광이나 형광체 등의 빛을 흡수 또는 축적해 두었다가 어두운 곳에서 에너지를 서서히 방출·발광하는 성질을 가진 안료로서 방사선 물질은 포함하고 있지 않다.

⑦ 시온 안료

온도에 따라 색상이 변화하는 안료이다. 9가지 종류의 표준 색상이 있으며 −15℃에서 65℃까지 각 온도별로 색깔이 변하는 종류가 있다. 20℃에서 2℃ 상승할 때 변하는 안료, 31℃, 43℃, 65℃에서 각각 변하는 종류가 있다.

2 도막 형성의 부요소

01 첨가제의 정의 및 기능

도료를 만드는 과정에서 완전히 건조되어 도막이 되기까지 도료나 도막의 성질을 조절하고 보호하며, 필요한 기능을 충분히 발휘하기 위하여 도료 중에 첨가되는 것이 첨가제이다. 도료 중에 첨가제의 함유량은 적지만 도료의 물성 개량을 가능하게 한다.

도료를 만드는 과정에서 안료 분산성을 좋게 하며, 필요한 도막에 물성을 부여, 도료 제조시나 보관 수송시 안정성을 부여하기 위하여 첨가되는 습윤제, 분산제, 증점제 등이 있다. 이렇게 만들어진 도료를 보관할 경우 사용하기 전까지 처음과 같은 형태를 유지하기 위하여 첨가되는 침전 방지제, 피막 방지제, 방부제 등이 있고 도장 작업 시 편한 작업을 할 수 있도록 첨가되는 소포제 등이 있다.

도장 후 도막이 형성되는 과정에서 색 분리 방지제, 흐름 방지제, 표면 평활제 등이 있으며, 도막을 형성한 후에 도장의 목적을 유지하기 위하여 가소제, 자외선 방지제 등이 첨가되며 특수한 목적을 위하여 첨가되는 경우도 있다.

02 첨가제의 종류

① 방부제(Preservative)

도료의 저장 중에 곰팡이 균에 의한 도료의 부식을 방지한다.

② 색 분리 방지제(Anti-flooding agent)

도료의 저장 중에 분산된 안료가 입자경, 비중, 응집력의 차이로 색이 분리되어 전체의 색과 다른 반점이나 무늬 모양의 색 분리 현상을 방지하여 목적하는 색상을 얻기 위해 첨가한다.

③ 흐름 방지제(Anti-sagging agent)

도장 작업 중이나 건조되는 과정에서 도료가 흘러내리는 것을 방지한다.

④ 침전 방지제(Anti-settling agent)

도료 저장 시 안료의 크기 차이로 바닥에 가라앉는 것을 방지한다.

⑤ 분산제(Dispersing agent)

고체인 안료 미립자를 수지 안에서 분산이 쉽도록 사용하는 첨가제로서 재응집 방지와 안정된 분산 도료를 유지한다.

⑥ 가소제(Plasticizer agent)

도막의 취성을 완화시켜 내부 뒤틀림을 감소시키고, 피도물에 대한 극성 분자의 배향성을 높여주기 때문에 부착성, 내구성, 내한성, 유연성이 향상된다.

⑦ 표면 평활제(Leveling agent)

도료의 평활성을 원활하게 해준다.

⑧ 소포제(Deformer agent)

도료에 기포가 발생하게 되면 점도가 묽게 되므로 도료의 기포 발생을 억제하여 기포가 발생되지 않도록 한다.

⑨ 증점제(Viscosity control agent)

도료의 점도를 높여서 흐름성을 저하시키고, 안료의 침강을 방지한다.

⑩ 습윤제(Wetting agent)

고체와 액체가 접촉하는 경우 표면장력을 변화시켜 젖음의 특성을 크게 개선하기 위해 사용하는 첨가제이다. 점도에 영향을 미치지 않고 레벨링성에만 영향을 준다.

⑪ 소광제(Matting agent)

도료의 광택을 제거하기 위하여 첨가된다.

⑫ 건조 지연제(Retarder)

건조를 지연시켜 준다.

⑬ 피막 방지제(Anti-skinning agent)

도료의 저장 중에 도료 캔의 상단에 발생되는 윗부분의 피막을 제거한다.

⑭ 건조제(Drier)

유성 도료나 유변성 합성수지 도료에 첨가되어 산화중합을 촉진시켜 경화건조를 빠르게 한다.

⑮ 촉매(Catalyst agent)

불포화 폴리에스테르 수지 도료나 산경화형 아미노 알키드 수지 도료에 첨가되어 중합반응을 일으켜 도막을 경화시킨다.

⑯ 경화제(Hardener agent)

이소시아네이트의 그물 결합을 일으켜 경화시키는 약품이다.

⑰ 난연제(Flame retardant)

도막이 고온에서 가열되었을 때 연소되는 것을 방지한다.

⑱ 동결 방지제(Anti-freezing agent)

수성 도료나 수용성 도료의 경우 물을 다량 함유하고 있어서 저온에서 오랫동안 방치하게 되면 동결되어 에멀션이 파괴되기 때문에 기온이 낮은 겨울철에 어는 것을 방지하기 위하여 사용한다.

⑲ 대전 방지제(Anti-static agent)

정전기를 방지할 목적으로 사용한다.

⑳ 황변 방지제(Anti-yellowing agent)

외부 폭로 도료나 자외선을 많이 받는 자동차용 도료, UV(Ultra violet; 자외선)경화 투명 도료 등과 같이 장기 폭로로 인하여 도막이 황색으로 변하는 황변 현상을 막아준다.

㉑ 자외선 흡수제(UV absorber)

플라스틱, 고무 등 고분자에 대해 유해한 자외선을 흡수하여 황변이나 열화를 막아주고 내구성을 증대시킨다.

첨가제의 기능성에 따른 분류	
사용 용도 및 목적	**종류**
도료 상태에서 특성 향상	증점제, 흐름 방지제, 침강 방지제, 색 분리 방지제, 레벨링제, 점탄성 조정제, 습윤제, 분산제, 소포제, 방청제 등
도막의 기능 향상	윤활제, 긁힘 방지제, 건조제, 광택 부여제, 가소제, 안정제, 자외선 흡수제, 부착 향상제, 방오제, 방부제 등
도막의 특수한 기능 부여	대전 방지제, 도전제, 난연제, 전착 도장성 개량제, 형광안료 등

3 도막 형성의 조요소

01 용제(Solvent)

도료는 도장할 때 유동 상태에서 사용된다. 수지가 액상이고 도료 자체에 유동성이 있으면 그대로 사용할 수 있으나 실온에서 유동성이 없거나 혹은 도료 자체의 점도가 높아 그대로는 도장하기 어려울 경우 용제를 희석하여 도장하기에 적당한 유동성을 갖도록 한다. 이러한 목적 때문에 도료에 따라서는 물을 사용하는 경우도 있으나, 물을 용제에 포함하지 않은 유기 용제만을 용제 또는 시너라 하는 것이 일반적이다. 물을 용제로 사용한 수성인 경우 도막의 성능이 용제형의 80% 정도의 물성을 지니고, 분체도료와 같이 용제가 없는 무용제형 도료도 있지만 대부분의 도료는 도료 중에 용제를 70% 이상 함유하고 있다.

용제는 용해력, 증발 속도, 비점에 따라 크게 좌우되기 때문에 좋은 도장의 결과물을 얻기 위해서는 도장 시의 조건을 일정하게 유지하여야 하며 이러한 조건을 충족시킬 수 없을 경우 용제를 조절하여 도료의 도장 특성을 유지시켜 주어야 한다.

1) 용제가 갖추어야 할 성질

① 도막 형성의 주요소인 수지를 잘 용해해야 한다.
② 적당한 증발 속도를 가져야 한다.
③ 전 공정 도료나 소재에 침투하지 말아야 한다.
④ 불순물이 섞여있지 않아야 한다.

2) 도료에서의 용제 역할

① 도막 형성 물질의 표면 장력을 저하시켜 도료의 피도물에 대한 젖음성을 좋게 한다.
② 도장성과 피도물로의 침투성을 좋게 한다.
③ 건조 속도, 광택, 물성을 조절한다.

④ 도막의 물성에 대한 습도의 영향을 감소시킨다.

⑤ 적용 분야에 따라 여러 가지 도장법을 사용할 수 있게 한다.(에어 스프레이, 점전 도장, 전략 도장 등)

⑥ 저온에서도 도장이 가능하도록 조절할 수 있다.

⑦ 수성에 비해서 박테리아에 의한 침식 영향이 감소한다.

⑧ 도막 두께의 조절을 쉽게 한다.

⑨ 여러 가지 성분 혼합을 균일하게 할 수 있게 한다.

02 용제의 분류

용제의 분류에는 용제의 끓는점에 의한 분류와 화학 구조에 의한 분류, 증발 속도, 성질 및 용도에 의한 분류가 있다.

1) 용해력(Solvency)에 의한 분류

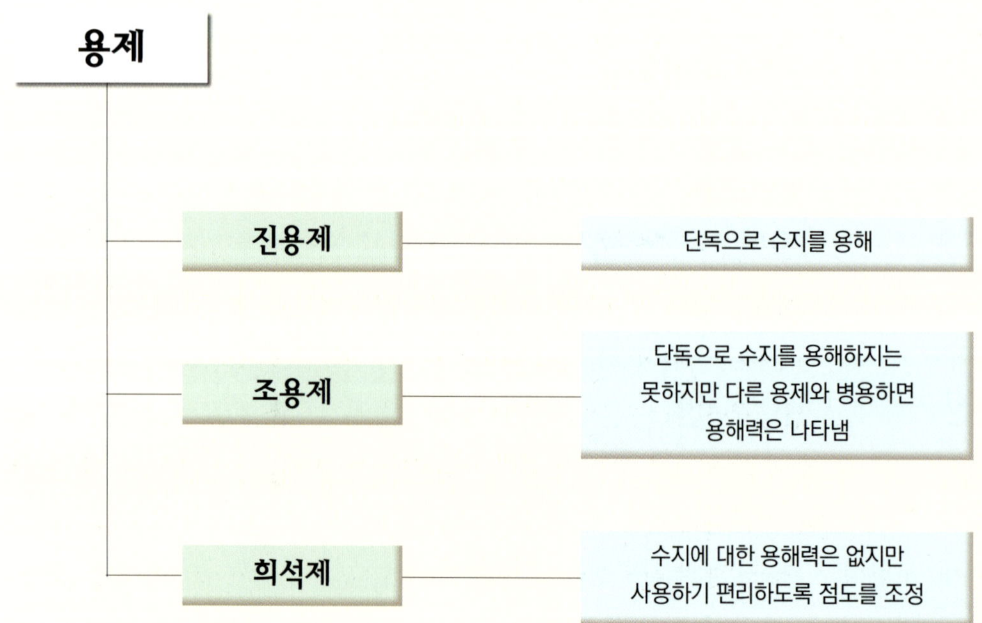

① 진용제

단독으로 수지류를 용해하는 성질이 있으며 용해력이 크다.

② 조용제

단독으로는 용질을 용해하지는 못하지만 다른 성분과 병용하면 용해력을 나타낸다.

③ 희석제

수지에 대하여 용해력은 없고 단지 도료의 점도를 낮추는 기능을 하여 작업성이나 도료의 양을 증가시키는 증량제의 기능만 한다.

래커용 희석제에는 톨루엔, 초산에틸, 이소프로필알코올, 메틸에틸케톤, 부틸셀로솔브 등이 사용되고 있으며, 아크릴 우레탄 희석제에는 크실렌, 톨루엔, 초산에틸, 셀로솔브아세테이트, 메틸이소부틸케톤 등이 사용된다. 그리고 열경화 아크릴 희석제는 크실렌, 톨루엔, 부틸알코올, 초산에틸, 부틸셀로솔브 등이 사용되고 있다.

2) 비점(Boiling point)에 따른 분류

3) 조성에 따른 분류

분 류	품 명	비 점(℃)	인화점(℃)	용 도
지방족 탄화수소계	백등유	170~250	52	유성도료·보일유 유변성 합성수지 도료
	미네랄 스피릿	140~220	26~38	
방향족 탄화수소계	톨루엔	110~112	7~13	래커계 도료, 합성수지 도료, 실리콘수지 도료, 프탈산수지 도료 아미노알키드수지 도료
	크실렌	137~142	23	
	솔벤트나프타	110~160	15 이하	
에스테르계	초산에틸	74~77		래커계 도료, 아크릴수지 도료, 염화비닐수지 도료, 아미노알키드수지 도료
	초산부틸	124~126		
	초산아밀	138~142		
케톤계	아세톤	55~60	−20	래커계 도료, 아크릴수지 도료, 염화비닐수지 도료, 아미노알키드수지 도료
	메틸에틸케톤	77~80	0 이하	
	메틸이소부틸케톤	115~118	20	
알코올계	메탄올	64~65	6	주정 도료, 래커계 도료, 에칭프라이머, 아미노알키드수지 도료
	에틸알코올	78~79	18	
	이소프로필알코올	79~82	18~20	
	부틸알코올	114~118	35	
	이소부틸알코올	104~107	22	
에테르계	셀로솔브	128~157	40	래커계 도료, 아크릴수지 도료, 아미노알키드수지 도료
	셀로솔브아세테이트	140~160	47	
	부틸셀로솔브	163~174	60	

① 지방족 탄화수소계

■ 등유(Kerosine)

원유를 분류하여 얻어진 정유분을 재분류하여 정제한 것으로 끓는점이 160~300℃, 비중은 0.780, 비점은 170~250℃, 초류점은 150℃, 증류점은 230℃이며, 주로 보일유, 유성도료 등에 사용된다. 연소성이 뛰어나고 악취물질을 포함하지 않으며, 인화점이 높아 안전한 취급 등이 필요하다.

■ 미네랄 스피리트(Mineral Spirits)

비점이 140~220℃의 각종 탄화수소의 혼합물로서 방향족을 많이 함유한 것은 용해력이 크며, 이소파라핀이 주성분인 것을 무취 미네랄스피릿 이라고 한다. 비교적 값이 저렴하기 때문에 유성도료, 합성수지 조합 페인트의 용제 및 시너로 많이 사용된다.

② 방향족 탄화수소계

■ 톨루엔(Toluene, $C_6H_5CH_3$)

원방향족 탄화수소의 기본 물질인 벤젠은 독성 때문에 도료에는 사용하지 않는 대신 용제로써 널리 사용되고 있다. 무색투명하고 독성이 적으며, 벤젠보다 약한 냄새를 갖는다. 휘발성은 초산부칠의 2배, 부탄올보다 4배 빠르며, 용해성은 벤젠과 비슷하고 알코올, 에스테르, 케톤, 탄화수소 등의 많은 유기용제와 혼합하여 사용한다. 순수한 톨루엔의 비점은 110.6℃이나 공업용은 100~120℃이다. 합성수지 도료, 래커 등의 용제로 널리 사용되고 있다. 톨루엔의 제조 방법은 석유 나프타 유분을 개질하거나 콜탈 경유분을 분류하여 만들어 진다.

■ 크실렌(Xylene, $C_6H_4(CH_3)_2$)

무색투명의 액체로 톨루엔에 비해 비점(137~142℃)과 인화점이 높고 증발속도는 늦다. 물에 부용이며, 톨루엔과 같이 많은 유기용제와 혼합한다. 유지, 에스테르 검, 알키드 수지, 페놀 수지, 염화고무 등을 용해한다. 크실렌은 유성 바니시, 합성수지 도료, 방청 페인트의 용제 및 비닐수지, 아크릴수지, 래커 등의 희석제로 톨루엔과 같이 많이 사용되며, 종류로는 다음과 같은 3가지가 있다.

무수프탈산, 합성화학의 원료로 사용되는 올소 크실렌이 있고, 이소프탈산, 크실렌 수지의 원료로 사용되는 메타크실렌이 있다. 마지막으로 테레프탈산, 폴리에스테르 섬유 등에 사용되는 파라크실렌(o-, m-, p-)의 3가지 이성체가 있다. 석유계 크실렌의 조성은 올소 크실렌 20%, 메타크실렌 40%, 파라크실렌 20%, 에칠벤젠 20%이다. 제조 방법은 석유 나프타 유분을 개질하거나 콜탈 경유분을 분류하여 만들어 진다.

■ 솔벤트 나프타(Solvent naphtha)

무색투명하고 끓는점이 120~200℃이다. 석탄계의 가스 경유나 타르 경유를 원료로 하는 것은 벤젠계 탄화수소가 주성분이고, 석유계의 가솔린을 원료로 하는 것은 파라핀계 및 나프텐계 탄화수소로 이루어져 있다.

③ 알코올계

■ 메탄올(Methyl Alcohol, CH_3OH)

무색투명하고 특유의 방향이 있는 휘발성 액체이다. 비점이 64~66℃의 휘발성이 높은 용제로 독성이 있고 용해력은 에탄올보다 적다. 래커의 조용제, 속건 니스, 리무버에 사용되며, 포르마린의 세정제로도 사용되고 있다. 수성가스의 고압 접촉반응 또는 천연가스의 부분산화에 의해 제조된다.

■ 에탄올(Ethanol, CH_3CH_3OH)

특유한 향기와 맛이 있는 무색투명한 액체로서 녹는점이 -114.5℃, 끓는점이 78.32℃, 비중은 0.818이다. 제조 방법은 옛날부터 녹말이나 당류를 발효시켜 사용하였다.

■ 이소프로필알코올(Isopropylalcohol, IPA, $(CH_3)_3CHOH$)

독특한 냄새가 나고 물보다 약간 점성이 있는 무색의 휘발성 액체이다. 지방족 포화 알코올류의 하나로서 2-프로판올이라고도 한다. 분자량이 60.10, 녹는점이 -89.5℃, 끓는점이 82.4℃, 비중은 0.7864이다. 제조 방법은 크래킹으로 얻어지는 프로필렌을 진한 황산에 흡수시키고 이것에 물을 작용시켜 만들게 된다. IPA로 약칭되는 석유화 제품으로 특유의 향기를 가지고 있으며, 비점은 81~83℃로 부치랄수지, 셀락, 로진 등의 용제이다. 셀락 니스, 워시프라이머의 용제, 래커의 조용제로 사용된다.

■ 부칠알코올(Butanol, C_4H_9OH)

비점이 114~118℃로 자극적인 냄새가 나며, 상온에서 물에 약간 녹는다. 셀락, 부치랄수지, 로진, 에스테르 검 등을 용해한다. 아세트알데히드를 축합시켜 아세트알코올로 만들고 이것을 탈수하고 수첨하여 증류·정제한다. 래커, 멜라민수지, 요소수지 도료, 워시프라이머의 용제로 사용되며, 초산부칠, 가소제 제조시 원료가 된다.

④ 에스테르 및 에테르계

■ 초산에틸(Ethyl acetate, $CH_3COOC_2H_5$)

상온에서 숙성한 과일과 같은 향기를 가지고 있는 무색투명한 가연성 액체로 많은 유기용제와 혼합하여 사용된다. 녹는점이 $-83.6℃$, 끓는점이 $76.82℃$, 비중은 0.9005이다. 초화면, 초산셀룰로오스, 장뇌, 고무, 로진 등을 용해하고 특히 초화면의 진용제로서 래커의 용제로도 사용되며, 비점이 $74\sim77℃$로 낮아 래커 시너의 저비점 부분으로 많이 사용된다. 아세트알데히드를 촉매의 존재 하에서 축합 반응하여 제조한다. 래커의 용제로 래커 시너에 다량 사용되며, 폴리우레탄, 염화비닐수지 도료에도 사용된다.

■ 초산뷰틸(Butyl acetate, $CH_3COOC_4H_9$)

n-Butyl Acetate의 비점은 $126℃$이며, 과일과 같은 향기를 가지고 있는 용제로 많은 유기용제와 자유로이 혼합하며, 초화면의 진용제로 증발 속도도 적당하기 때문에 래커 용제 및 래커 시너에 많이 사용되고, 내백화성이 있는 중비점 용제이다. n-butanol을 초산과 황산 촉매 하에서 가열 반응시켜 정제·제조한다. 래커의 용제로 래커 시너에 다량 사용되며 비닐수지, 아크릴수지, 에폭시수지 도료 등의 용제로도 사용된다.

■ 3-Methoxy butyl acetate($CH_3COOCH_2CH_2CH(OCH_3)CH_3$)

3- M.B.A는 물에 대한 용해도가 6.5%이며, 거의 모든 유기용제에 용해한다. 비점이 $171℃$로 고비점용제임에도 불구하고 증발속도가 비교적 빠른 것이 특징이다. 수지에 대한 상용성이 양호하고 초화면, 염화비닐, 알데히드수지, 페놀수지, 멜라민수지, 알키드수지 등을 용해한다.

■ 셀로솔브 아세테이트(Cellusolve acetate, $CH_3COOCH_2CH_2OC_2H_5$)

셀룰로오스의 아세트산에스테르. 아세틸셀룰로오스·셀룰로오스아세테이트·초산섬유소라고도 한다. 비점이 $135\sim160℃$의 무색투명한 액체로 물에는 약 23%가 용해된다. 많은 유기용제와 혼합하며, 수지에 대한 용해력은 셀로솔브보다 크고 초화면, 셀락, 로진 등을 용해한다. 제조 방법은 셀로솔브를 초산으로 에스테르화시켜 만들며, 래커 시너, 리타다 시너에 주로 사용된다.

■ 부틸셀로솔브(Butyl cellosolve, $C_4H_9OCH_2CH_2OH$)

비점이 171℃의 무색투명한 액체로 온화한 향기가 있으며, 물에 사용할 수 있다. 거의 모든 유기용제와 혼합하며, 초화면, 페놀수지, 에폭시수지 등을 용해하고 래커의 백화방지, 도막의 평활화에 효과가 있다. 제조 방법으로는 부탄올과 에틸렌글리콜을 산촉매 하에서 축합하여 수세중화 후 분류하여 얻어진다. 리무버 및 래커의 백화방지용 용제로 사용된다.

■ 에틸셀로솔브(Ethyl cellusolve, $C_2H_5OCH_2CH_2OH$)

비점이 136℃의 온화한 향기가 있는 무색투명한 액체로 물에 녹으며, 초화면, 페놀수지, 알키드수지, 에폭시수지 등을 용해한다. 내수성·내광성·내약품성 등 안정성이 뛰어나기 때문에 도료·필름 등에 사용되며, 산촉매 하에서 에탄올과 에틸렌옥사이드를 축합하고 중화 후 정류하여 얻어진다. 래커, 페놀수지, 알키드, 에폭시 수지 도료의 용제, 리무버에 주로 사용된다.

⑤ 케톤계

■ 아세톤(Acetone, CH_3COCH_3)

비점이 55~60℃의 증발속도가 매우 빠른 저비점 용제이다. 녹는점이 −94.82℃, 끓는점이 56.3℃, 비중이 0.7908, 인화점은 −18℃이다. 에테르와 비슷한 냄새로 마취작용이 있으며, 박하와 같은 향기가 있고, 물과 많은 유기용제에 잘 축합한다. 제조 방법은 2-propanol법 프로필렌을 에스테르화시켜 가수분해하여 얻은 2-propanol을 탈수소 또는 산화시켜 얻어진다. 각종 수지, 셀룰로오스 유도체에 대한 용해력이 크지만 휘발성이 높아 다량으로 사용하면 백화현상을 일으키며 래커, 아크릴수지도료, 리무버 등에 사용된다.

■ 메틸에틸케톤(Methyl ethyl ketone, M.E.K, $CH_3COOC_2H_5$)

향기와 성상이 아세톤과 거의 같다. 비점이 77~80℃로 아세톤보다 높고 초산에틸과 거의 같으며 초화면, 염화비닐수지, 에폭시수지, 아크릴수지에 대한 용해력이 좋다. 제조 방법은 sec−butyl alcohol을 접촉적으로 탈수소 반응시켜 만들고 래커, 염화비닐수지, 에폭시수지, 아크릴수지 용제로 주로 사용되며 접착제, 인쇄잉크의 용제로도 사용된다.

■ **메틸이소부틸케톤**(Methyl Isobutyl ketone, M.I.B.K, $CH_3COCH_2CH(CH_3)_2$)

아세톤이나 메틸에틸케톤보다도 순한 냄새로 비점이 115~118℃이다. 초산부칠과 함께 중비점 용제로 널리 사용된다. 초산부칠과 비교하여 증발속도가 조금 빠르고 용해성은 좋다. 제조 방법은 아세톤을 축합, 탈수시켜 메틸옥사이드로 만들고 이것에 수소를 첨가시켜 제조하며 래커, 비닐 수지도료, 폴리우레탄 수지 도료에 주로 사용된다.

■ **시크로헥사논**(Cyclo hexanone, Anone, $CH_2(CH_2)_4CO$)

비점이 152~157℃, 박하향의 환상 케톤이다. 분자량이 98.1, 녹는점이 −32℃, 끓는점이 156℃, 비중은 0.9478이며, 용해력은 크나 증발속도는 초산뷰틸의 약 1/5 정도로 느리기 때문에 래커의 백화방지나 리타다 시너, 합성수지 도료의 도막 평활성 향상에 사용된다.

체크

도료의 분류

도료는 일반적으로 수지의 종류, 도료의 상태, 성능, 도장 방법, 피도물의 종류와 건조 방법 등에 따라 분류된다.

도료의 분류 방법

분 류 방 법	종 류
수지의 종류에 따른 분류	유성도료, 유성에나멜, 알키드 수지도료, 우레탄 수지도료, 아크릴 수지도료, 에폭시 수지도료, 수용성도료, 폴리에스테르 수지도료 등
도료의 성능에 따른 분류	속건 도료, 가소성 도료, 분체 도료 등
도막의 상태에 따른 분류	조합 페인트, 에멀션 페인트, 분체 도료 등
도막의 성능에 따른 분류	방화 도료, 방청 도료, 방오 도료, 내열 도료, 방균 도료, 내약품 도료, 전기 절연 도료, 형광 도료 등
피도물의 종류에 따른 분류	철재용 도료, 목재용 도료, 경금속용 도료, 콘트리트용 도료, 플라스틱용 도료 등
피도물의 명칭에 따른 분류	자동차용 도료, 항공기용 도료, 선박용 도료, 가구용 도료, 바닥용 도료 등
도료의 상태에 따른 분류	유광 도료, 무광 도료, 착색 도료, 투명 도료, 함마톤 도료 등

4 수성 도료 제조 공정

수성 도료의 제조공정에서 사용하는 에멀젼 수지는 물, 유화제, 단량체 등 여러 가지 성분으로 이루어져 있다. 유화제는 기름 성분과 물 성분을 혼합해 주는 역할을 한다. 단량체는 아크릴계와 스타이렌계 등이 있고 이런 단량체가 모여 피막을 형성하는 폴리머를 이루게 된다.

일반적으로 스타이렌계 단량체가 주로 사용되며, 이로 인해 수성 도료에서는 다량의 스타이렌이 배출되는 경우가 많다. 결과적으로 $CaCO_3$, TiO_2, 에멀젼 수지, 다량의 용수를 배합 혼합하여 수성 도료를 생산하며, 조정 검사 과정에 소량의 솔벤트를 첨가하기도 한다.

이미 에멀젼 수지로 인해 다량의 방향족 탄화수소가 포함되어 있기 때문에 톨루엔, 자일렌, 스타이렌 같은 **VOCs**가 배출된다. 수성 도료는 유성 도료에 비해 유기용제의 함량이 상대적으로 적은 것을 의미하고, 시너(thinner)나 솔벤트와 같은 유기용제로 희석하지 않고 물로 희석해서 사용하는 페인트를 의미한다.

하지만, 유기 용제의 성분이 유성 도료에 비해 상대적으로 적기 때문에 친환경 도료로 묘사된다. 수성 도료의 제조공정에서 혼합 공정 시 에멀젼 수지의 원활한 용해를 위해 열을 가하는 경우가 있는데, 이 경우 상당량의 악취물질이 발생할 수 있다.

원료 사용량

구분	원료명	1일사용량(톤/일)		연간사용량(톤/년)	
		최 대	평 균	최 대	평 균
수성도료 제조공정	$CaCO_3$	16.84	15.1	5,052	4,530
	TiO_2	2.53	2.27	758	680
	에멀젼 수지	5.73	5.15	1,718	1,544
	용수	9.26	8.33	2,778	2,498

사업장의 원료 사용량은 에멀젼 수지 5.73톤/일, 용수 9.26톤/일 사용하며, 경우에 따라 희석, 품질 조절을 위한 추가 용수를 사용하기도 한다. 수성 페인트의 특성상 흰색 수성 페인트에 유색 유성 페인트를 조합하거나 아크릴 수지, 유색수성 페인트를 혼합하여 다양한 색상의 연출이 가능하기 때문에 범용성이 매우 높은 흰색 페인트의 생산량이 대단히 많다.

수성 페인트의 1일 생산량은 최대 35.73톤, 연간 최대 생산량은 약 10,719톤으로 2008년 생산된 전체 수성 페인트 생산량의 약 8.3%를 차지하고 있다

제품 생산량

구분	원료명	1일사용량(톤/일)		연간사용량(톤/년)	
		최 대	평 균	최 대	평 균
수성도료 제조공장	수성 페인트	35.73	33.8	10,719	10,140

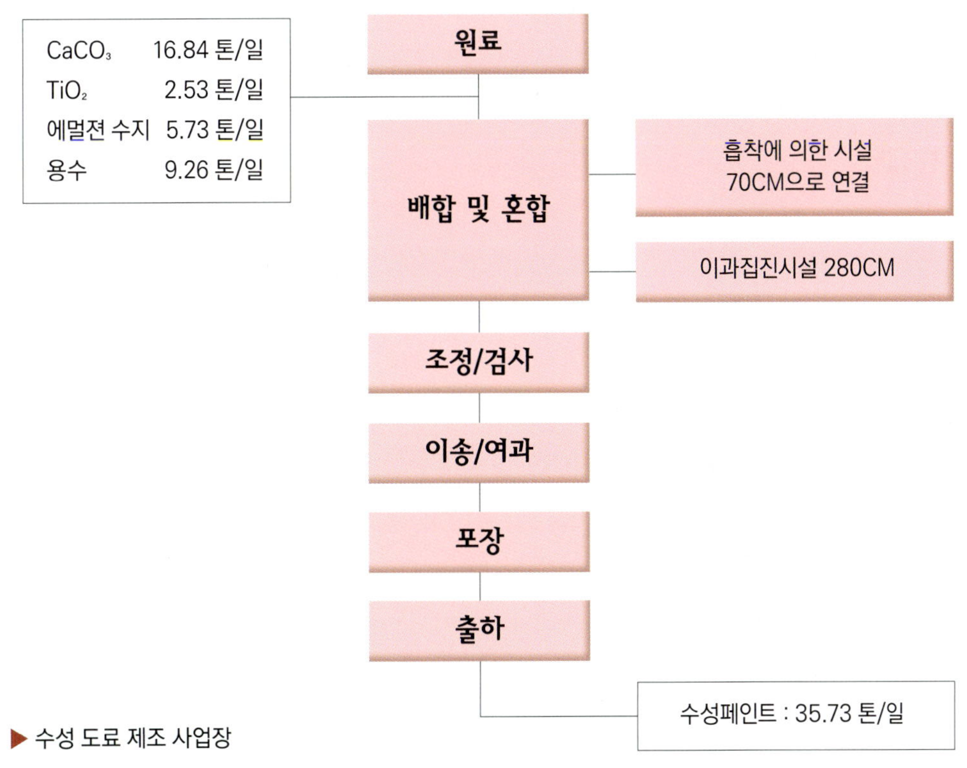

▶ 수성 도료 제조 사업장

메모 공간

수용성 도장 장비

수용성 장비 재료

1 도장 부스

수용성 도료는 도장 후 건조 시간을 조정할 수 있는 조건으로 **상대 습도, 온도, 공기 유량**이 있으며, 작업성 및 건조 속도를 향상시키기 위해 기존의 유성용 도장 부스에서 개조에 개조를 걸쳐서 현제까지 발전해 왔다. 수용성 도장 부스의 경우 유성과 비교하여 가장 큰 차이점은 공기유량에 있다.

도장 시에는 유성과 비슷한 초당 30cm 정도의 내부 유속이며, 플래시 오프 타임 때에는 초당 50cm이상이 되는 것을 추천한다. 플래시 오프 타임 중 최적의 공기 유속은 초당 1.5~2m 정도가 되어야 건조시 작업 속도가 빨라진다.

따라서 기존의 유성 도장 부스보다 5~7배 정도, 최대 10배의 유량이 흐르도록 하여야 한다. 그 외에는 온도는 20~30℃, 상대 습도는 40~60%정도가 적당하다.

▲ 조광 페인트 도료 교육 센터 수용성 도장 부스

▼ 수용성 도장 차량의 건조시 공기 흐름도

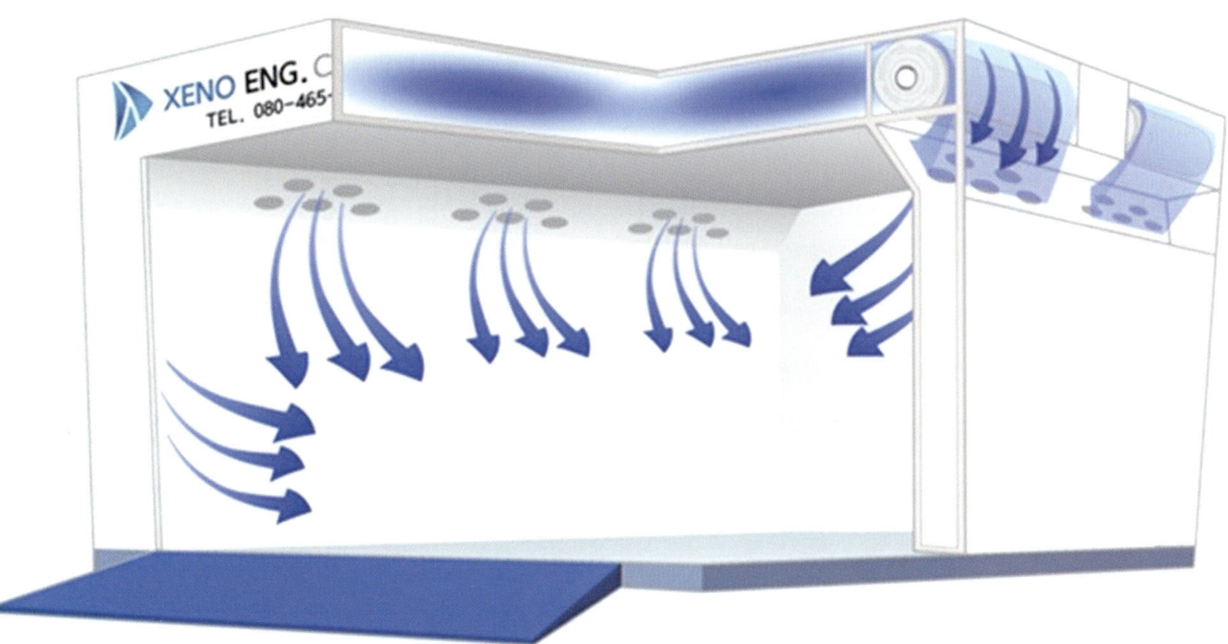

▲ 사이드 콘

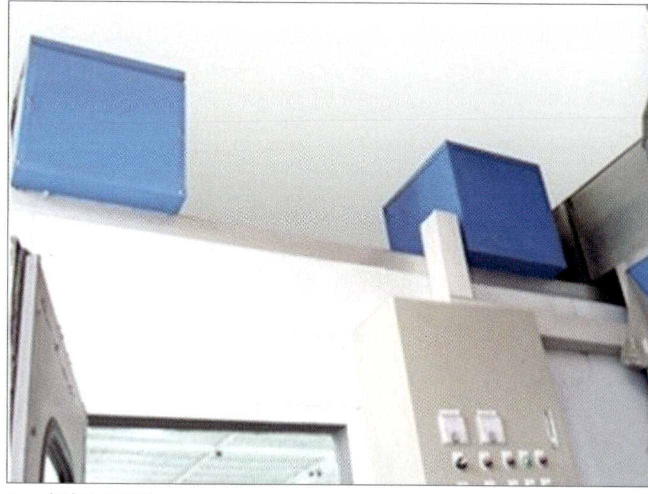

▲ 사이드 콘 휀

▲ 사이드 콘 코너

▲ 사이드 콘 코너 자동 개폐 장치

2 스프레이 건

수용성 전용 스프레이건들로 노즐의 지름은 1.2mm정도를 사용하며, 노즐은 스테인리스 또는 특수 코팅된 것을 사용한다.

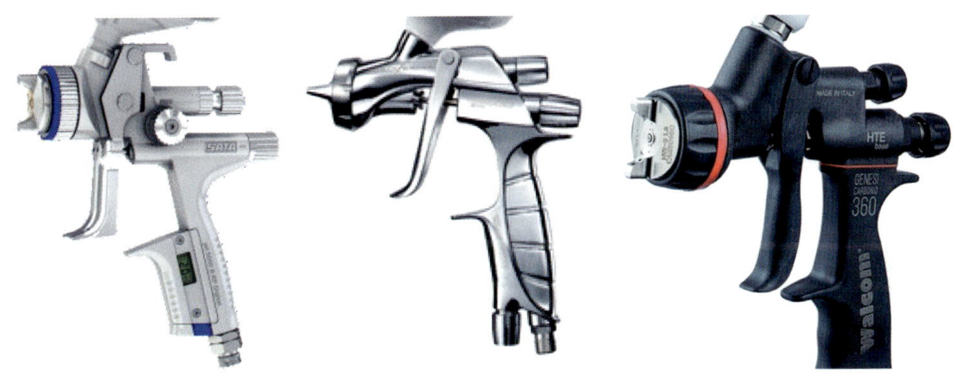

3 에어 드라이 젯

수용성 도장의 경우 건조 시 많은 양의 공기가 필요하다. 에어 드라이 젯은 금전적 여유가 되지 않아 공기유량이 많은 도장 부스를 사용하지 못하거나 차량의 일부부만 건조시킬 때 사용한다. 건조 시간이 단축되고 사용이 간편하며, 제조사에 따라 미온풍이 나오는 제품도 있다.

4 정전기 제거 건

수용성 도장의 경우 먼지가 앉을 경우 도장 중에 제거하기가 어렵다. 그렇기 때문에 지속적으로 쌓이는 먼지를 효과적으로 제거하고 정전기를 띄는 물체를 중화시키며, 먼지가 다시 쌓이지 않도록 차단하는 정전기 제거 건을 사용한다.

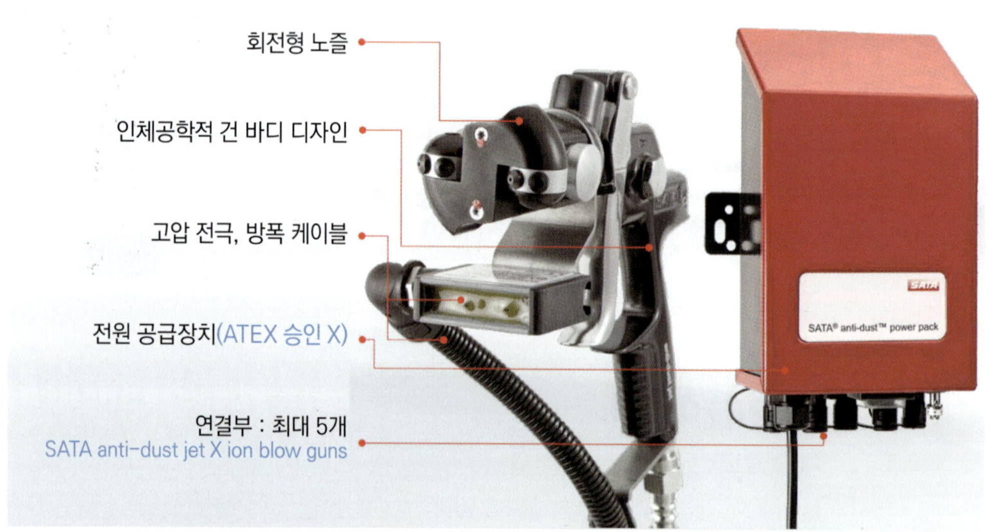

Ion blow gun

방폭(EX protection)	2+3 (EX zone 1+2)
클리닝 효과 극대화 원리	맥동식 에어 팬을 장착한 회전형 노즐
사용 거리	0.5 m 내외
인입 압력	4–5 bar
에어 소모량, 4 bar (58 psi)	250 Nl/min.
소음도(4 bar)	81.4 dB
중량	approx. 0.8 kg

전원 공급

사이즈 (H x W x D)	230 x 140 x 82 mm
중량	approx. 4 kg
전압	230 V
케이블 길이	approx. 2.5 m (감전 방지 플러그)
건 연결	최대 5개 (케이블 길이에 따라)

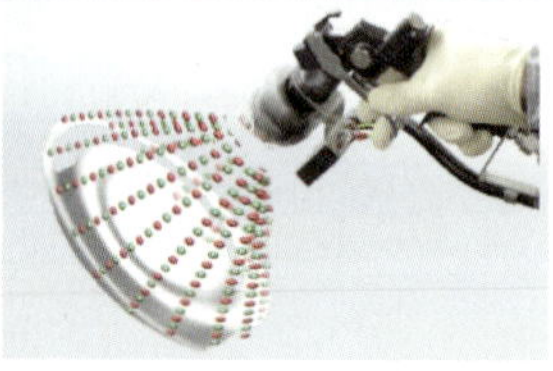

5 건 세척기

스프레이건을 사용 후 오염된 건을 청소한다. 종류로는 도장 부스에 설치하는 제품과 도장 부스 외부에 설치하는 제품이 있다. 세척 후에는 오염된 물속의 페인트를 응고시키기 위한 별도의 설비가 필요하다.

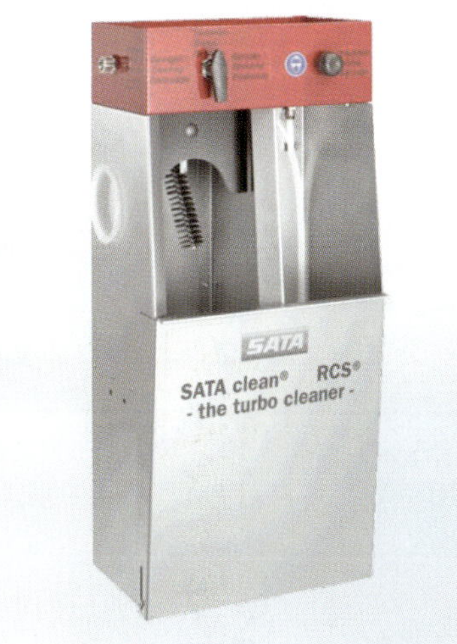

■ SATA clean RCS
스프레이 부스 내부에 설치 사용

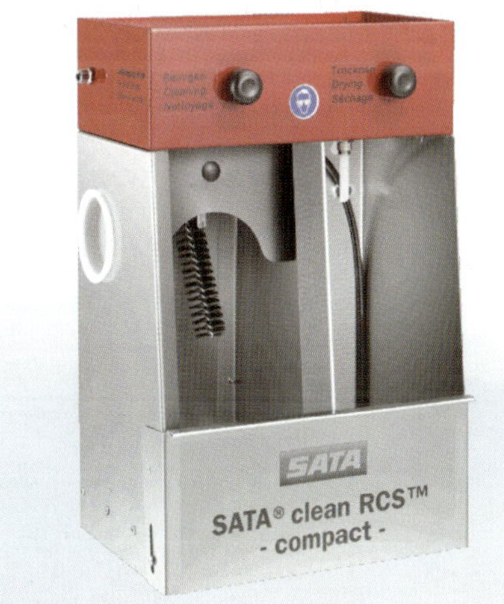

■ SATA clean RCS compact
스프레이 부스 외부에 설치 사용

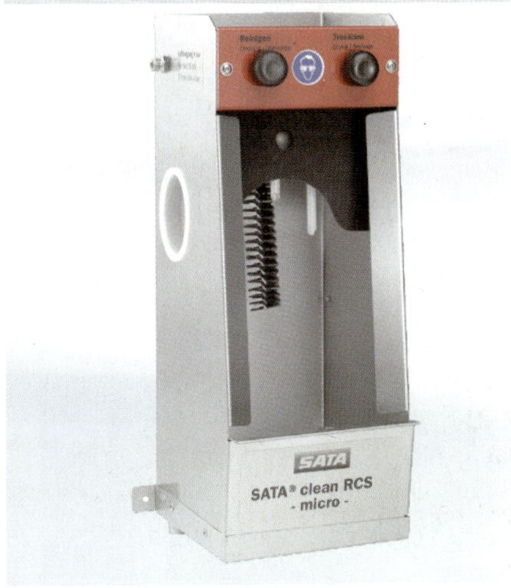

■ SATA clean RCS micro
스프레이 부스 외부에 설치 사용

6 적외선 건조기

열효율이 좋고 건조속도가 빠르며 취급이 용이하고 화재의 위험이 적기 때문에 소규모 건조를 하는 공장에서 사용한다. 적외선에는 **근적외선**에서 **원적외선**까지 있으며 근적외선은 적외선전구를 사용하여 열을 발생시키고 원적외선의 경우에는 반사소자를 열원으로 사용한다.

파장의 길이에 따라 근적외선(0.8~2㎛), 중적외선(2~4㎛), 원적외선(4㎛ 이상)으로 분류되며 램프의 숫자에 따라 건조부위가 커지므로 작업에 알맞게 사용하도록 한다. 근 · 중적외선의 경우 흰색광이 나오지만 흰색광의 파장이 안정성에 좋지 않기 때문에 대부분의 램프에 루비를 코팅하여 붉은 빛을 내거나 금을 코팅하여 노란색 빛을 발산한다.

근적외선의 경우 처음에 의료용으로 사용되었다. 원적외선은 파장이 길기 때문에 침투가 되지 않지만, 근적외선은 파장이 짧기 때문에 인체의 외부보다는 내부의 기관 등을 치료의 목적으로 사용하였다. 이러한 원리 때문에 자동차 보수 도장에서 도료의 건조 시에 사용하게 되었다. 자동차 보수 도장에서 도막이 건조 될 경우 내부의 온도를 상승시키고 외부는 열을 이용하여 내부와 외부를 복합적으로 건조시켜 도장의 결함을 방지할 수 있어 사용하게 되었다.

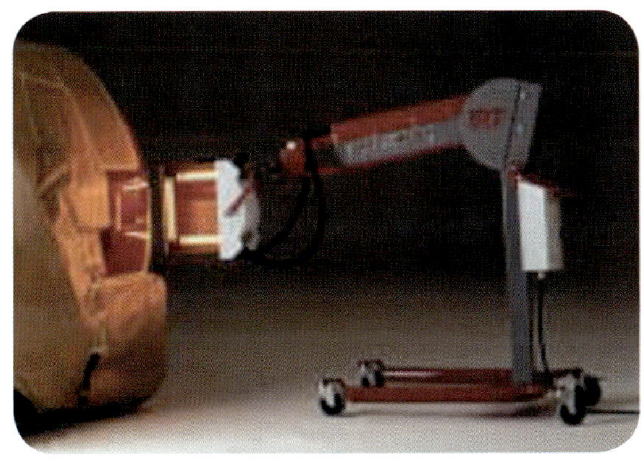

01 근적외선 건조기

가징 짧은 파장의 건조기로 전원을 공급하면 붉은 빛을 발산하며, 조사 각도를 피도체와 직각으로 배치하는 것이 좋다. 온도가 급격히 상승하기 때문에 피도물에 따라 건조 속도가 빠르지만 열효율이 떨어지는 단점이 있다.

02 중적외선 건조기

원적외선과 근적외선의 중간의 파장을 가지고 있으며, 건조기로 근적외선과 많이 사용되고 있다.

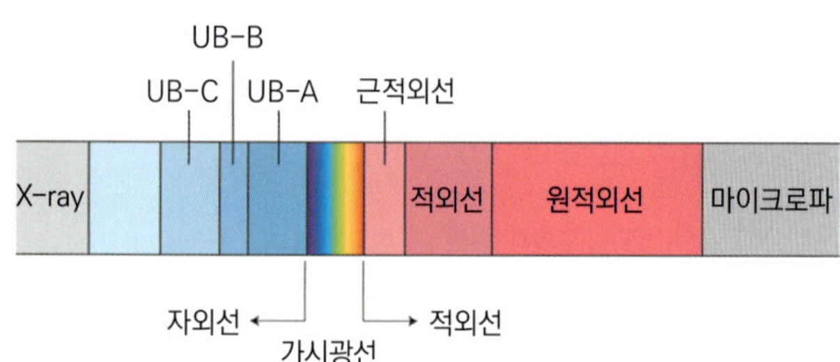

03 원적외선 건조기

원적외선의 경우 복사선이 직선이기 때문에 피도장물의 위치와 건조기의 조사방향에 따라 큰 차이가 발생한다. 복잡한 피도물 건조를 피한다. 온도 상승이 빠르기 때문에 많이 사용하고 있다. 내열 섬유나 철판 위에 특수 점토나 카본 등을 칠하고 열선에 전기를 통하게 하여 가열하는 방식이다.

근적외선 건조기와 원적외선 건조기의 특징

	근적외선	원적외선
파장 크기	13/1000mm(단파장)	5/1000mm(장파장)
발생 온도	1800~2200℃	400~500℃
출력 온도	900℃ 이상	300℃
열전달	복사열(직접가열)	대류열(간접가열)
열효율	85~90%	40~50%
전달 시간	0.1초	5분 이상

7 기타 재료

유성 도료 작업과 유사하지만 물이라는 특성으로 사용하는 재료들은 아래와 같다.

01 여과지

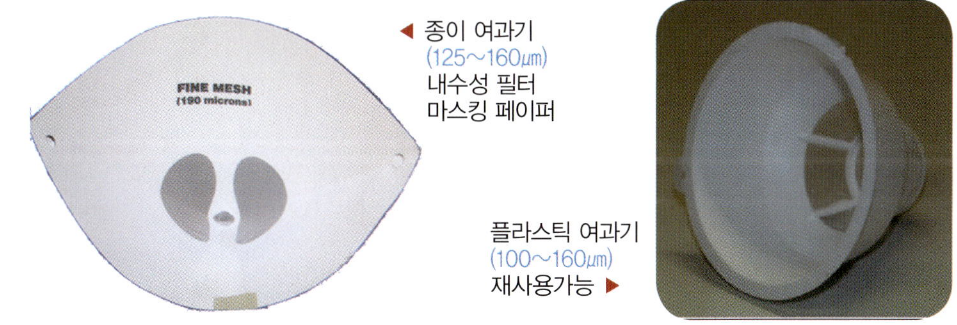

◀ 종이 여과기
(125~160㎛)
내수성 필터
마스킹 페이퍼

플라스틱 여과기
(100~160㎛)
재사용가능 ▶

02 마스킹 관련

종이류의 경우 물에 녹지 않거나 코팅 처리된 제품을 사용한다.

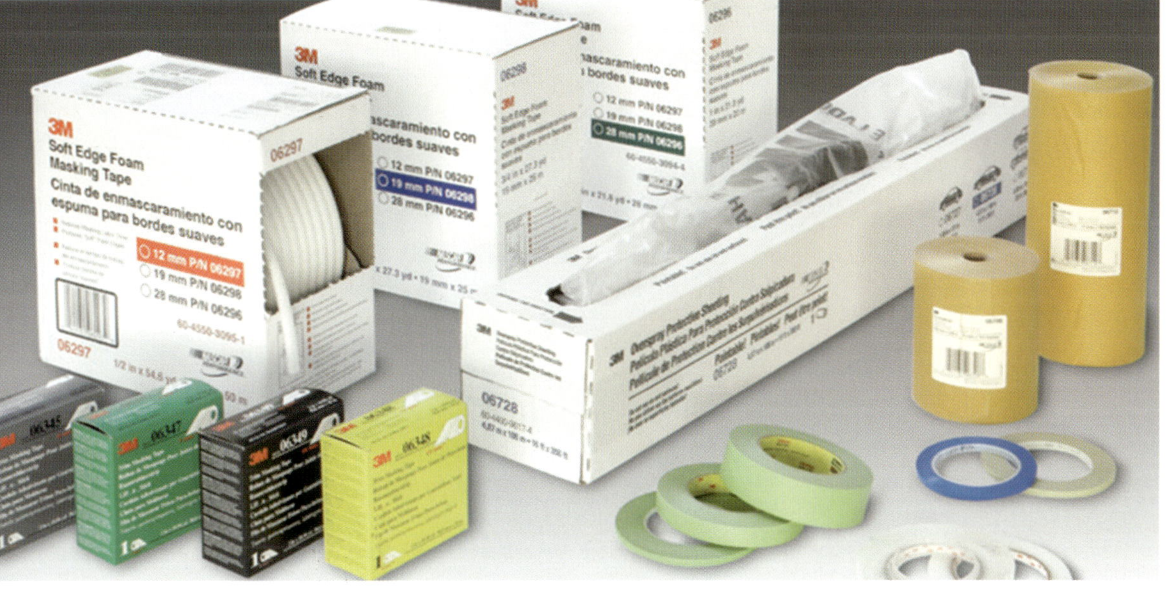

◀ 전차 마스킹 필름

마스킹 페이퍼 ▶

▼ 마스킹 테이프

03 먼지 제거포

유성과 비교하여 수용성 먼지 제거포의 점성이 약하여 도장 표면에 점성 물질이 적게 남는다.

먼지 제거포 ▶

3

제조사별 조색 시스템

Cromax®
Cromax EZ

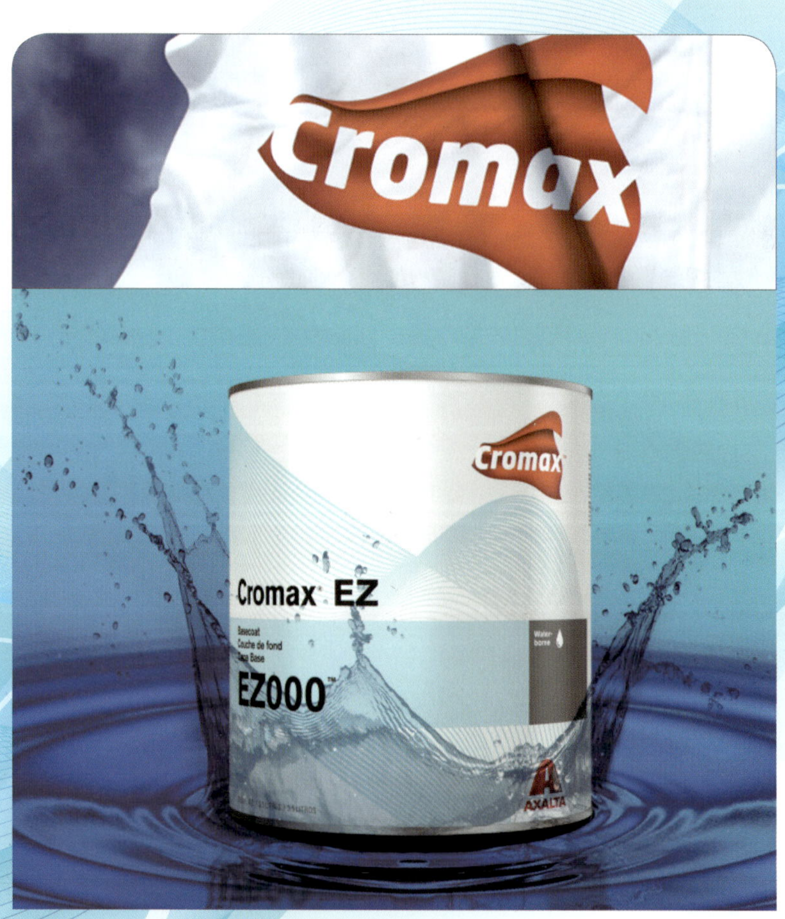

CROMAX EZ는 크로맥스®의 단순함과 간편함을 중요시 하는 정비공장을 위해 개발된 자동차 보수용 수용성 베이스코트이다. 기존의 유성 베이스코트와 동일한 웨트 온 드라이(Wet on Dry) 방식 작업을 지원한다.

1 특징

01 손쉬운 혼합(Easy to mix)

크로맥스 이지(Cromax® EZ)는 말 그대로 혼합 단계에 있어서 간편함을 제공한다. 기존 조색기(Mixing Machine)없이 가볍게 도료를 흔들어 주는 것만으로도 바로 사용이 가능하며 모든 작업 색상이나 환경 조건에 단일 혼합 비율 및 신너를 사용함으로 간편하다.

02 손쉬운 조색(Easy to match)

크로맥스 이지(Cromax® EZ)는 최고의 컬러 조색을 제공한다. 작업에 필요한 주요 컬러의 시편으로 한 눈에 필요한 색상을 빠르고 정확하게 확인할 수 있으며 60,000 가지가 넘는 배합정보를 보유한 컬러 도구를 통해 차량의 연식에 상관 없이 솔리드 및 이팩트 컬러(메탈릭, 펄) 그 어떤 종류의 컬러도 정확하게 조색이 가능하다.

03 손쉬운 도장(Easy to apply)

크로맥스 이지(Cromax® EZ)는 사용자에게 있어 기존의 유성 도장 방법과 같기 때문에 최소한의 교육으로 수용성 전환이 가능하다. 또한, 기존의 크로맥스 제품과 함께 사용할 수 있어 손쉽게 적용이 가능하다. 자세한 도장 방법은 제품기술사양서(TDS)를 참고한다.

2 도료 구성

73종의 조색제

- 솔리드조색제 : 35종
- 메탈릭조색제 : 15종
- 펄 조색제 : 19종
- 첨가제 : 2종
- 측면밝기제 : 1종
- 희석제 : 1종

3 조색제 특성

조색제	모의칼라	조색제명	특성
EZ 01		화이트	솔리드 칼라를 밝게 함 이펙트 칼라에서 정면을 어둡게, 측면은 밝게 함
EZ 02		화이트 저농	EZ 01의 저농 버전
EZ 03		스페셜 화이트	정면에서 황색감 측면에서는 좀 더 청색감을 띄고 밝게 함 이펙트(메탈릭/펄) 칼라에만 사용
EZ 05		딥 블랙	정면에서 어둡고 채도가 낮음 EZ06보다 어둡고 약간 청색이 많음
EZ 06		블랙	정면과 측면에서 더 어둡고 채도를 낮게 만듦
EZ 07		블랙 저농	EZ 06의 저농 버전
EZ 20		바이올렛	솔리드 및 이펙트 칼라용으로 순수 청색 바이올렛. 청색에서 적색감을 만듦
EZ 21		레디쉬 블루	솔리드 및 이펙트 칼라용으로 정면과 측면에서 채도가 낮은 적색감을 띔
EZ 24		브라이트 블루	정면에서 녹색감 측면에서 적색감이 나타나며, 빛 반사각에서는 녹색감을 띔

조색제	모의칼라	조색제명	특성
EZ 25		브릴리언트 블루 고농	녹색/청색 색감을 가지는 매우 강렬한 청색
EZ 26		브릴리언트 블루 저농	EZ 25의 저농 버전
EZ 27		그리니쉬 블루	정면에서 적색감 측면에서 청색감을 띔 빛 반사각에서는 적색감을 띔
EZ 28		블루	정면과 측면에서 적색감을 띔
EZ 30		블루이쉬 그린	솔리드 및 이펙트 색상용으로 정면과 측면에서 청색감과 녹색감을 띔
EZ 31		블루이쉬 그린 저농	EZ 30의 저농 버전
EZ 32		그린	솔리드 및 이펙트 색상용으로 정면과 측면에서 황색감과 녹색감을 띔
EZ 40		옐로우쉬 그린	정면과 측면에서 녹색감과 금색감을 띔
EZ 41		브라이트 옐로우	정면과 측면에서 녹색감과 황색감을 띔 이펙트 칼라에 제한적으로 사용
EZ 42		옐로우	이펙트 칼라에서 측면쪽에 밝은 녹색빛 황색을 만듬
EZ 45		다크 옐로우	정면과 측면에서 적색감을 띔

조색제	모의칼라	조색제명	특성
EZ 46		레디쉬 옐로우	황색빛의 측면을 위해 이펙트 색상에서 소량만 사용
EZ 53		오렌지	적색감을 가진 밝은 오렌지. 이펙트 칼라에 제한적으로 사용
EZ 54		브릴리언트 오렌지	이펙트 칼라에서 측면을 적색감에서 황색감을 띄게 함
EZ 60		브라이트 레드	매우 밝고 강렬한 적색. 주로 단색의 밝은 적색색상에 사용. 일반적으로 이펙트 색상에는 사용되지 않고, 연한 적색 측면이 필요한 경우에만 사용
EZ 61		브릴리언트 레드	이펙트와 솔리드 칼라 용도로 정면과 측면에서 황색감을 띔
EZ 62		다크 레드	강렬한 적색. EZ 64와 EZ 68보다 적은 청색감 노란색 색감을 지닌 중간색 마젠타는 메탈릭 색상에서만 사용
EZ 63		브라우니쉬 레드	정면과 측면에서 황색/적색감을 띔 주로 이펙트 칼라에 사용
EZ 64		마젠타	정면과 측면에서 청색/적색감을 띔 이펙트 칼라에서는 측면을 더 적색감 있게 함
EZ 65		마젠타 저농	EZ 64의 저농 버전
EZ 67		레드	채도가 낮은 청색 / 적색감을 띔
EZ 68		블루이쉬 레드	채도가 낮은 청색 / 적색감을 띔 측면에서 좀 더 청색감을 띔

조색제	모의칼라	조색제명	특성
EZ 82		오커 옐로우	측면을 더 밝게 황색빛이 돌게 함.유색 황색 측면을 만들기 위해 이펙트 색상에 소량 사용
EZ 84		레드 옥사이드	솔리드와 이펙트 칼라에서 적색/황색감을 띔 이펙트 칼라에서 측면을 밝게 함
EZ 90		옐로우 브라운	측면을 밝게하고 녹색감 있게 함 이펙트 칼라에만 사용
EZ 91		브라운	정면과 측면에서 적색/갈색감을 띔 이펙트 칼라에만 사용
EZ 93		레디쉬 브라운	이펙트 칼라에서 적색감을 띔 측면을 더 어둡고 녹색빛을 띄게 함
EZ 101		화이트 펄	정면과 측면을 밝게 함 빛 반사각은 알루미늄과 비교하면 좀 더 청색빛을 띔
EZ 102		화인 화이트 펄	EZ 101보다 입자 고움 빛 반사각을 어둡게 함
EZ 103		블루 펄	측면에서 황색감을 띔 빛 반사각에서 청색감을 띔
EZ 104		화인 블루 펄	EZ 103보다 입자 고움 빛 반사각을 어둡게 함
EZ 105		바이올렛 펄	측면에서 옅은 녹색/황색감을 띔 빛 반사각에서 적색/청색감을 띔
EZ 106		블루 그린 펄	측면에서 옅은 황색/녹색감을 띔 빛 반사각에서 청색/녹색감을 띔

조색제	모의칼라	조색제명	특성
EZ 107		그린 펄	측면에서 적색감을 띔 빛 반사각에서 녹색감을 띔
EZ 108		화인 그린 펄	EZ 107보다 입자 고움
EZ 109		옐로우 펄	측면에서 옅은 청색감을 띔 빛 반사각에서 금색/황색감을 띔
EZ 111		카퍼 펄	구리/오렌지 색감을 나타냄
EZ 112		레드 펄	적색감을 띔
EZ 113		화인 레드 펄	EZ 112보다 입자 고움 빛 반사각에서 좀 더 어두움
EZ 114		그린 레드 펄	측면에서 옅은 녹색감 빛 반사각에서 적색감을 띔
EZ 120		화이트 크리스탈	반짝거림이 좋고, 펄/운모 보다 투명하여 높은 채도를 가짐. 화이트 질라릭 안료
EZ 121		블루 크리스탈	반짝거림이 좋고, 펄/운모 보다 투명하여 높은 채도를 가짐. 청색 질라릭 안료
EZ 122		그린 크리스탈	반짝거림이 좋고, 펄/운모 보다 투명하여 높은 채도를 가짐. 녹색 질라릭 안료
EZ 123		옐로우 크리스탈	반짝거림이 좋고, 펄/운모 보다 투명하여 높은 채도를 가짐. 황색 질라릭 안료

조색제	모의칼라	조색제명	특성
EZ 124		레드 크리스탈	반짝거림이 좋고, 펄/운모 보다 투명하여 높은 채도를 가짐. 적색 질라릭 안료
EZ 125		카퍼 크리스탈	반짝거림이 좋고, 펄/운모 보다 투명하여 높은 채도를 가짐. 구리빛 질라릭 안료
EZ 725		바이올렛 이펙트	특수한 이펙트 안료. 컬러 스트림 측면이 바이올렛에서 그린으로 변경됨
EZ 732		그린 이펙트	특수한 이펙트 안료. 컬러 스트림 측면이 그린에서 레드로 변경됨
EZ 130		엑스트라 화인 실버	측면을 밝게 하고 빛 반사각을 어둡게 함
EZ 131		미디움 실버	정면과 측면을 빛나게 함
EZ 132		엑스트라 화인 브릴리언트 실버	정면을 밝게 하고 측면을 어둡게 함 빛 반사각은 밝게 함
EZ 133		화인 실버	측면을 밝게 함. EZ 131 보다 정면과 빛 반사각을 어둡게 함
EZ 135		코올스 브릴리언트 실버	정면을 빛나게 하고 측면을 어둡게 함.빛 반사각은 밝게 함
EZ 137		미디움 코올스 실버	정면을 빛나게 하고 측면은 약간 어둡게 함
EZ 139		코올스 실버	정면을 빛나게 하고 측면은 약간 어둡게 함

조색제	모의칼라	조색제명	특성
EZ 141		엑스트라 코올스 실버	정면을 어둡게 하고 측면과 빛 반사각은 밝게 함
EZ 197		화인 브릴리언트 실버	정면과 측면을 어둡게 함. 빛 반사각은 밝게 함 EZ 198보다 입자가 작음
EZ 198		브릴리언트 실버	정면과 측면을 어둡게 함. 빛 반사각은 밝게 함 EZ 197보다 입자가 큼
EZ 178		골드 이펙트	이펙트 칼라에서 황색/금색감을 띔
EZ 179		오렌지 이펙트	이펙트 칼라에서 오렌지/적색감을 띔
EZ 205		플롭 컨트롤러	이펙트 색상에 사용하여 측면 효과를 변경 메탈릭이 거칠어 짐 측면을 밝게 빛 반사각을 어둡게 함
EZ 210		에디티브 I	첨가제 I
EZ 220		에디티브 II	첨가제 II
EZ 240		베이스코트 시너	수용성 베이스코트용 희석제 (20% 사용)
WB2015		파우더 펄 바인더	파우더 펄 바인더
WB2075		경화제	3코트 언더용 및 내판용으로 사용
3911WB		수용성 세정제	수용성 표면 탈지용 세정제

4 사용 방법

01 준비 작업

1. 세정

- 물과 자동차 전용 세정제로 표면을 깨끗하게 세척한다.
- VOCs 규정에 적합한 크로맥스 표면 세정제로 표면을 닦아준다.
- 전용 탈지포로 깨끗하게 닦아서 건조한다.

2. 연마

1. 크로맥스 이지를 프라이머 도장면에 바로 적용할 경우

- 더블 액션 샌더기 사용 시 : P500 – P600
- 건식 손연마 시 : P500 – P600
- 습식 손연마 시 : P800 – P1000

2. 샌딩 프라이머/서페이서를 적용한 경우

- 더블 액션 샌더기 사용 시 : P400 – P600
- 건식 손연마 시 : P500 – P600
- 블렌딩 판넬 부위: P1000으로 건식 연마한다.

3. 마스킹 & 최종 세정

- 수용성에 적합한 마스킹 테이프, 종이 혹은 플라스틱을 이용한다.
- 최종적으로 VOCs 규정에 적합한 표면 세정제로 세정한다.
- 깨끗한 천으로 닦아서 건조한다.
- 마지막으로 송진포로 먼지 및 이물질을 제거한다.

02 혼합비

색상	베이스 코트	경화제	희석제
	크로맥스 이지	WB2075	EZ 240
솔리드 / 메탈릭 / 펄	100	–	20
언더 코트 (2톤 / 3코트용)	100 (100 : 5)		20
내판용 칼라	100 (100 : 10)		20

- 사용전 반드시 흔들어서 내용물이 균일하게 한 후 사용한다.

- 작업색상, 온/습도 조건과 관계없이 모든 작업에 단일 희석제(EZ 240)와 동일한 혼합비(20%) 적용한다.

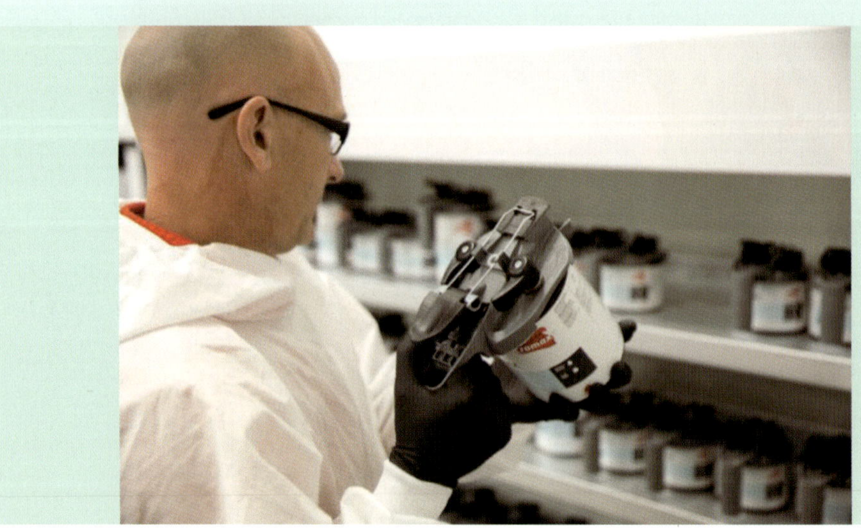

03 추천하는 스프레이 건

제조사	카테고리	에어캡/노즐팁	도장압력	도장압력 (이펙트 도장)
SAGOLA	4600 XTREME	DVR AQUA 1.2XL	1.7~1.8 bar	1.0~1.5 bar
	4600 XTREME	DVR AQUA 1.30	1.7~1.8 bar	1.0~1.5 bar

▶ SATA, IWATA, DEVILBISS 등 기타 브랜드의 일반 중력식 / HVLP 건 사용 가능

1. 일반 중력시 건 (compliant)

- 노즐 사이즈: 1.2mm~1.4mm

2. HVLP 건

- 노즐 사이즈: 1.2mm~1.3mm *

3. 도장 압력

- 일반 중력시 건: 1.7~1.8bar
- HVLP 건: 1.5~1.6bar

* 스프레이 건 세부 추천 사양은 제조사의 지시에 따름

04 도장 방법

1

- 매 회 중간 플래쉬 오프와 함께 웨트 도장으로 은폐가 될 때까지 작업한다.
- 도장거리 : 약 20cm, 에어압 : 1.7~1.8bar

2

- 메탈릭 / 펄 칼라의 경우에는 마지막 플래쉬 오프를 준 후 에어압 력을 1~1.5bar로 줄이고 거리를 약 30cm 늘려 이펙트 도장 작업 을 한다.

3

- 이펙트 도장 후 베이스 코트가 무광이 될 때까지 플래쉬 오프 타 임을 준 후 투명을 도장한다.

!

- 중간/최종 플래쉬 오프 : 베이스코트가 무광이 될 때까지

05 플래쉬 오프 / 건조 시간

1 상온 건조

- 도장 간 중간 플래쉬 타임 : 베이스코트가 무광이 될 때까지
- 투명 전 최종 플래쉬 타임 : 베이스코트가 무광이 될 때까지
- 투톤 작업 간 플래쉬 타임 : 베이스코트가 무광된 후 30분

2 생산성 향상을 위한 매 코트 사이 에어 블로워 사용

- 이펙트 도장 후에는 에어 블로잉 없이 무광이 될 때까지

3 강제 건조

- 투명 전 최종 플래쉬 타임: 30~40℃(최대) 10분 건조 후.
  철판 온도 상온까지 식은 후 투명 도장한다.

4 투명 도장 전 최대 건조 허용 시간

- 24시간

Glasurit 90 Line

　1992년에 출시된 **90 Line**은 자동차 보수 분야의 수상 경력이 있는 시장 선도 기업이 출시한 제품이다. 90 Line은 유럽의 품질, 뛰어난 적용 범위, 사용 용이성 및 오래가는 광택을 제공하며, 사고차 수리 설비는 환경에 더 좋고 용제 함량이 매우 낮은 것이 특징이다.

　수용성 90Line의 효율성 증가. 낮은 도막 두께, 더 짧은 프로세스 시간, 향상된 마무리와 새로운 수성 염기를 사용한 배합에서 완전히 새로운 접근법으로 안료 농도를 높일 수 있으며, **80-M. mixing base** 색상을 사용하면 직색, 녹색 및 청색의 색상그룹의 불투명도를 크게 높일 수 있으므로 글라슈리트 90Line의 도장 시스템의 효율 측면에서 향상되며, 베이스 코트 소재를 최대 50%까지 절약하여 공정 시간을 크게 단축 시킨다.

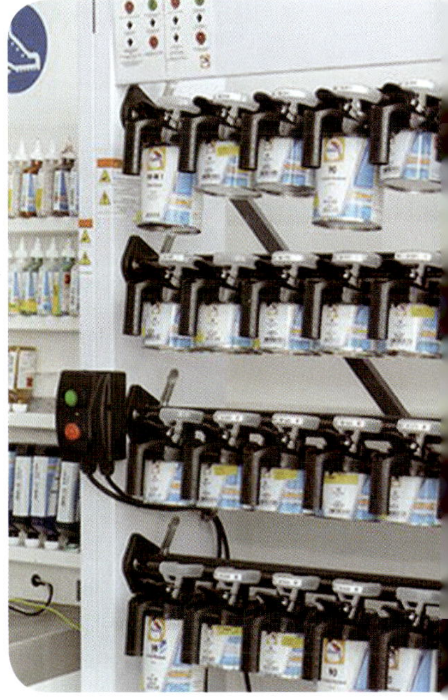

　글라슈리트 농축 혼합 색상 80-M은 90Line의 일반적인 기본 색상에 대한 추가 제공품으로, 모든 작업장에서 이상적이며 효율성을 더욱 높일 수 있다. 지금까지 3-코트 컬러로만 사용할 수 있었던 색상은 이제 2-코트 솔루션으로 제공될 수 있다. 동시에 동결 방지 믹싱-베이스 및 유능한 색상 전문 기술과 같이 90Line의 검증되고 차별화 된 혜택이 여전히 적용된다.

1 제품 종류

01 90-M4(믹싱 베이스)

90-M4(믹싱 베이스)

- 모든 배합의 첫 번째로 첨가한다.
- 지건타입은 M4 lang로 표시한다.
- 수용성
- 추운날씨에 동결 가능하므로 얼지 않도록 주의한다.
- 제품유효기간 : 12개월

02 90 Line 색종

90 Line 색종

- 유성안료
- 영하에서도 동결되지 않는다.
- 하이솔리드 타입
- 제품유효기간 : 5년
- 자사의 기존제품보다 4배 이상의 고농축상태로 되어 있다.

03 93-E3(희석제)

93-E3(희석제)

- 도장시 도료의 점도를 조절한다.
- 수용성으로 알콜계 타입의 증류수
- 추운날씨에 동결 가능하므로
  얼지 않도록 주의한다.
- 제품유효기간 : 12개월

04 700-1(세척제)

- 90라인이나 76-71등 수용성 도료를 도장하기 전에 반드시 이 세척제로
  세척을 해야 한다.
- 700-1은 염분을 제거하거나 정전기 발생을 방지하는 유일한 세척제
- 700-1은 송진과 같은 나무 수액도 제거한다.
- 펌프로 분사하거나 천을 이용하여 손으로 닦은 후 마지막에는 깨끗한 천
  으로 닦는다.
- 표면에 세척제가 마를 때까지 방치 금지
- 사용 부위 : 구도막, 필러 등 도막 표면, 신규 판넬

05 700-10(디그리징 세척제)

700-10(디그리징 세척제)

- 실리콘, 그리스, 오일이 잔존하는 표면을 세척할 때 사용한다.
- 플라스틱 표면에 잔존하여 부착 문제를 일으키는 이형제를 제거한다.
- 펌프로 분사하거나 천을 이용하여 손으로 닦고 마지막에는 깨끗한 천으로 닦는다.
- 사용 부위 : 구도막, 필러 등 도막 표면, 신규 판넬, 플라스틱

06 90 line 수용성 베이스코트 구성

수용성 베이스코트 구성

- 색종
  - 0.5L : 44종
  - 1L : 12종
  - 멀티이펙트 : 24종

07 90 Line 도장 점도 조절

도장 점도 조절

- 90-M4(수지) + 안료 + 93-E3(희석제)

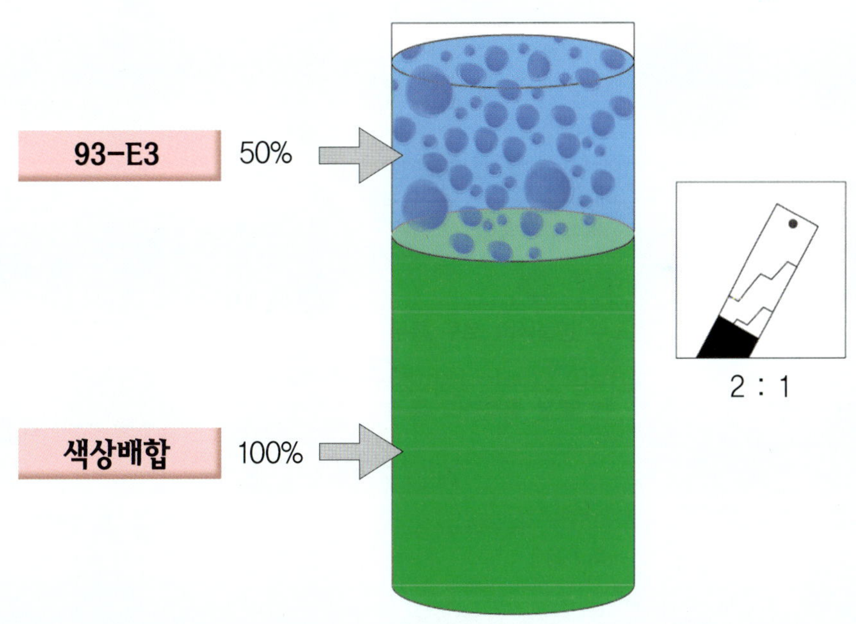

■ 수지, 안료, 희석제가 혼합된 후 저장기간은 일주일

2 조색제 종류

01 90 Line mixing bases

A 148
A 115
A031
A032
Paler less effect
A 149
A 695
A 924
A 143
A 926
Less chromatic dirtier
A 640
A 201
A 927
A 136
A 372
A 997
A 105
A 378
A 503
A 329
A 563
A 349
A 589
A 307
A 306
A 527
A 352
A 531
A 323
A 528
A 324
A 427
A 359
A 430

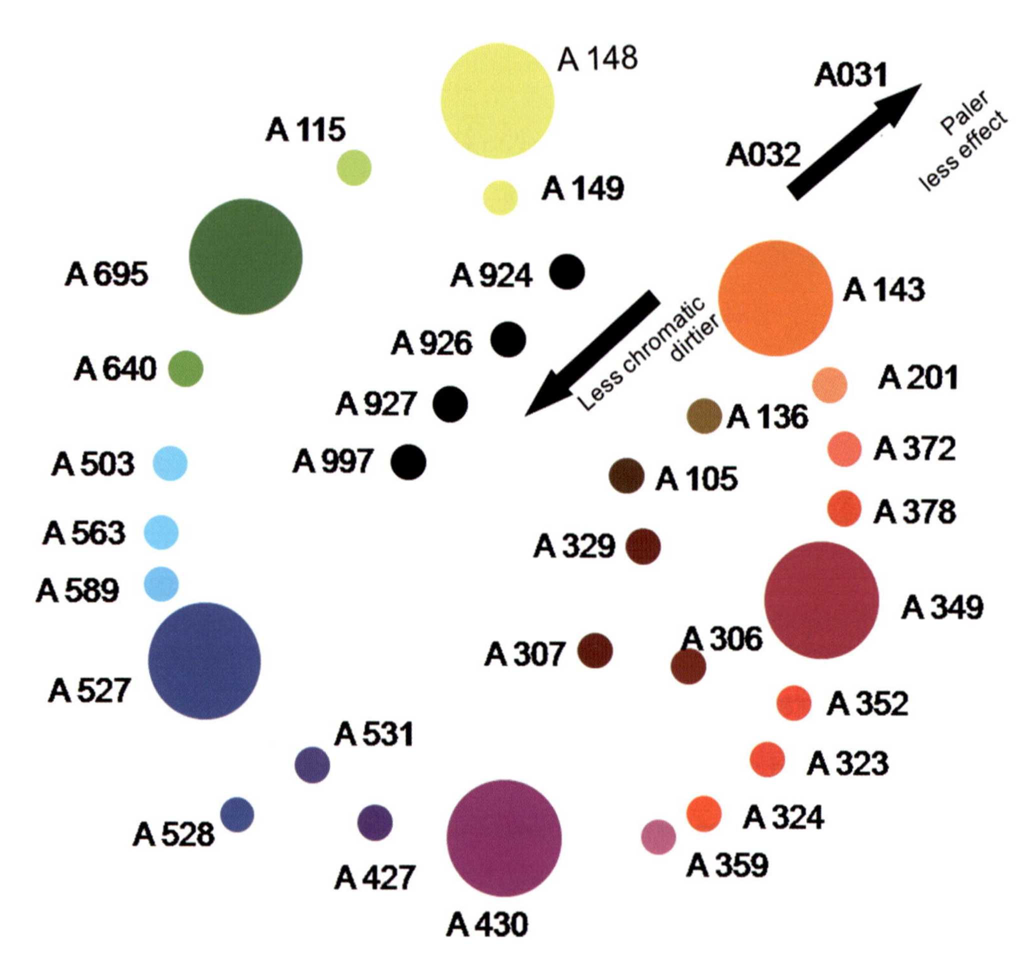

02 90 Line 픽토그램 확인법

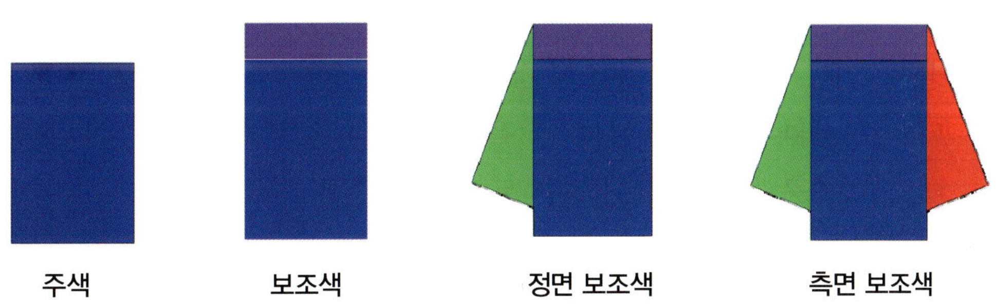

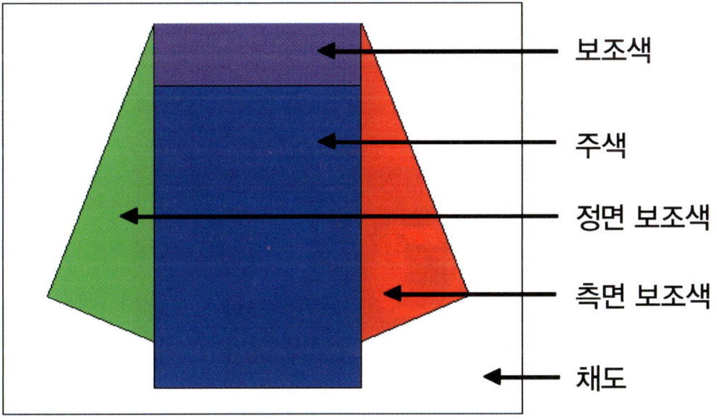

03 90 Line 색상 판독

픽토그램	번호	조색제명	특성
	M99/00	실버 슈퍼파인	가장 작은 일반 알루미늄 정면 어두움 측면 밝음
	M99/01	실버 익스트라파인	작은 광휘형 정면 밝음 측면 어두움
	M99/02	실버 파인	작은 일반 알루미늄 정면 어두움 측면 밝음
	M99/03	실버 미디움	표준 일반형 알루미늄 정면 어두움 측면 밝음
	M99/04	실버 코오스	표준 광휘형 정면 밝음 측면 어두움
	M99/07	실버 익스트라 코오스	가장 큰 일반형 알루미늄 정면 99/08 보다 밝음 측면 99/08 보다 어두움
	M99/08	브릴리언트 실버	큰 알루미늄 정면 99/03 보다 밝음 측면 99/03 보다 어두움
	M99/21	크리스탈 실버 코오스	정면 밝음 측면 어두움 일반 실버보다 맑은 느낌
	M99/22	크리스탈 실버파인	작은 알루미늄 정면 밝음 측면 어두움 일반 실버보다 맑은 느낌
	A031	화이트	고농축 표준 백색 펄, 메탈릭 칼라에서 정면 어두워짐, 측면 밝아짐 입자감 감소,은폐력 좋음 미조색용 소량만 사용

픽토그램	번호	조색제명	특성
	A032	트렌스페어런트 화이트	저농축 미조색용 백색 입자감을 감소시키지 않음 은폐력 떨어짐 베이스 백색에 주색으로 사용금지
	A097	마이크로 화이트	투명 백색, 정면에서 약한 황금색 톤 측면에서 뿌연 백청미 다량 사용시 측면 밝아짐
	M1	이펙트제	메탈릭 입자정렬 조정제 정면이 약간 어두워짐 측면이 약간 밝아짐 입자감은 약간 커짐
	A105	오커	탁한 갈색 측면의 명암 변화가 적음 측면에서 황미를 냄
	A115	그린 옐로우	정면에서 산뜻한 녹미 황색 측면의 명암 변화가 심함 측면의 녹미가 강함
	A136	골드 오커	탁한 갈색 측면의 명암 변화가 심함 측면에서 탁한 황미를 냄
	A143	오렌지	산뜻한 오렌지색 측면의 명암 변화가 적음 측면에서 오렌지색을 냄
	A148	레몬 옐로우	정면에서 약간 탁한 녹미황색 측면의 명암 변화가 적음 측면에 녹미를 냄
	A149	레몬 옐로우2	정면에서 약간 탁한 녹미황색 (A148 의 저농) 측면의 명암 변화가 적음 측면에 녹미를 냄
	A177	썬 옐로우	정면 녹미 황색 측면의 명암 변화가 심함 측면의 녹미가 강함
	A201	라이트 오렌지	산뜻한 오렌지색 측면의 명암 변화가 적음 측면에서 오렌지색을 냄

픽토그램	번호	조색제명	특성
	A306	옥사이드 레드	탁한 적미 갈색 측면의 명암 변화가 적음 측면에서 갈황미를 냄
	A307	트렌스 옥사이드 레드	탁한 적미 갈색 (A306의 저농)
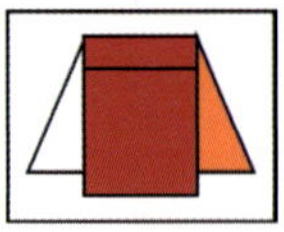	A323	라이트 레드	정면에서 산뜻한 자색미적색 측면의 명암 변화가 적음 측면에서 산뜻한 오렌지미 적색
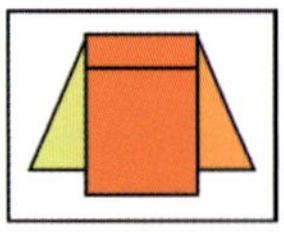	A329	레드	탁한 적갈색 측면의 명암 변화가 심함 측면에서 적갈색을 냄
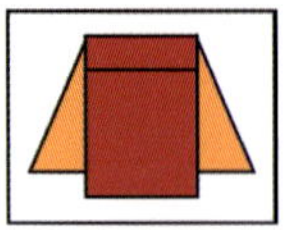	A347	마룬	정면에서 탁한 적색 측면의 명암 변화가 많음
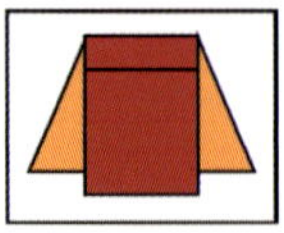	A349	레드2	정면에서 탁한 적색 (A347과 비슷) 측면의 명암 변화가 많음 측면에서 산뜻한 적색
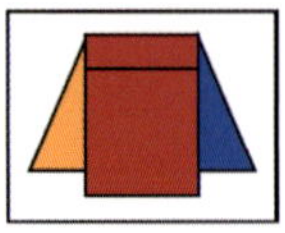	A352	다크 레드	산뜻한 자색미 적색 측면의 명암 변화가 많음 측면에서 청미 적색
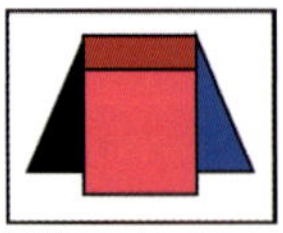	A359	핑크	산뜻하며 자색미가 강한 적색 측면의 명암 변화가 많음 측면에서 자색미가 강함
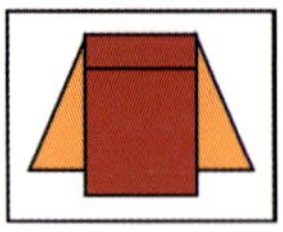	A372	스카렛	산뜻한 적미 오렌지 색 측면의 명암 변화가 적음 측면에서 오렌지 색을 냄
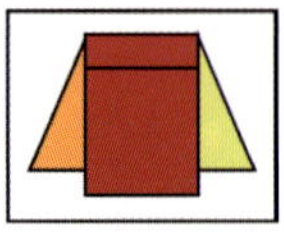	A378	레드3	산뜻한 적미 오렌지 색 정면 오렌지 측면 황미가 남
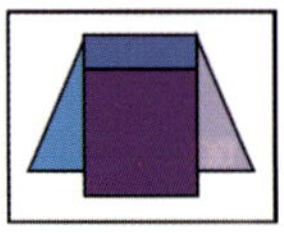	A427	바이올렛	산뜻한 청미 자색 측면의 명암 변화가 많음 측면에서 자색미

픽토그램	번호	조색제명	특성
	A430	레드 바이올렛	산뜻한 적색미 자색 측면의 명암 변화가 많음 측면에서 적미가 강함
	A503	오션 블루	산뜻한 청색 측면의 명암 변화가 많음 측면에서 산뜻한 녹미 청색
	A528	블루2	저농 청색
	A527	사파이어 블루	탁한 자색미 청색 측면의 명암 변화가 많음 측면에서 적색미 (A531과 유사)
	A531	블루	탁한 자색미 청색 측면의 명암 변화가 많음 측면에서 자색미
	A589	오션 블루	산뜻한 녹미 청색 측면의 명암 변화가 많음 측면에서 강한 적색미
	A563	미디움 블루	산뜻한 녹미 청색 측면의 명암 변화가 많음 측면에서 적색미
	A640	블루 그린	산뜻한 청미 녹색 측면의 명암 변화가 많음 측면에서 청색미
	A695	그린	산뜻한 황미 녹색 측면의 명암 변화가 많음 측면에서 황색미
	A924	틴팅 블랙	황미 흑색 측면의 명암 변화가 많음 측면에서 황색미 측면이 A926보다 어두움
	A926	블랙	황미 흑색 측면의 명암 변화가 많음 측면에서 황색미

픽토그램	번호	조색제명	특성
	A927	블랙2	미주색용 청미 흑색 흑색 베이스에 주색으로 사용금지
	A997	블루 블랙	청미 흑색 측면의 명암 변화가 많음 측면에서 청색미
	A930	그라파이트	회색빛 흑색(옅은 붉은미) 단독 사용불가 A926보다 입자가 크지만 은폐력은 떨어짐, 메탈릭에서 깊은 입자감
	M010	화이트 펄	굵은 입자의 화이트 펄 정면은 011보다 밝음 측면은 011보다 어두움 측면에서 강한 황미
	M011	화이트 펄 파인	고운 입자의 화이트 펄 정면은 010보다 어두움 측면은 010보다 밝음 측면에서 010보다 약한 황미
	E014	멀티 화이트 펄 파인	입자가 아주 미세한 고농축된 백색펄 정/측면 우유빛을 냄
	M020	크리스탈 화이트 펄	시라릭 화이트펄, 010, 011 보다 더 밝음 010, 011 보다 측면 황미 적음 실버계통에 첨가시 아주 큰 입자 그늘에서 펄, 햇빛에서 실버로 보임
	M033	옐로이쉬 그린펄	입자가 매우 큰 황미 녹색 펄 간섭펄로서 파우더 상태임 측면은 연한 분홍빛
	M040	블루이쉬 레드펄	입자가 매우 큰 청미 적색 펄 착색펄로서 파우더 상태임 측면 색상 변화 없음
	E120	엠버 골드	밝은 황색미 나는 고농축 펄 간섭펄로서 굵은 입자 측면은 우유빛 청미가 남
	M176	골드 펄	굵은 입자의 간섭 펄 측면에서 우유빛 백청미를 띰

픽토그램	번호	조색제명	특성
	E220	멀티 오렌지 펄	굵은 입자의 간섭 오렌지 펄 측면의 명암 변화는 중간 측면에서 녹미가 강함
	E280	멀티 브론즈	착색 고농축 펄 E110보다 진한 황미가 많음 측면의 명암변화 적음 측면의 색상변화 없음
	E330	멀티레드 펄	굵은 입자의 간섭레드 펄 측면의 명암변화 적음 측면에서 E220보다 연한녹미
	E360	멀티 레드그린 펄	굵은 입자의 착색 펄 정면에서 탁한 녹미 측면에서 탁한 적미
	M363	레드 펄	굵은 입자의 착색 레드 펄 M319보다 청미가 더함 측면의 명암 변화가 적음 측면의 색상 변화가 없음
	M364	레드 펄 파인	고운 입자의 착색 레드 펄 측면의 명암 변화 적음 측면의 색상 변화 없음
	E440	멀티 바이올렛 펄	굵은 입자의 간섭 바이올렛 펄 정면에서 산뜻한 자색미 측면에서 연한 황녹미
	E480	멀티 레드바이올렛 펄	고운 입자의 착색 레드바이올렛 펄 측면의 명암 변화 적음 측면의 색상 변화 없음
	M505	블루 펄	굵은 입자의 간섭 블루 펄 정면에서 산뜻한 청미 측면에서 연한 황미
	M506	블루 펄 파인	고운 입자의 간섭 블루 펄 정면에서 산뜻한 청미 측면에서 연한 황미
	E520	멀티사파이어 블루 펄	굵은 입자의 간섭 블루 펄 정면에서 적미 청색 측면에서 연한 황적미

픽토그램	번호	조색제명	특성
	E620	멀티 스마트 그린	굵은 입자의 간섭 녹미 펄 정면에서 진한 황녹미 측면에서 연한 바이올렉미
	E630	멀티 그린 펄	굵은 입자의 착색 녹색 펄 정면에서 강한 녹미 측면에서 탁한 황적미
	E650	멀티 그린 펄	굵은 입자의 간섭 그린 펄 정면에서 산뜻한 녹황미 측면에서 연한 핑크미
	E660	멀티블루 그린 펄	중간 입자의 착색 블루그린 펄 정면에서 탁하고 연한청녹미 측면에서 탁한 황녹미
	E820	멀티 브라운 펄	고농축 간섭 펄 정면은 브라운,측면은 녹미 E330과 전체적인 느낌 유사함 E330보다 정면에서 적미 적음
	E830	멀티 카파 펄	고운 입자의 착색 카파 펄 E810보다 밝은 황적미 많음 측면의 색상 변화 없음
	E850	멀티 코랄 펄	굵은 입자의 고농축 펄 E830 입자보다 크며 어두움 색상은 E830과 유사함
	E910	멀티 옐로우 펄	굵은 입자의 착색 골드 펄 측면의 색상변화 없음
	M919	다이아몬드 펄	시라릭 화이트펄, 010,011보다 더밝음 010,011보다 측면 황미 적음 실버계통 첨가시 아주 큰 입자 그늘에선 펄,햇빛엔 실버로 보임
	E920	멀티 골드 펄	굵은 입자의 착색 골드 펄 측면의 명암 변화 적음 측면의 색상 변화 없음

3 도장 방법

스프레이건	SATA 5000 HVLP 1.3
혼합비	2:1
도장 횟수	2~2.5회
도료토출량	완전개방
패턴폭	완전개방
겹침폭	3/4
공기압력	1.6~1.8bar
피도체와거리	10~15cm

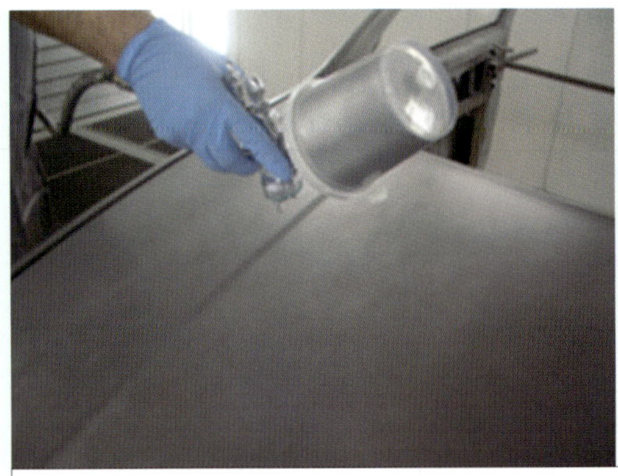

도장 후

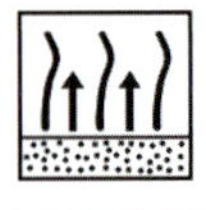

1 **1회 미스트 스프레이(Mist Spray)**

- 공기압력 : 1.6bar
- 피도체와의 거리: 10 ~ 15cm

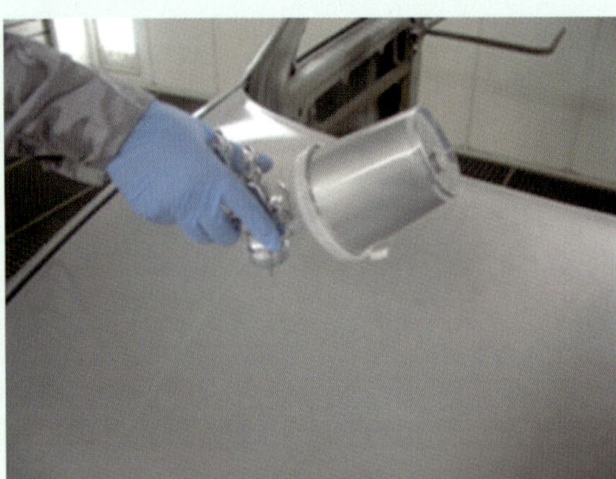

도장 후

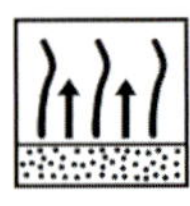

2 **2회 웨트 스프레이(Wet Spray)**

- 공기압력 : 1.8bar
- 피도체와의 거리: 10 ~ 15cm

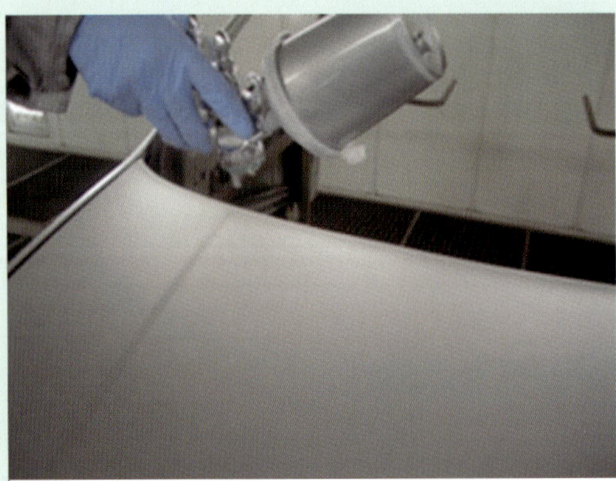

도장 후

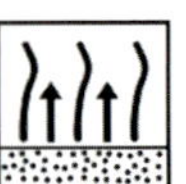

3 **이펙트 스프레이(Effect Spray)**

- 공기압력 : 1.8bar
- 피도체와의 거리: 20 ~ 25cm

4 표준 도장 공정

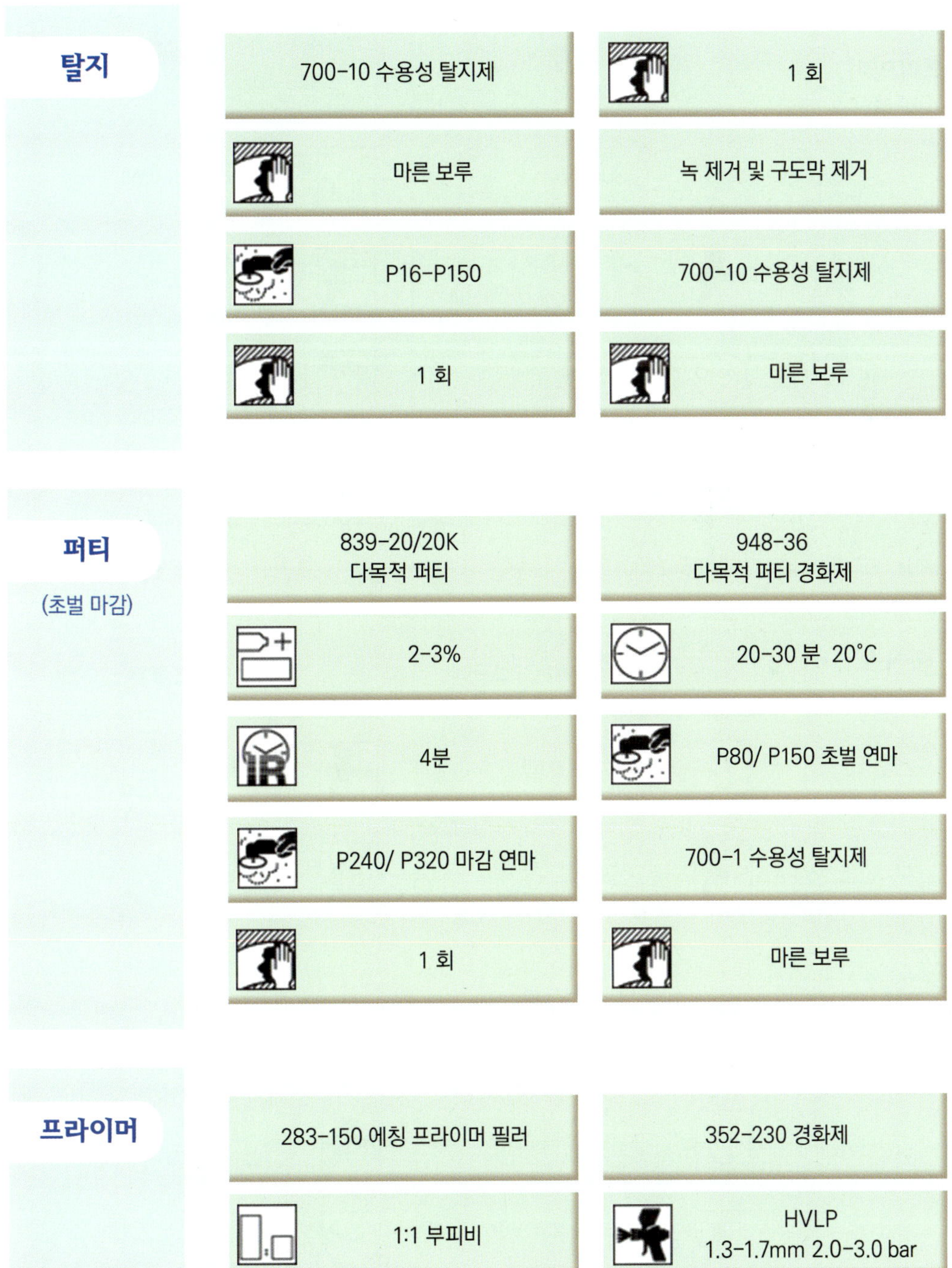

■ 대체품 : 프라이머 필러 프로 285-270

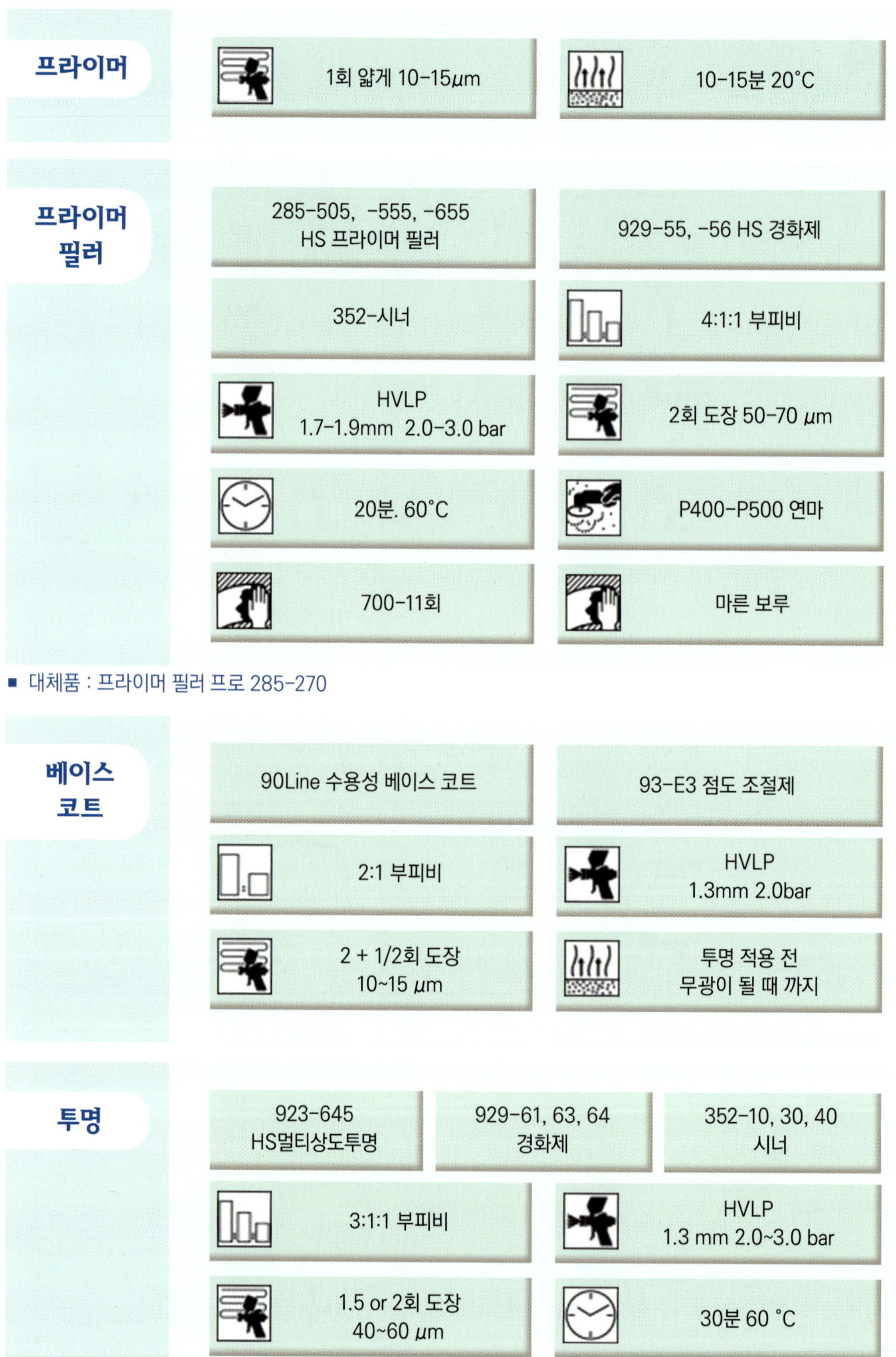

■ 대체품 : 프라이머 필러 프로 285-270

5 인테리어 컬러 시스템

오늘날 승용차의 외부 도장과 색상은 특정 중요성을 가지고 있다. 하지만, 수화물 공간의 내부와 엔진 베이의 내부 도장은 엔진 베이의 화학과 열 저항에 포커스가 있어야 한다. 광택도와 색상은 내부 도장에 큰 의미가 있지 않다. 따라서, 내부 인테리어 색상은 표준적인 보수 도장 시스템을 응용하여 화학과 열 저항을 고려하여야 한다.

엔진 베이와 수화물 공간 사용되는 내부 색상 도장을 위해 공식적인 솔루션과 능률적인 작업을 강력하게 필요로 하며, 다음의 속성을 필수로 요한다.

- mat 표면의 Single stage topcoat
- 클리어 코트 도장의 불 필요
- 상온에서의 (20℃) 건조
- 현재 90라인의 표준 사용 방식에서 큰 조정이 없을 것
- 일반적인 색 공간의 재현
- 매우 정확한 색상 매칭이 필요하지 않다.

두 가지 제품 **90-IC 440 Mixing Clear**와 **93-IC 330**은 어떠한 클리어 코트도 필요로 하지 않고 수화물 내부공간, 엔진 베이의 페인트 도장을 가능하게 한다.

- 상온 건조가 필요한 최대 15분 경과 후 표면의 먼지를 제거 할 수 있다.
- 3시간 경과 후 조립 할 수 있다.
- 표준 응용 프로세서는 유지된다.

이 두 가지 제품은 거의 모든 색상에 사용될 수 있다. 내부 시스템은 3-Coat와 90-M5 또는 93-E3. 11-E 워터 본 제품이 포함되어 있는 색상 배합에는 사용 할 수 없다.

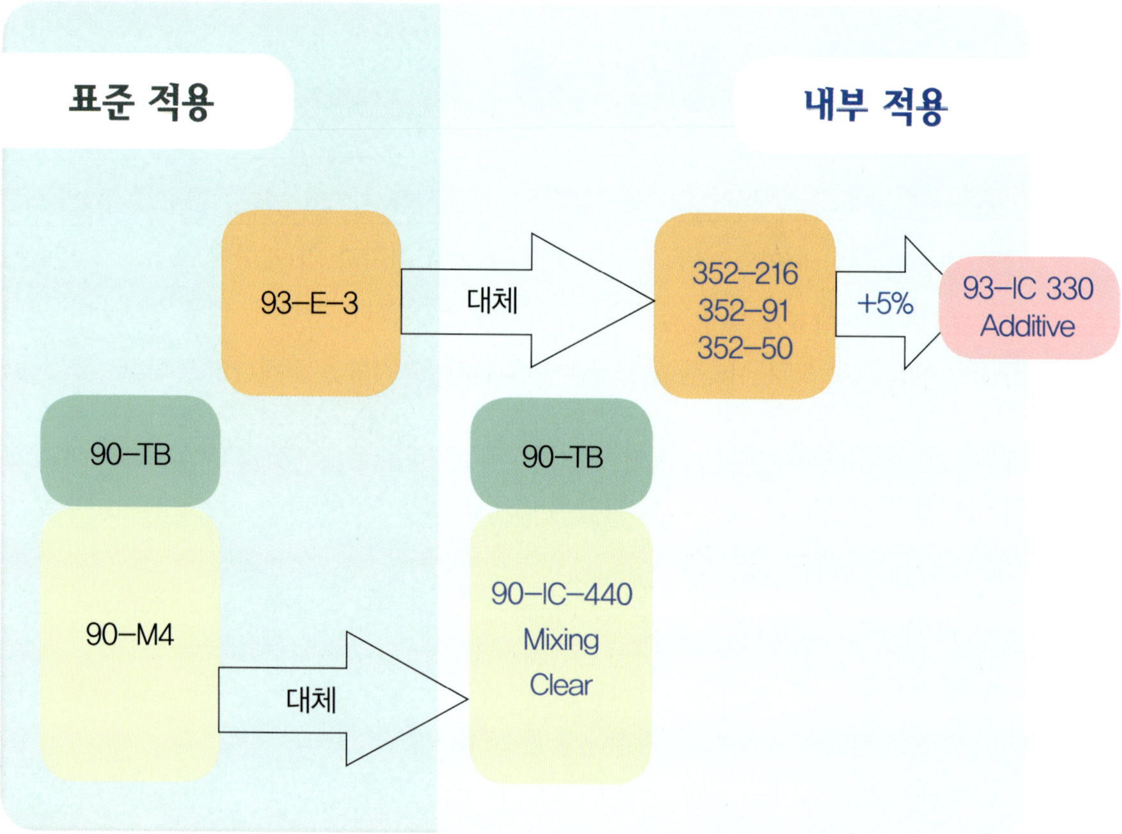

표준 적용
내부 적용
93-E-3
대체
352-216
352-91
352-50
+5%
93-IC 330
Additive
90-TB
90-TB
90-M4
90-IC-440
Mixing
Clear
대체

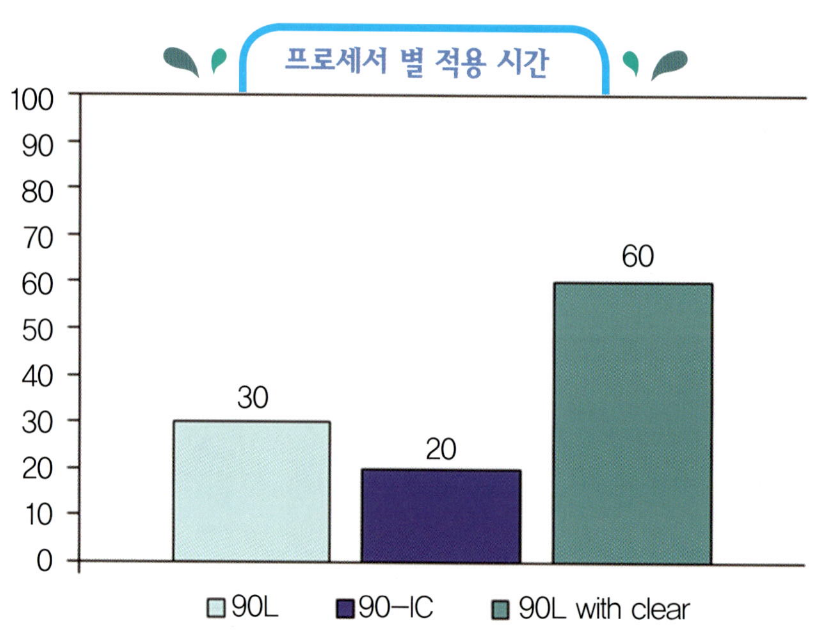

프로세서 별 적용 시간
100
90
80
70
60
50
40
30
20
10
0
30
20
60
90L
90-IC
90L with clear

6 무광 투명 시스템

- 차량 표면 스크레치 방지를 위해 깨끗한 보호 커버를 사이드 패널에 사용한다.
- 오일과 그리스는 제거하기 매우 어렵다.
- 밝은 매트 페인트는 사람 손에 의해 얼룩이 생길 위험이 크다.
  (도어 핸들, 후드, 트렁크)
- 클리닝을 위해 더럽거나 일반적인 천은 사용하면 안 된다.
- 물이 표면에서 마르지 않게 해야 함. 부드러운 천으로 제거한다.
- 왁스 사용 없는 자동 세차기 사용이 가능하다.
- 모래, 먼지 등 작은 입자가 표면에 묻었을 경우 세차 전, 고압 세차기를 사용한다.
- 페인트 클리너나 광택제 사용을 금지한다.

여러가지 광택도 단계를 얻기 위하여, Glasurit 923-55 MS 무광 투명과 923-57 MS 반광 투명을 탄력적으로 혼합 할 수 있다.

- 높은 무광택, 가소화된 (광택: 60도 각도에서 22 ± 3)
- 부드러운 무광택, 탄력적인 (광택: 60도에서 53 ± 5)

비고

- 주위 온도와 도장 할 물체의 크기에 따라 경화제와 희석제를 사용하십시오.
- 극한의 무광 OEM 마감 처리에 적합합니다. (Glasurit 923-55 MS Clear)
  부드러운 매트 OEM 마감재의 수리에 적합합니다. (Glasurit 923-57 MS Clear)
- 범퍼 마감 용으로 적합합니다.
- 유연제를 추가 할 필요가 없습니다!
- 전처리 : 90Line 수용성도료를 적용하기까지 전처리 공정에 대해서는
  Glasurit RATIO System의 기술자료를 참조하십시오.

비고

- Glasurit 923-55 MS 무광 Clear와 Glasurit 923-57 MS반광 Clear의 기술자료정보를 준수하시오.
- 사용할 Clear의 혼합 비율 비율이 다르기 때문에 12 ~ 65 단계(60° 각도)의 광택 수준을 얻을 수 있다. 광택 수준은 밝고 순수한 은색의 경우 더 높을 수 있다. 또한 차체는 수직 및 수평으로 도장된 패널 사이에 광택 수준 차이를 나타낼 수 있다. 따라서 각각의 보수 도장작업 전에 색상 시편 샘플을 제작하고 수리 할 부위와 비교하는 것이 좋다.
- 사용하기 전에 923-55와 923-57투명을 잘 교반하시오.
- 무광 Clear 코트를 보수 도장할 때 광택의 왜곡을 피하기 위하여 아래의 사항을 준수하여야 한다.
  - 베이스 코트 및 클리어 코트에 권장되는 도막 두께를 관찰합니다.
  - 일관성있는 베이스 코트 및 클리어 코트의 도막 두께를 형성하기 위해 중첩도장을 적용한다.
  - 각 클리어 코트의 도장 후 완전히 무광이 될 때까지 flash-off를 적용한다. 일반적으로 첫 번째 도장 후 10-15 분 후, 두 번째 도장 후 15-20 분, 이러한 조건은 스프레이 부스 내의 공기 풍속과 온도에 따라 다르다.
- 각 도장면 도장 후 25분 이상의 flash-off를 적용하지 마시오.
- 무광 표면에서 아래의 사항은 불가능하다.
  - 도막 표면 먼지의 제거와 광택 시 광택도가 변화될 수 있다. 그러므로 세척과 적용 과정 중에 매우 신중하게 작업하는 것이 매우 중요하다.
  - 블렌딩 부위의 페이드-아웃된(부분 도장부위) 투명은 도막 두께가 다르기 때문에 광택도가 변화된다. 그러므로, 항상 패널 전체에 투명을 적용하여야 한다.

7 블렌딩 공정

01 수용성 블렌딩 테크닉 2코트 메탈릭

개요

1) 2코트 메탈릭의 부분보수는 가능하다

2) 일반적으로 손상된 부위만 도장한다.

3) 색상 변화가 예상되는 곳과 경계면 또는 구도막 제거에 의한 도장범위를 구분
하기 어려울 경우 블렌딩 시스템 적용한다.

4) 블렌딩은 많은 시간을 소비하여 눈으로 직접 색상을 조정하는 것 보다 경제적
이고 효과적인 시스템이다.

작업공정 #1

처리방법

- 상도도장까지 일반공정으로 손상부위 사전처리한다.
- 도장할 부위를 세척한다. (세척제: 700-1)
- 샌딩작업한다. (P1000~3000)
- 수세 후 세척한다. (세척제: 700-1)

작업공정 #2

블렌딩

- 2코트 메탈릭 시스템을 도장하기 전에 M50 블렌딩 클리
  어를 엷게 2회 도장한다.
- 만약 엷은 투명도장 생략시는 도장 끝 부위에 메탈릭 입
  자가 모여 어둡게 될 수도 있다.

A-부분 블렌딩

1 그림과 같이 인접 부위 마스킹한다.

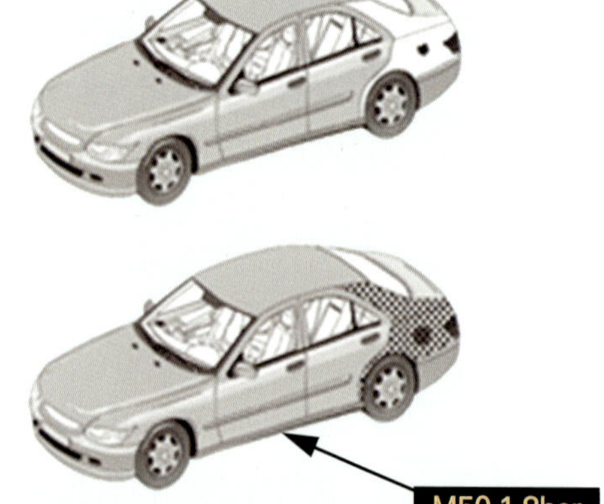

2 손상 및 보수 전 부위를 M50(블렌딩클리어)으로 2회 엷게 도장한다.

3 2코트 메탈릭 도료로 손상부위를 도장 압력 1.0~2.0bar로 낮추어 2회 은폐도장(fading out) 한다.

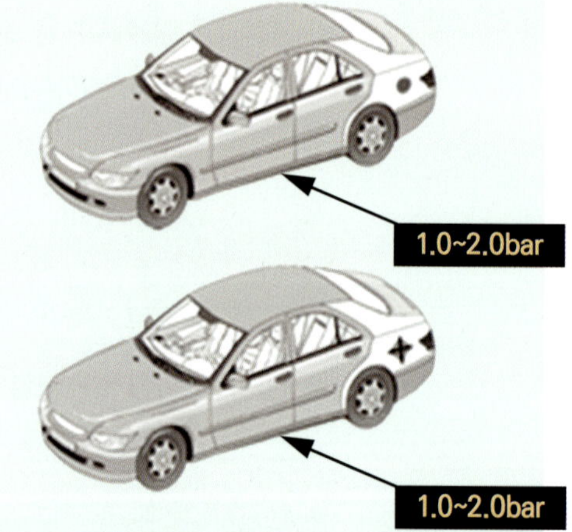

4 압력을 1.0~2.0bar로 낮춘다. 손상부위와 그 부위보다 조금 넓게 2코트 메탈릭 도료로 엷게 1/2 도장(fading out)한다.

5 정상적으로 희석된 923-시리즈 투명으로 보수할 전 부위를 1~2회 엷게 도장한다.

5-a 만약 루프(천정)부위에 마스킹이 불가능 하다면 투명도장은 루프의 기둥에서 끊어야 하며, 352-450, 500(블렌딩 시너)으로 마무리 한다. 건조 후 (필요시 IR 건조) 블렌딩 된 부위는 폴리싱하여 마무리 한다.

B-부분 블렌드-인

1 그림과 같이 인접 부위 마스킹한다.

2 보수부위를 2코트 메탈릭 베이스로 1회 얇게도 장(압력 1.8bar)한다. (인접패널 10cm 이내 도장)

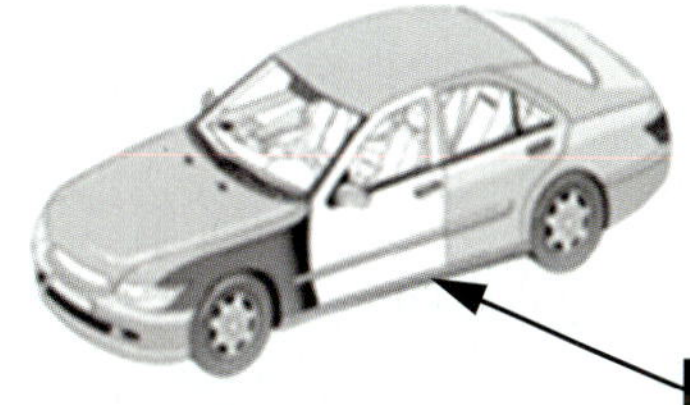

3 인접부위를 M50으로(블렌딩클리어)으로 1회 왕복 도장(압력 1.8bar)한다.

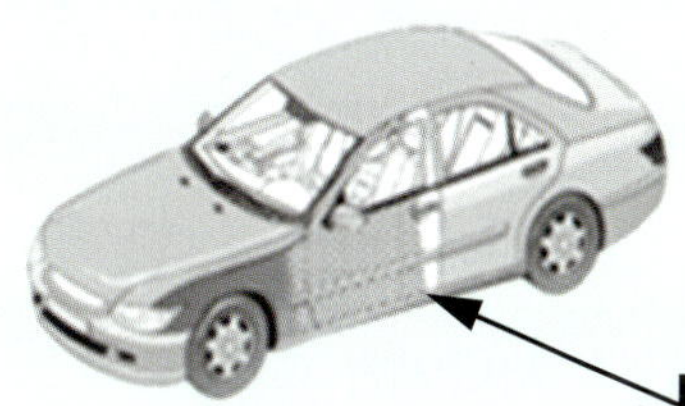

4 보수 부위 및 경계부위를 2코트 메탈릭 베이스로 경계 부위 보다 조금 넓게 2회(fading out) 도장 (압력1.5bar)한다.

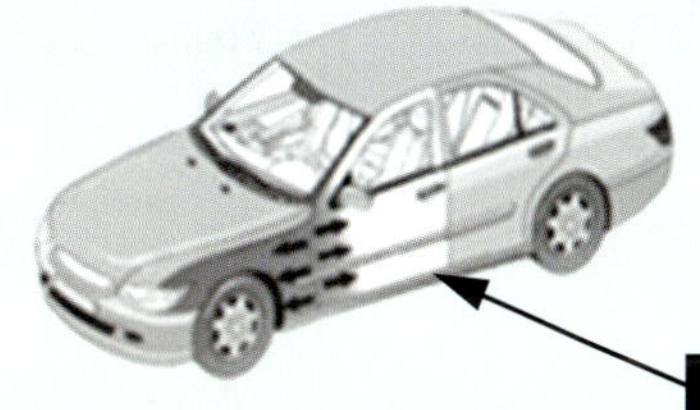

5 보수 부위를 2코트 메탈릭 베이스로 1회 도장 (fading out)(압력 1.8bar)한다.

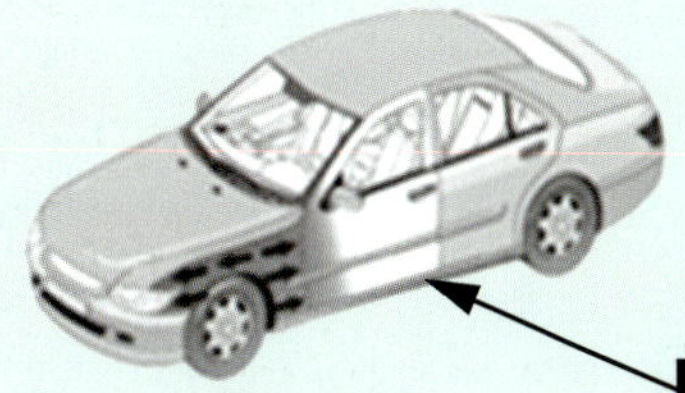

6 끝부분 마무리 도장은 0.8~1.5bar로 아주 얇게 1/2회 도장(fading out)한다.

7 정상적으로 희석된 투명으로 보수 할 전부위를 1~2회 도장한다.

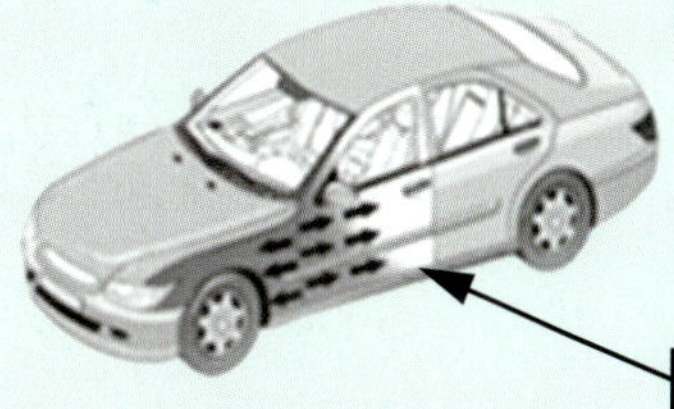

02 수용성 블렌딩 테크닉 3코트 펄

개요

1) 원칙적으로 3코트 펄의 부분보수는 가능하다.

2) 일반적으로 손상된 부위만 도장한다.

3) 색상 변화가 예상되는 곳과 경계면 또는 구도막 제거에 의한 도장범위를 구분

하기 어려울 경우 블렌딩 시스템을 적용한다.

4) 블렌딩은 많은 시간을 소비하여 눈으로 직접 색상을 조정하는 것 보다 경제적

이고 효과적인 시스템이다.

작업공정 #1

처리방법

- 상도도장까지 일반공정으로 손상부위 사전처리한다.
- 도장할 부위를 세척한다. (세척제: 700-10)
- 샌딩작업한다. (P1000~3000)
- 수세 후 세척한다. (세척제: 700-10)

작업공정 #2

블렌딩

- 2코트 메탈릭 시스템을 도장하기 전에 M50 블렌딩 클리

어를 옅게 2회 도장한다.

- 만약 옅은 투명도장 생략시는 도장 끝부위에 메탈릭 입

자가 모여 어둡게 될 수도 있다.

블렌딩

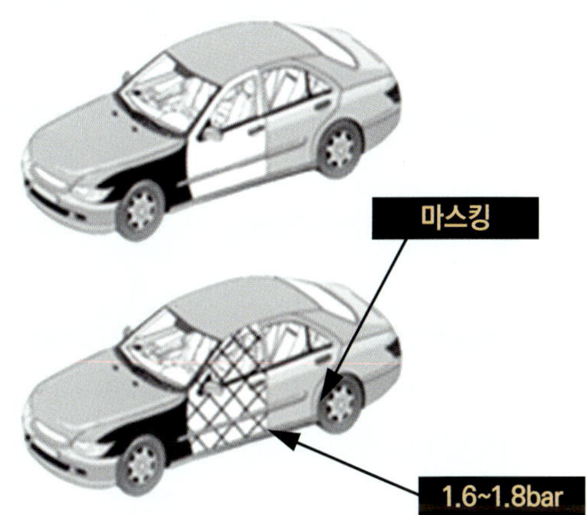

1 그림과 같이 인접 부위 마스킹한다.

2 보수부위를 칼라 베이스로 2회 도장(압력 1.6~1.8bar)한다.

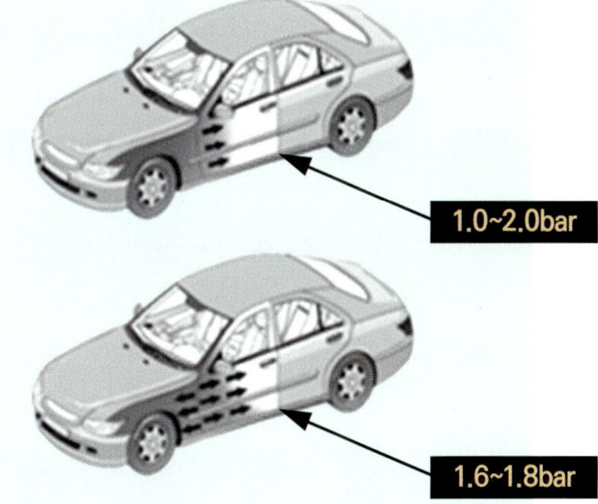

3 칼라 베이스를 경계 부위 보다 조금 넓게 1회 도장(압력 1.0~2.0bar)한다.

4 펄베이스를 1/2회 도장(1회 도장 후 flash-off 타임을 충분히 주고 1/2도장)한다. (압력 1.6~1.8bar)

5 정상적으로 희석된 923-시리즈 투명으로 보수할 전 부위를 1~2회 도장(압력2.0~3.0bar)한다.

8 부분 보수 도장

탈지

700-10 수용성 탈지제	1 회
마른 타올	작은 스크레치를 연마하고 제거 후 자동차 색상을 시편과 비교한다.
표준 광택	700-10 수용성 탈지제
1 회	마른 타올

손상부위 전처리

퍼티 또는 프라이머 적용 전 듀얼액션 연더기로 연마	P240-P400

700-1 수용성 탈지제	1회	마른 보루

퍼티

(초벌 마감)

839-20 / 20K 다목적 퍼티	948-36 다목적 퍼티 경화제
+ 2-3%	20-30 분 20℃
3~5분	P240-P4000 초벌 연마
285-270을 적용하기 전 표면을 700-10 탈지제로 깨끗이 세척한다	1회
마른 보루	

프라이머 필러

283-270 에칭 프라이머 필러
352-58 경화제
352-50 희석제
4:1:1 부피비
mini HVLP 1.0-1.2mm 1.0-1.5 bar
1/2+1회도장 30-40μm
9분

프라이머 필러
페이드-아웃 범위 연마

듀얼액션 연마기의 고운 연마
P500 / P1000-300
1회
마른 보루

베이스 코트
(혼합 비율)

90Line Glasurit Basecoat
93-E3Glasurit Adjusting base
2:1 부피비

블렌딩 클리어
(혼합 비율)

90-M50 Glasurit Blending Clear
93-E3Glasurit Adjusting base
2:1 부피비

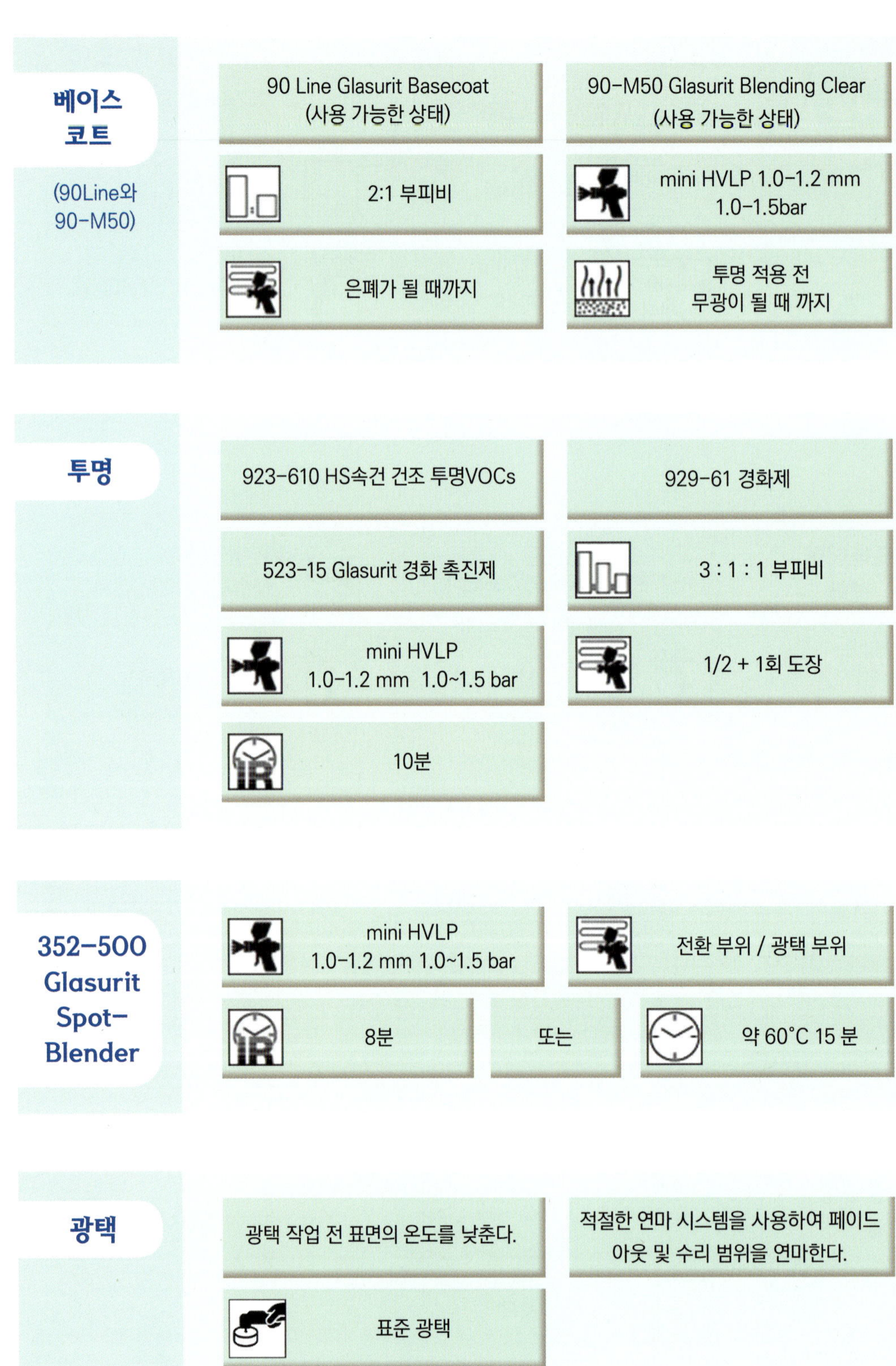
베이스 코트
(90Line와 90-M50)
90 Line Glasurit Basecoat
(사용 가능한 상태)
2:1 부피비
은폐가 될 때까지
90-M50 Glasurit Blending Clear
(사용 가능한 상태)
mini HVLP 1.0-1.2 mm
1.0-1.5bar
투명 적용 전
무광이 될 때 까지
투명
923-610 HS속건 건조 투명VOCs
523-15 Glasurit 경화 촉진제
mini HVLP
1.0-1.2 mm 1.0~1.5 bar
10분
929-61 경화제
3 : 1 : 1 부피비
1/2 + 1회 도장
352-500
Glasurit
Spot-
Blender
mini HVLP
1.0-1.2 mm 1.0-1.5 bar
8분
전환 부위 / 광택 부위
또는
약 60°C 15 분
광택
광택 작업 전 표면의 온도를 낮춘다.
적절한 연마 시스템을 사용하여 페이드
아웃 및 수리 범위을 연마한다.
표준 광택

3

3

KCC SUMIX

    SUMIX SYSTEM은 국내 자동차 보수 도장의 현실에 가장 적합하게 만들어진 수용성 현장 조색시스템으로 유성, 수용성 구도막에 보수가 가능하고 우수한 은폐력과 적은 도료 소모량으로 현장에서는 사용량 절감 효과를 얻을 수 있다.

    다양한 자동차 색상을 수지 및 조색제와 배합비를 이용하여 현장에서 직접 계량/조색하여 도장 시 우수한 착색력과 빠른 건조성 및 우수한 외관을 얻을 수 있는 KCC 자동차 보수용 수용성 현장조색 시스템이다.

1 특징

- 색상 정보를 이용한 현장 조색 배합으로 도료를 제조하고 현장 조색 가이드를 이용한 미조색을 통해 접근도를 높여준다.
- 은분감이 우수하여 고채도, 고명도의 색상 표현이 가능하다.
- 구성된 다양한 조색제로 원하는 색상의 표현이 가능하다.
- 각종 차량의 부분 및 전체 도장에 적합하다.
- 환경친화형 수용성 제품으로 환경규제에 구애받지 않고 작업이 가능하다.

VOCs(g/l)	420 이하	2015년 기준 : 450 이하
혼합비(부피비)	0.5~20%	희석제(K040)
혼합 점도	27~33초	F.C#4, 25℃
도장 횟수	2~3회	Solid(2회), Metallic 및 Pearl(2.5회)
적정도막두께	15~20㎛	
제품유효기간	제조일로부터 24개월	바인더(K9001), 희석제(K040), 건크리너(K050), F/F조정제(K060), 건크리너(K070) 12개월, 블렌딩에이전트(K090) 2개월
가사시간		■ 바인더(K9001)와 K조색제 혼합 후 교반 시 – 최소 7일~최대 30일 (+20℃ 밀봉상태 PP재질 용기 보관) ■ 혼합도료에희석제(K040) 혼합 후 교반 시 – 최소 24h~최대 5일 (+20℃ 밀봉상태 PP재질 용기 보관) • 사용할 도료 정량 혼합 후 사용 추천

2 보관법 및 주의사항

- 5℃ 이상 35℃ 이하 보관
- 조색기 설치시 외부 설치 금지
- 조색제 직사광선 노출 금지
- 동절기 수믹스 운송시 차량 실내 보관이동
- 도료 결빙 방지를 위한 보온장치 설치(히팅 캐비넷)

• 도료 결빙 후 사용시 도료응집에 따른 필터 걸림 현상 및 알갱이 (Seed)와 색상차이 유발

3 조색제 구성 및 종류

01 현장 조색 시스템 운영 방법

바인더 (1종)			유색 (39종)		
구성	특성	도료혼합	색에 따른 분류		
			색상	고농도(33종)	저농도(6종)
K9001	− 1액형 − Clear Coat 필요	• 수지와 조색제 혼합비 60 : 40 (최대) 55 : 45 (최소) 희석제 : 5~20%	White	2 종	K101
			Blue	4 종	K205
			Green	2 종	K301
			Yellow	8 종	K406
			Orange	1 종	K500
			Red & Violet	13 종	K616
			Black	3 종	K701

실버 (11종)					펄 (21종)	
구분	종류	입자크기	정면밝기	측면밝기	색상에 따른 구분	
실버	K800 K801 K802 K803 K804 K805 K806 K807 K808 (골드메탈릭) K810 K814	① 입자크기 K807 > 806 > 814 > 805 > 803 > (802 = 800) > 804 > 801 > K810 ② 정면 밝기 K806 > 807 > (803 = 802 = 805) > (804 = 800) > 814 > 801 > 810 ③ 측면 밝기 (45°기준) K810 > 801 > 814 > 800 > 804 > 805 > (803 = 802) > 807 > =806			White 펄	4 종
					Blue 펄	4 종
					Violet 펄	2 종
					Red 펄	5 종
					Green 펄	4 종
					Gold 펄	2 종

02 보조 제품

- 스프레이 점도 조절
- 스프레이 작업성 향상
- 순수(純水)이며 도료에 10~20% 혼합(온도/습도별)

K040

- 수용성 Gun 세척제
- Gun이외 수용성 장비 세척 사용 가능
- 실리콘과 혼합 금지
- 일반 시너와 혼합 금지

K050

- 강력한 탈지력 구현
- 도장면 전처리 전 단계의 표면세정 및 탈지
- 친환경 탈지제

K070

- 수믹스 브랜딩시 작업부위에 선 적용 후 은폐도장 실시
- 블렌딩 작업시 더스트 방지

K090

- 측면 Tone 조정제(Flip-Flop Controller)
- 메탈릭 조색시 측면Tone 밝게함(정면 어두워짐)
- 부피비 15% 이하 추천
- 과량사용시 투명 광택 저하

K060

03 조색제 색상군

04 조색제 일람표

1) WHITE 조색제

White 조색제는 3종으로 구성되어 있으며, 2종의 고농도 조색제와 1종의 저농도 조색제로 구성되어 있다. 백색 안료는 무기안료로 메탈릭 안료와 혼합시 메탈릭 안료의 입자감이 상실되므로, 메탈릭 색상에 사용시는 소량 투입해야 한다. 솔리드 조색제는 원색자체로색감의 방향을 정확히 판단하기 어려워 다른색과 혼합하여 색감을 판단한다. 솔리드 색상은 백색 또는 흑색과 혼합하였을 때의 색감을 보고 색상방향을 결정하며, 메탈릭도료에 투입시 변화되는 색감을 확인하기 위하여 메탈릭 조색제와 혼합하여 색상방향을 결정한다.

No	조색제	원색	혼합색(블랙) K700 : K1XX 1 : 3	혼합색(실버) K803 : K1XX 9 : 1	백색계열	조색제 특징
1	K100				표준백색	◆ 순백색이며, 솔리드용 조색제로 많이 쓰임 ◆ 메탈릭 색상에 사용을 추천하지 않음. → 사용시 소량사용 권장, 사용량이 늘어날 수록 메탈릭 입자감 상실,색상감 떨어짐

No	조색제	원색	혼합색		구분	조색제 특징
2	K101				저농도	◆ 메탈릭 색상에 사용하면 측면 밝기가 밝아진다. ◆ 과량 투입시 광택이 소실될 우려가 있으니, 5% 이내로 사용하는 것을 권장함 ◆ White K100 저농도 조색제
3	K102				측면 조절용	◆ 메탈릭 색상의 측면톤 조절용으로 사용할 수 있다. → 정면을 어둡게 만들고 측면을 밝게 만드는 효과가 있음 ◆ K101 보다 정면 황감과 측면 청감이 짙은 조색제이며, 측면이 뿌옇게 나타나는 경우에 적용됨.

2) BLUE 조색제

Blue 조색제는 5종으로 구성되어 있으며, 4종의 고농도 조색제와 1종의 저농도 조색제로 구성되어 있다. 색의 삼원색에서 살펴본 봐와 같이 Red와 Green 사이에 Blue(Cyan)가 위치하고 있어 Blue 조색제 내에도 안료의 특성에 따라 이웃 색상에 근접한 Greenish blue, Reddish blue와 같이 다양한 색상을 나타낸다.

No	조색제	원색	혼합색(화이트) K100 : K2XX 3 : 1	혼합색(실버) K803 : K2XX 9 : 1	청색계열	조색제 특징
1	K200				적색감	◆ 정면과 측면에 모두 적색감이 나는 색상
2	K202				녹색감	◆ 정면과 측면 모두 녹색감이 나는 색상
3	K203				–	◆ 정면에는 적색감이 측면에는 녹색감이 나는 색상
4	K204				–	◆ 정면에는 녹색감이 측면에는 적색감이 나는 색상
5	K205				저농도	◆ Blue K204 저농도 조색제 ◆ 밝은 계열의 솔리드 색상 조색시 주로 사용됨

3) GREEN 조색제

Green 조색제는 3종으로 구성되어 있으며, 2종의 고농도 조색제와 1종의 저농도 조색제로 구성되어 있다. 색의 삼원색에서 Green의 이웃한 색상은 Cyan과 Yellow색상이며, 수믹스 Green 조색제는 Bluish Green과, Yellowish Green으로 구성되어 있다.

No	조색제	원색	혼합색(화이트) K100 : K3XX 3 : 1	혼합색(실버) K803 : K3XX 9 : 1	녹색계열	조색제 특징
1	K300				녹청색감	◆ 정측면에 청색감이 나는 색상
2	K302				녹황색감	◆ 정측면에 황색감이 나는 색상
3	K301				저농도	◆ Green K300 저농도 조색제 ◆ 밝은 계열의 솔리드 색상 조색시 주로 사용됨

4) YELLOW 조색제

Yellow 조색제는 9종으로 구성되어 있으며, 8종의 고농도 조색제와 1종의 저농도 조색제로 구성되어 있다. Yellow 조색제는 색상을 나타내는 원료인 안료의 특성상 유기안료와 무기안료로 만들어진 조색제로 구성되어 있다. 메탈릭 색상에는 유기안료로 만들어진 조색제가 주로 사용되는데, 유기안료는 메탈릭 입자감에 영향을 주지 않기 때문이다. 유기안료로 만들어진 조색제는 'K400, KM401, KM403, K407'이다. 무기안료로 만들어진 조색제는 메탈릭 입자감이 상실되게 하는 효과가 있으므로 메탈릭 색상에 사용하지 않는 것이 일반적이나, 메탈릭 색상에 적용할 경우는 소량 투입해야 한다.

No	조색제	원색	혼합색(화이트) K100 : K4XX 3 : 1	혼합색(실버) K803 : K4XX 9 : 1	황색계열	조색제 특징
1	K407				적색감	◆ 메탈릭 색상용 조색제로 사용됨 ◆ 메탈릭 색상에 혼합시 K403 대비 측면 녹감이 적고, 적감이 많음 ◆ 백색과 혼합시 연한 살구색을 나타냄

No	조색제	원색	혼합색	혼합색	계열	조색제 특징
2	K403				적색감	◆ 메탈릭 색상용 조색제로 사용됨 ◆ 메탈릭 색상에 혼합시 K407 대비 측면 황색감과 녹색감이 짙음
3	K404				적색감	◆ 솔리드 색상에 쓰이며 적색감이 강한 조색제임 ◆ 메탈릭 색상에 사용을 추천하지 않으나, 만일 사용시 소량 투입할 것.
4	K402					◆ 솔리드 색상에 쓰이는 조색제임 ◆ 메탈릭 색상에 사용을 추천하지 않으나, 만일 사용시 소량 투입할 것.
5	K401				녹색감	◆ 정측면에 녹색감을 가지고 있는 색상, 측면 밝기가 밝아짐
6	K400					◆ 측면 밝기가 어두워짐 ◆ K401과 색상방향은 동일하나 정측면에 녹색감을 가지고 있는 색상
7	K409				녹색감	◆ K401과 유사한 색감을 나타내며, 솔리드 색상용 조색제로 사용 가능함 ◆ 메탈릭 색상에 사용을 추천하지 않음
8	K405				황색감	◆ 솔리드 조색제로 일반적인 황토색상을 가지고 있는 색상 ◆ 메탈릭 조색시 측면을 뿌옇게하는 효과가 있음
9	K406				저농도	◆ Yellow K405 저농도 조색제 ◆ 밝은 계열의 솔리드 색상 조색시 주로 사용됨

5) ORANGE 조색제

Orange 조색제는 1종의 고농도 조색제로 구성되어 있다. 밝은 Orange 색상을 조색할때 사용된다.

No	조색제	원색	혼합색(화이트) K100 : K500 3 : 1	혼합색(실버) K803 : K500 9 : 1	오렌지 계열	조색제 특징
1	K500				오렌지색	◆ 밝은 오렌지 색상 ◆ 정면 적색 방향이고 측면 황색감이 짙음

6) RED 조색제

Red 조색제는 14종으로 구성되어 있으며, 13종의 고농도 조색제와 1종의 저농도 조색제로 구성되어 있다. 적색 조색제 대부분은 유기안료로 만들어졌으나, 1종의 조색제(K611)는 무기안료로 만들어진 조색제이므로, 메탈릭 색상에 사용시 유의하여 사용하여야 한다. Red 조색제는 'Yellowish Red', 'Pure Red', 'Magenta(자홍색)', 'Violet'의 색상군으로 구성되어있다.

No	조색제	원색	혼합색(화이트) K100 : K6XX 3 : 1	혼합색(실버) K803 : K6XX 9 : 1	적색계열	조색제 특징
1	K600				보라색	◆ 보라색 감이 많은 적색 ◆ 정면 청색감을 가지고 있는 색상 ◆ 메탈릭 혼합시 측면보다 정면에 적색감이 많음
2	K605				자홍색	◆ 자홍색 계열의 적색중 가장 어두운 색상임 ◆ K603 비해 청색감이 강한 생상임. ◆ 백색 및 메탈릭과 혼합시 보라색감을 나타남 ◆ 측면밝기 어두워짐
3	K603					◆ K605대비 밝으며, 적색감이 더 많음. ◆ 측면 밝기가 약간 어두워짐
4	K604					◆ 자홍색 계열의 적색중 가장 밝은 색상임 ◆ 약간의 보라색감을 나타남 ◆ 자홍색 계열의 조색사용시 측면을 밝게 유지할 경우 사용함
5	K612					◆ K604대비 핑크감을 좀더 나타낸다. ◆ 측면밝기는 약간 어두워진다.
6	K608				적색	◆ 적색 중 은폐력이 좋은 색상이다. ◆ 메탈릭 혼합시 측면이 어두워진다.
7	K601					◆ 적색감이 가장 높은 조색제이다. ◆ 적색 중 은폐력이 좋은 색상이다. ◆ K614 대비 어둡고 황색감이 많음
8	K614					◆ K601과 유사한 색상이다. ◆ K601대비 정면은 밝아지고, 측면은 황색감이 옅은 색상

No	조색제				색계열	조색제 특징
9	K615				적색	◆ 적색 조색제중 적갈색에 가장 가까운 조색제이다. ◆ 메탈릭과 혼합시 적색감이 약하게 나타난다.
10	K607					◆ 메탈릭과 혼합시 적색 계열 조색제 대비 황색감이 많이 나타난다. ◆ 백색과 혼합시 살구색상을 나타낸다.
11	K610				적황색	◆ 어두운 계열의 적황색이다.
12	K611					◆ 어두운 계열의 적황색이다. ◆ 솔리드 색상 조색용으로 주로 사용한다. ◆ 메탈릭 색상에 사용을 추천하지 않으나, 만일 사용시 소량 투입할 것
13	K609					◆ 메탈릭 색상과 혼합시 골드 색상을 나타냄 ◆ 정면과 측면에 황색감을 가지고 있다.
14	K616				저농도	◆ 적색 저농도 조색제로 밝은 색상을 조색할때 주로 사용함. ◆ Red K608 저농도 조색제

7) BLACK 조색제

Black 조색제는 4종으로 구성되어 있으며, 3종의 고농도 조색제와 1종의 저농도 조색제로 구성되어 있다. 3종의 고농도 조색제는 기본적인 블랙색상 1종(K700)과 상대적으로 황색감을 나타내는 조색제인 K702, 청색감을 나타내는 K703으로 구성되어 있다.

No	조색제	원색	혼합색(화이트) K100 : K7XX 3 : 1	혼합색(실버) K803 : K7XX 9 : 1	흑색계열	조색제 특징
1	K700				표준흑색	◆ 기본적인 블랙색상 ◆ 블랙펄 조색시 측면 뿌옇게 만드는 효과가 있음
2	K701				저농도	◆ 흑색 저농도 조색제이며 밝은색상 조색할 경우나, 흑색이 소량 투입될 경우 사용됨 ◆ Black K700 저농도 조색제

		원색			특징	조색제 특징
3	K702				황색감	◆ 정면에는 황색감을 나타내는 색상 ◆ 흑도가 가장 높으며, 블랙계열 조색시 주로사용됨 ◆ 메탈릭 혼합시 정면보다는 측면을 어둡게 함
4	K703				청색감	◆ 블랙 조색제중 청색감을 가지고 있는 색상

8) SILVER(메탈릭) 조색제

실버(메탈릭) 조색제는 11종으로 구성되어있다. 메탈릭 색상은 안료의 입자크기, 입자 모양, 입자두께, 입자배열등 여러 가지 요인에 의하여 독특한 색감을 나타낸다. 이러한 독특한 색감을 구별하기 위해 Blue 조색제와 Black 조색제를 혼합하여 빛의 반사 각도별 밝기를 구별한다.

No	조색제	원색	혼합색(블루) K204 : K8XX 9 : 1	혼합색(블랙) K700 : K8XX 7 : 3	실버 사이즈	조색제 특징
1	K800					◆ 작은 입자의 메탈릭 ◆ 작은 입자를 가지고 있는 K801 보다 정측면에 입자가 다소 　　있음.
2	K801					◆ 가장 작은 입자의 메탈릭 ◆ 작은 입자를 가지고 있는 K800, K802 보다 정면이 어둡고, 측면이 밝은 색상
3	K802				Small	◆ 작은 입자의 메탈릭 ◆ 작은 입자를 가지고 있는 메탈릭중에서는 가장 큰 메탈릭 →상대적으로 입자가 작으면 정면이 어둡고 측면이 밝음.
4	K810					◆ 가장 작은 입자의 메탈릭 (K801 보다 더 작음) ◆ 작은 입자를 가지고 있는 K801 보다 정면이 더 어둡고, 측면이 더 밝은 메탈릭
5	K808					◆ 골드 메탈릭
6	K803				Medium	◆ 중간크기 입자의 메탈릭. ◆ 메탈릭 중 정면에서 입자가 스파클링 함.

No	조색제					특징
7	K804					◆ 중간크기의 메탈릭중에서 측면 밝기가 가장 밝은 메탈릭 ◆ 중간크기 입자의 메탈릭.
8	K805				Medium	◆ 중간크기 입자의 메탈릭. ◆ K804 대비 정면은 밝고 측면은 어두움
9	K814					◆ 중간크기 입자의 메탈릭. ◆ K803 대비 측면이 밝음 ◆ 중간크기 메탈릭 중 정측면 입자가 스파클링함.
10	K806					◆ 큰 크기 입자의 메탈릭. ◆ K807 대비 정면은 밝고 측면은 어두움 ◆ 메탈릭 중 정면에서 입자가 스파클링 함.
11	K807				Large	◆ 큰 크기 입자의 메탈릭. ◆ K806 대비 입자크기는 크지만 정면은 어두우며 측면이 밝음 ◆ 메탈릭 중 정면에서 입자가 가장 스파클링 함. ◆ 입자크기는 크지만 탁해지니 주의하여 사용해야함

9) PEARL 조색제

펄 조색제는 21종으로 구성되어 있으며, 솔리드 조색제와 마찬가지로 색상군별로 구성되어 있다. 펄 조색제 단독으로 도장시는 은폐가 되지 않는다. 아래 색상 이미지는 펄 조색제 단독으로 도장시 도장 소지면이 화이트 / 블랙 각각의 경우에 나타나는 색감을 표현한 이미지이다.

No	조색제	색상	펄 단독 (화이트 베이스)	펄 단독 (블랙 베이스)	백색계열	조색제 특징
1	K900					◆ 화이트 펄 중 제일 작은 입자의 펄 ◆ 정면이 약간 어두우며 측면 가장 밝음.
2	K901	화이트 펄			Small	◆ 화이트 펄 중 작은 입자의 펄 ◆ 정면이 어두우며 측면 밝음.
3	K902				Medium	◆ 화이트 펄 중 중간입자의 펄 ◆ 정면이 밝으며 측면 어두움

4	K903	화이트 펄			Large	◆ 정면에 영향을 많이 주는 펄(정면 가장 밝음) ◆ 큰 크기 화이트 펄 이며, 정면 입자가 스파클링함 ◆ 밝기가 어두울수록 효과가 많이 나타남 (밝은 실버에 적용시에는 큰효과를 보기 어려움)
5	K904	블루 펄			Small	◆ 정면에 영향을 많이 주는 펄(정면 청색감 짙음) ◆ 블루 펄 중 작은입자의 펄
6	K905				Medium	◆ 전체적으로 청색감을 주는 펄(착색펄) ◆ 블루 펄 중 중간입자의 펄
7	K906					◆ 정면에 영향을 많이 주는 펄(정면 청색감 짙음) ◆ K904 대비 똑같은 특성을 가지고 있으나, 블루 펄 중 중간입자의 펄
8	K918				Large	◆ 정면에 영향을 많이 주는 펄(정면 청색감 짙음) ◆ 큰 크기의 블루 펄 이며, 정면 입자가 스파클링함 ◆ K904 대비 똑같은 특성을 가지고 있으나, 블루 펄 중 큰 입자의 펄
9	K907	바이올렛 펄			Medium	◆ 정면에 영향을 많이 주는 펄(정면 보라색감 짙음) ◆ 바이올렛 펄 중 중간입자의 펄 ◆ 밝기가 어두울수록 효과가 많이 나타남 (밝은 실버에 적용시에는 큰효과를 보기 어려움)
10	K908				Large	◆ 정면에 영향을 많이 주는 펄(정면 보라색감 짙음) ◆ K907대비 똑같은 특성을 가지고 있으나, 큰 크기의 바이올렛 펄 이며, 정면 입자가 스파클링함.
11	K909	레드 펄			Small	◆ 전체적으로 적색감을 주는 펄(착색펄) ◆ 레드 펄 중 작은입자의 펄
12	K911				Medium	◆ 전체적으로 적색감을 주는 펄(착색펄) ◆ 레드 펄 중 중간입자의 펄
13	K912				Large	◆ 전체적으로 적색감을 주는 펄(착색펄) ◆ 큰 크기 레드 펄 이며, 정면 입자가 스파클링함
14	K913	그린 펄			Medium	◆ 정면에 영향을 많이 주는 펄(정면 녹색감 짙음) ◆ 그린 펄 중 중간입자의 펄 ◆ 밝기가 어두울수록 효과가 많이 나타남 (밝은 실버에 적용시에는 큰효과를 보기 어려움)
15	K916					◆ 전체적으로 녹색감을 주는 펄(착색펄) ◆ 그린 펄 중 중간입자의 펄

16	K919	그린 펄			Large	◆ 정면에 영향을 많이 주는 펄(정면 녹색감 짙음) ◆ 큰 크기 그린 펄 이며, 정면 입자가 스파클링함 ◆ 밝기가 어두울수록 효과가 많이 나타남 (밝은 실버에 적용시에는 큰효과를 보기 어려움)
17	K921					◆ 정면에 영향을 많이 주는 펄 ◆ 큰 크기 그린 펄 이며, 정면 입자가 스파클링함 ◆ 관찰 각도에 따라 색상이 다르게 나타남
18	K914	골드 펄			Medium	◆ 정면에 영향을 많이 주는 펄 (정면 골드색감 짙음) ◆ 골드 펄 중 중간입자의 펄
19	K915				Large	◆ 전체적으로 황색감을 주는 펄 (착색펄) ◆ 큰 크기 골드 펄 이며, 정면 입자가 스파클링함
20	K917	오렌지 펄			Medium	◆ 오렌지 펄 중 중간입자의 펄 ◆ 전체적으로 적황색감을 주는 펄(착색펄)
21	K920				Large	◆ 큰 크기 오렌지 펄 이며, 정면 입자가 스파클링함 ◆ 전체적으로 적황색감을 주는 펄(착색펄)

10) 측면톤 조정제

수믹스 시스템에는 1종의 측면톤 조정제(K060)가 구성되어 있다. 측면톤 조정제는 메탈릭 색상에 사용되며, 측면의 밝기를 밝게 하고 입자감이 커지는 효과가 있다. 측면톤 조정제를 사용할 경우는 색감과 입자감이 유사하게 조색이 되어 있는 상태에서, 측면 밝기를 조정할 때 주로 사용된다. 측면 밝기가 밝아지면 상대적으로 정면 밝기는 어두워진다.

05 현장조색의 예

베이지 계열의 실버색상 조색시 사용되는 솔리드 조색제는 Yellow와 Red 계열의 조색제가 사용된다.

현대 자동차 제네시스에 적용된 루나 베이지(ZT)에 대하여 수용성 현장조색 시스템인 수믹스 시스템으로 조색하는 방법에 대하여 살펴 보겠다.

색상명	루나 베이지
색상코드	ZT
차종	제네시스, 에쿠스
제조사	현대자동차

STEP 1. 메탈릭 입자감 맞추기

수믹스 시스템과 바로매치 시스템의 조색방법은 동일하나, 차이가 있다면, 수믹스 시스템은 액상에서 보이는 색상과 스프레이 후 색상간에 차이가 바로매치 시스템 보다 크다. 이는 수용성 시스템의 특징으로 수용성에 사용되는 원료인 에멀젼 수지의 특성 때문이다. 액상에서는 뿌옇고 푸르게 보이지만 스프레이 후에는 구현하고자 하는 색상이 나타난다. 메탈릭 입자를 선택시에도 이점을 고려하여 적절한 입자를 선택하여야 한다. 루나 베이지 입자 특성을 맞추기 위하여 입자 사이즈가 작은 K800과 입자사이즈가 큰 K806을 혼합하였다. 중간 입자 사이즈를 사용하지 않은 이유는 색상 특유의 거칠고, 조밀한 입자감을 맞추기 위해서이다.

No	조색제	원색	혼합색(블루) K204 : K8XX 9 : 1	혼합색(블랙) K700 : K8XX 7 : 3	실버 사이즈	조색제 특징
1	K800				Small	◆ 작은 입자의 메탈릭 ◆ 작은 입자를 가지고 있는 K801 보다 정측면에 입자가 다소 있음.
2	K806				Large	◆ 큰 크기 입자의 메탈릭. ◆ K807 대비 정면은 밝고 측면은 어두움 ◆ 메탈릭 중 정면에서 입자가 스파클링 함.

▲ 수믹스 메탈릭 조색제

STEP 2. 명도 및 밝기 조절

Black 조색제인 K703을 사용하여 색상의 명도를 맞춘다. 명도는 Target 시편 대비 밝게 맞춰야 한다. 그 이유는 앞서 색의 삼원색의 원리에서 언급 되었던 봐와 같이 색상이 혼합될수록 어두워지므로 추후 조색제의 추가투입을 고려해야 하기 때문이다. 명도가 어느 정도 근접하였다면, 관찰각도별 밝기를 조정해야 한다. 측면톤 조정제는 조색사의 경험이나, 스킬에 따라 투입 단계가 상이하다. 다만 Black 조색제를 투입하여 명도를 근접하게 조정 후 측면톤 조정제를 투입하면 밝기의 변화의 관찰하기가 용이한 반면, 색감 조절이 끝난 후 측면톤 조정제를 투입하여 밝기를 조절한다면 자칫 밝기 조정으로 인한 색감의 변동이 발생될 수 있는 점을 인지하여야 한다.

STEP 3. 색감 조절

Yellow 조색제는 무기안료가 포함되어 메탈릭 색상에 적용시 입자감을 상실시키는 계열의 조색제의 구성이 많아 이러한 조색제는 메탈릭 색상에는 되도록 사용을 피하여야 한다. 고채도의 유기안료로 구성된 옐로우 조색제를 선택하여 사용해야 한다. 이 색상에서는 K403을 투입하여 황색감을 조정하였으며, 적색감을 조정하기 위하여는 K608을 사용하였다.

No	조색제	원색	혼합색(화이트) K100 : K7XX 3 : 1	혼합색(실버) K803 : K7XX 9 : 1	색상계열	조색제 특징
1	K702				흑색	◆ 정면에는 황색감을 나타내는 색상 ◆ 흑도가 가장 높으며, 블랙계열 조색시 주로사용됨 ◆ 메탈릭 혼합시 정면보다는 측면을 어둡게 함
2	K403				황색	◆ 메탈릭 색상용 조색제로 사용됨 ◆ 메탈릭 색상에 혼합시 K407 대비 측면 황색감과 녹색감이 짙음
3	K608				적색	◆ 적색 중 은폐력이 좋은 색상이다. ◆ 메탈릭 혼합시 측면이 어두워진다.

▲ 조색제의 특징

STEP 4. 미세조정

명도, 밝기, 색감 조절이 어느 정도 완료 되었다면 각각의 조색제를 미세조정하여 Target 색상에 매칭 되도록 조정한다.

▲ 조색 단계별 색상변화

No	조색제 명	원색
K9000	베이스코트 수지	617.70
K800	파인 실버	148.14
K806	라지 실버	133.16
K060	측면톤 조정제	71.20
K403	스트롱 래디쉬 옐로우	45.65
K703	블루 블랙	10.77
K608	퍼플 레드	4.41

▲ ZT 색상변화

4 도장 조건

작업 세팅

구분	내용
혼합비율	• 수용성베이스 : K040(희석제) = 100 : 5~20
추천건 / 노즐사이즈	• 중력식 　– SATA JET B HVLP(노즐구경:WSB) 　– Walcom CARBONIO 360 HTE(노즐구경:1.2)
도장횟수	• 메탈릭 : WET–WET–MIST 3회 • 솔리드 : WET–WET 2회 • 3코트 : 바탕 WET 2회 – 펄 MID_WET 2회
SATA jet 3000 B HVLP(WSB)	• 압력 : 1.6±0.1bar / 토출량 : 2바퀴
SATA jet 4000 B HVLP(WSB)	• 압력 : 1.6±0.1bar / 토출량 : 2바퀴
SATA jet 5000 B HVLP(WSB)	• 압력 : 1.6±0.1bar / 토출량 : 1바퀴3/4
Walcom CARBONIO 360 HTE(1.2)	• 압력 : 1.6bar / 토출량 : 2바퀴 1/2 • 압력 : 1.8bar / 토출량 : 3바퀴

메탈릭 작업 도장 방법

1회 WET 도장

- 은폐목적의 도장이며, 베이스가 흐르지 않을 정도로 도장한다.
- 분사거리 : 10~15cm

- 중간건조 : 표면광택이 완전히 사라질 때까지 Air Dry Jet 사용하여 건조(Air Dry Jet 사용시 도장면과 거리 50cm이상)
- 먼지제거 : 완전히 건조한 뒤 P1000이상으로 샌딩 후 수용성 송진포 사용(습식연마 절대 금지)

2회 WET 도장

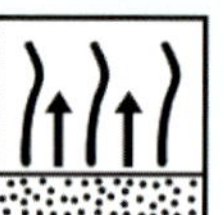

- 1회 WET 도장 대비 80% 정도로 도장한다. 은폐 불량시 2차 WET과 동일하게 추가 1회 도장
- 분사거리 : 10~15cm

- 중간건조 : 표면광택이 완전히 사라질 때까지 Air Dry Jet 사용하여 건조(Air Dry Jet 사용시 도장면과 거리 50cm이상)

3회 MIST 도장

- 1차 WET 도장 대비 30~40% 정도로 도장한다.
- 분사거리 : 20~25cm
- 메타릭 얼룩 방지 및 입자정렬 도장이 목적이며, DRY하지 않고 촉촉하게 도장

- 표면광택이 완전히 사라질 때까지 Air Dry Jet 사용하여 건조
- 완전 건조 후 클리어 도장 진행.

솔리드 작업 도장 방법

1회 WET 도장

- 은폐목적의 도장이며, 베이스가 흐르지 않을 정도로 도장한다.
- 분사거리 : 10~15cm

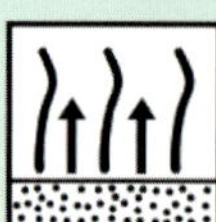

- 중간건조 : 표면광택이 완전히 사라질 때까지 Air Dry Jet 사용하여 건조(Air Dry Jet 사용시 도장면과 거리 50cm이상)
- 먼지제거 : 완전히 건조한 뒤 P1000이상으로 샌딩 후 수용성 송진포 사용(습식연마 절대 금지)

2회 WET 도장

■ 백색계열 색상의 경우 KCC의 백색 서페이서를 적용한 뒤 베이스 도장시 은폐 확보로 2회도장 가능

 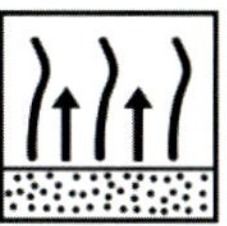

- 표면광택이 완전히 사라질 때까지 Air Dry Jet 사용하여 건조
- 완전 건조 후 클리어 도장 진행.

3코트 작업 도장 방법

바탕 1, 2회 WET 도장

- 솔리드 도장 방법과 동일하다.

 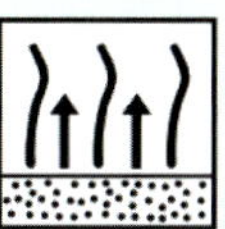

- 중간건조 : 표면광택이 완전히 사라질 때까지 Air Dry Jet 사용하여 건조(Air Dry Jet 사용시 도장면과 거리 50cm이상)

1회 펄 MID_WET 도장

- 바탕 1회 WET 도장 대비 50~60% 정도로 도장한다.
- 분사거리 10~15cm

 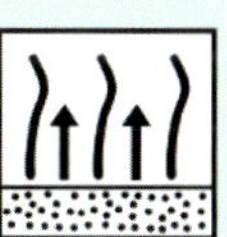

- 중간건조 : 표면광택이 완전히 사라질 때까지 Air Dry Jet 사용하여 건조(Air Dry Jet 사용시 도장면과 거리 50cm이상)

2회 펄 MID_WET 도장

- 바탕 1회 WET 도장 대비 50~60% 정도로 도장한다.
- 분사거리 10~15cm

 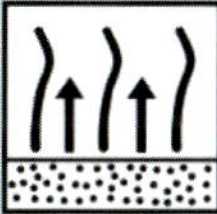

- 표면광택이 완전히 사라질 때까지 Air Dry Jet 사용하여 건조
- 완전 건조 후 클리어 도장 진행.

5 작업 로드맵

작업 공정 시 유의 사항

- 습식 샌딩 불가

- 과도한 락카퍼티 사용 금지
  (유/수용성 공통사항)
- 과도한 락카퍼티는 자국, 광택저하의 원인
- 락카퍼티를 사용했다면 퍼티 기공 등 메꿈
  부위를 제외하고 모두 샌딩해야함.

- 과연마 금지
- 서페이서 샌딩 후 철판이 보이는 부분이 없
  어야함.
- 차후 녹발생의 원인이 될 수 있음.

- 과연마 된 부위는 프라임 논샌딩 서페이서
  도장을 추천

- 수용성 도료는 유용성 도료대비 유/수분에
  약해, 탈지작업이 꼼꼼하게 이루어 져야
  하며, 스프레이 부스에 반드시 유.수분 필
  터가 설치되어 있어야 한다.
  (유/수용성 공통사항)

수믹스 작업 공정

차량 입고
1 단계
전처리
구도막 박리, 탈지
(탈지 및 샌딩)
2 단계
하도
탈지, 퍼티, 건조, 샌딩
(1차:P120~P180 마무리 P320)
(1차:P180~P220 마무리 P400)
3 단계
중도
프라서페, 건조, 샌딩
(P600이상, 곡선/모서리 부분
스폰지 백업패드 부착 권장)
4 단계
조색
정량 측정·배합
(배합전 충분히 교반)
5 단계
상도 베이스
마스킹, 먼지제거
(티·먼지제거, 스폰지 패드부착 P1000이상)
6 단계
상도투명
수용성상도, 용제형투명
(하이솔리드 타입 추천)
7 단계
열처리
(건조, 마무리)
차량 출고

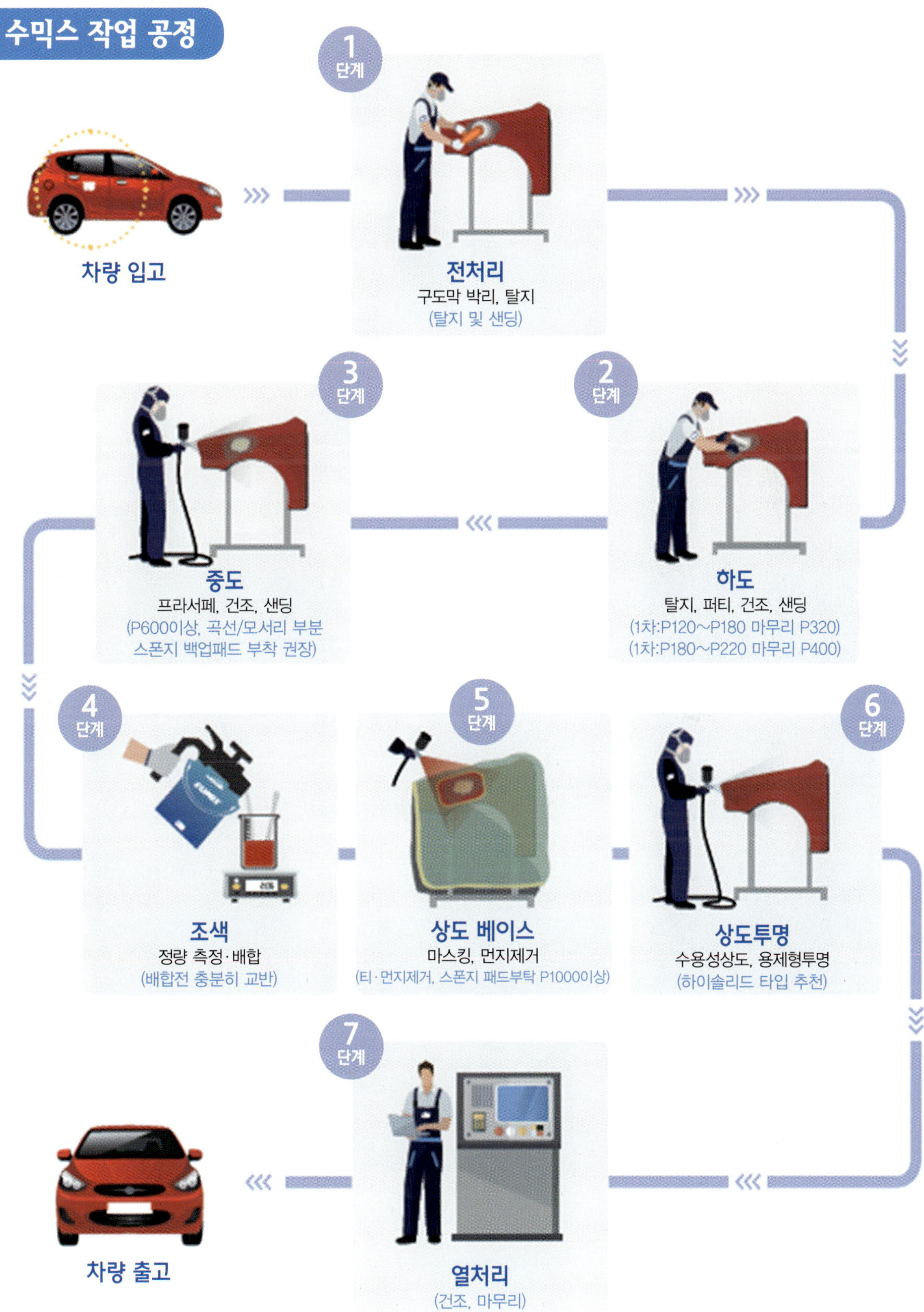

6 도장 방법

■ **전 처리**
도장할 부분의 탈지 및 샌딩을 실시한다.

■ **하도공정 –** 퍼티도포 및 연마를 실시한다.
  1차 : P120~P180 마무리 P320
  2차 : P180~P220 마무리 P400 부분 스폰지 백업패드 부착 추천

■ **중도**
  평활성이 확보된 패널에 중도도료를 도장한다.
  P600이상 연마지로 곡면, 모서리부분 연마에 주의한다.

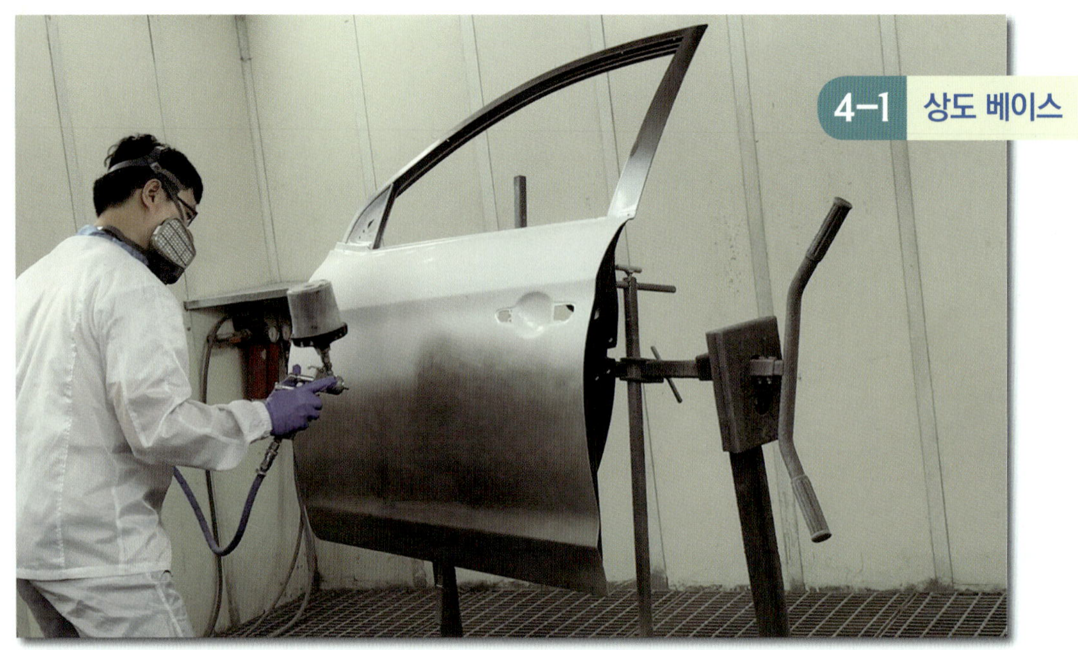

- **상도 베이스**
  마스킹 및 먼지제거가 된 패널을 준비된 상도도료로 도장한다.
  베이스 1차 도장한다.

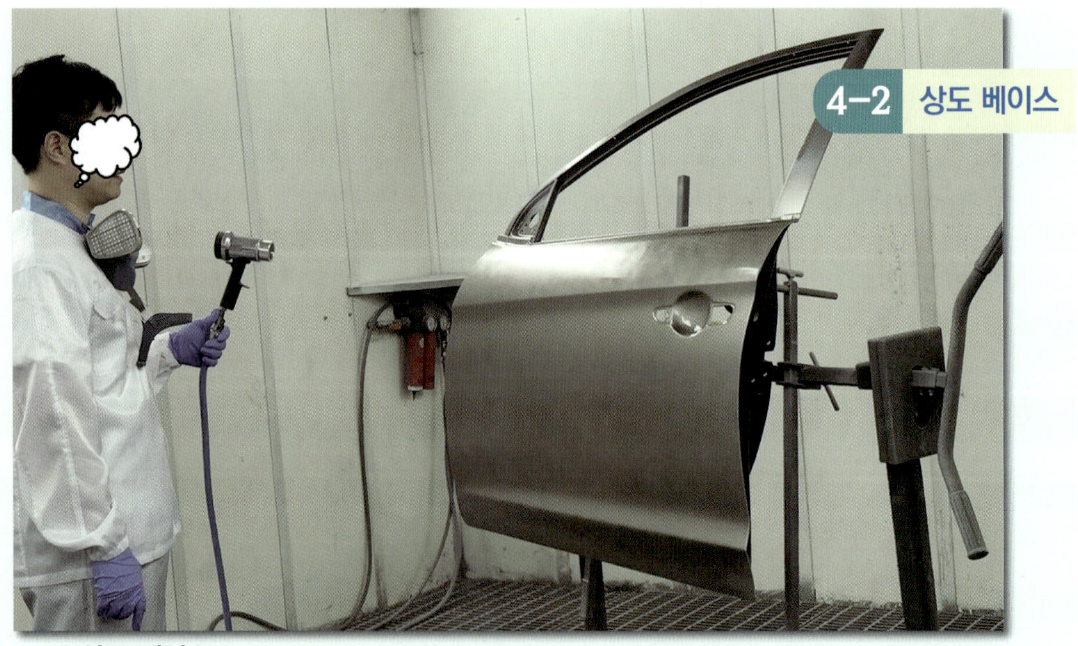

- **상도 베이스**
  베이스 1차 건조한다.

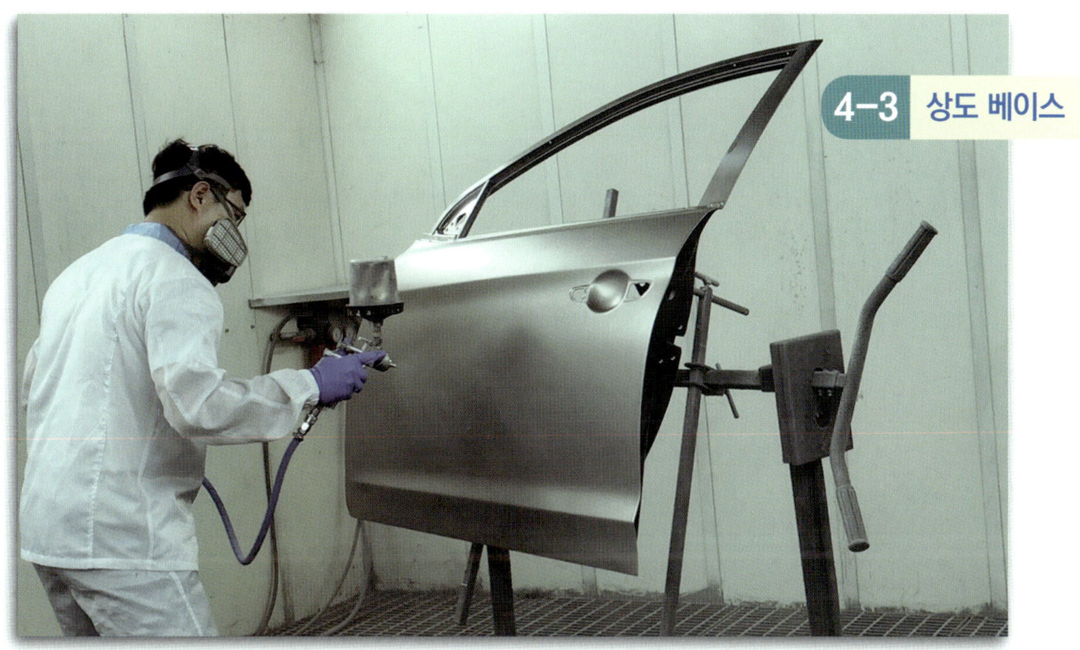

■ **상도 베이스**
베이스 2차 도장한다.

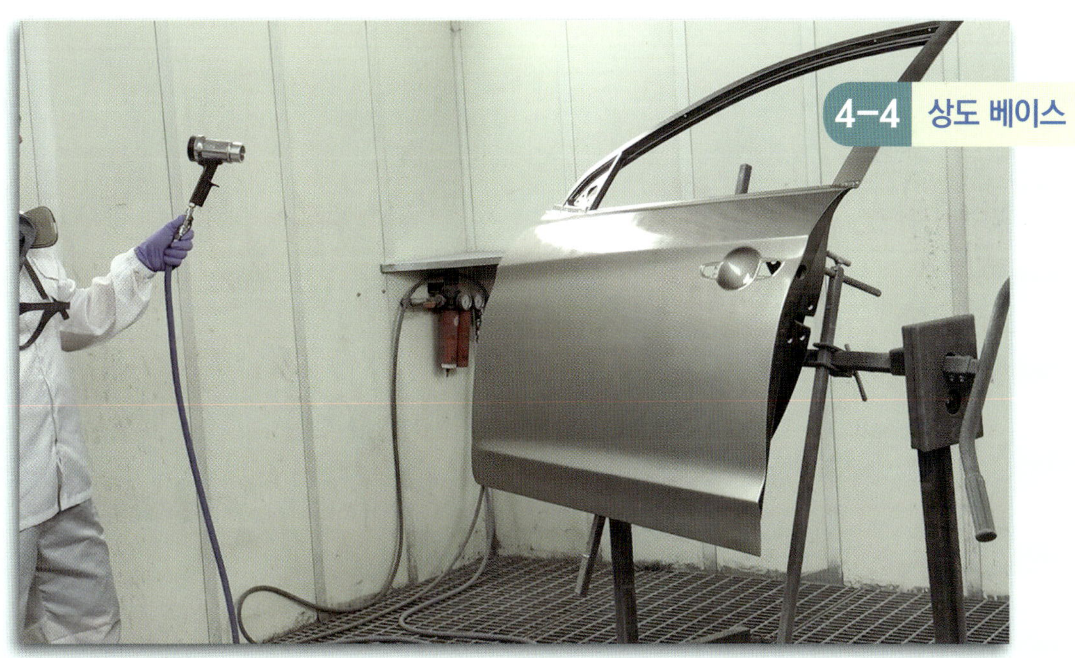

■ **상도 베이스**
베이스 2차 건조한다.

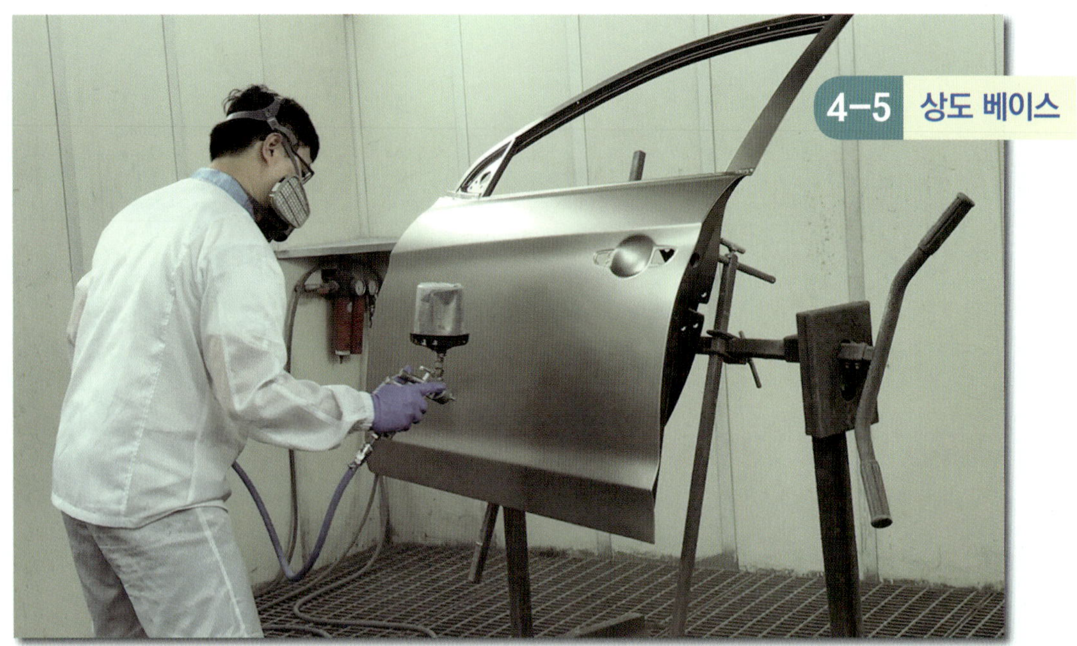

■ **상도 베이스**
베이스 3차 도장 후 완전 건조한다.

■ **상도 투명**
하이솔리드 타입을 추천한다.
클리어 1차

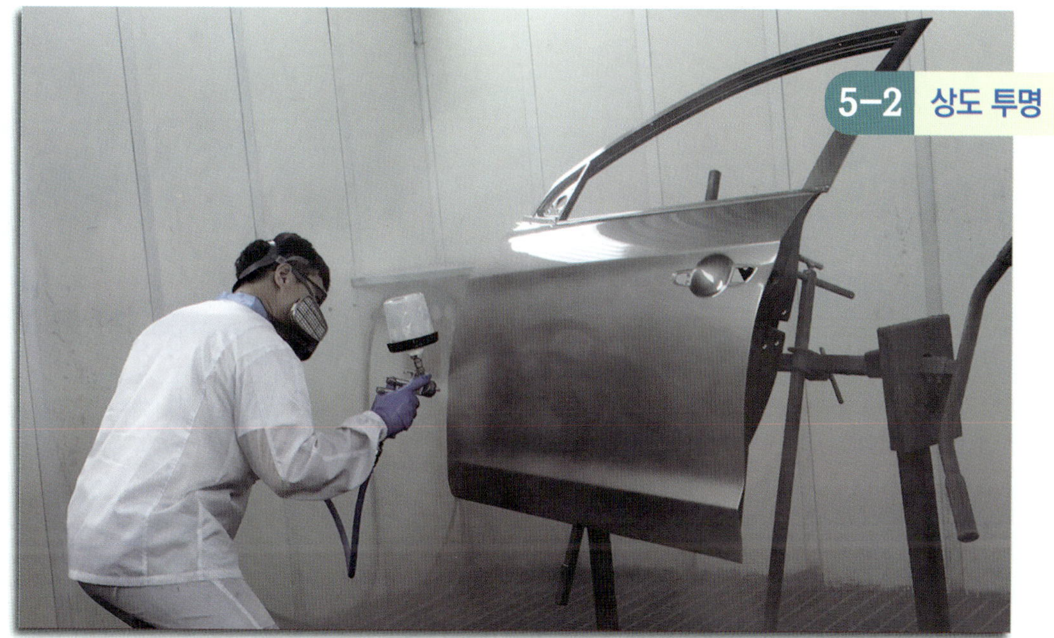

5-2 상도 투명

- **상도 투명**
  클리어 2차

6 건조 및 마무리

7 수용성 도료 도막 결함 방지 방법

부착불량

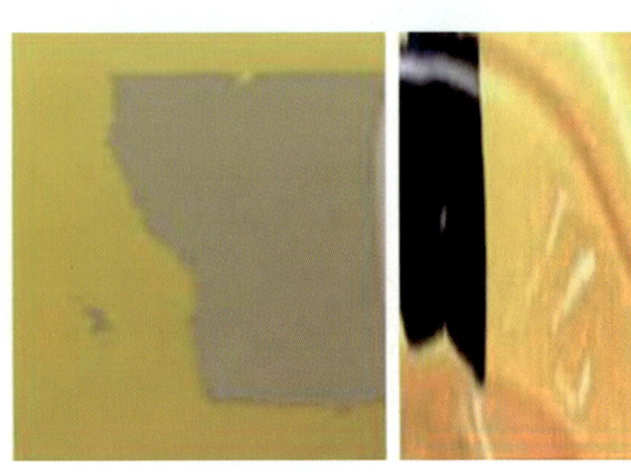

▶ **원인 및 해결방법**

① 베이스 과도막시(솔리드 색상 기준 30㎛이상)
  / 솔리드 색상
  과도막 금지 은폐 부족 색상의 경우 논샌딩(백색)
  적용후 베이스 적용 추천

② 색상배합 개발시 수지 비율 50%이하일때
  현장배합 개발시 수지 비율 60%이상 적용 추천

③ 베이스전 탈지작업 미실시 (이물질에 의한 도막간
  공간발생)
  베이스 적용전 탈지 공정 필수 적용
  → 1차 유용성 탈지제 → 2차 수용성 탈지제 적용

④ 베이스 미건조후 투명 도장시
  베이스 완전건조 확인후 투명 적용

크레터링

▶ **원인 및 해결방법**

① 베이스 적용전 탈지 미실시
  베이스 적용전 탈지 공정 필수 적용
  ⇨ 1차 유용성 탈지제(유분 제거)
  ⇨ 2차 수용성 탈지제 적용

② 에어라인 오염(에어라인內 유.수분 발생)
  주기적 에어라인, 에어 컴프레셔 점검 필수

③ 사용 부자재 오염(스프레이건, 에어 드라이젯)
  에어 드라이젯 사용전 완전분리 → 세척후 사용
  (유분 발생 점검 스프레이건 사용전후 세척 관리 필수)

④ 베이스 미건조후 투명 도장시
  베이스 완전건조 확인후 투명 적용

광택손실

▶ **원인 및 해결방법**

① 색상배합 개발 중 K060(측면톤 조정제)
　15%이상 첨가시
　K060(측면톤 조정제) 과량 투입 금지
② 베이스 미건조후 투명 도장시
　베이스 완전건조 확인후 투명 적용

블리스터

▶ **원인 및 해결방법**

① 베이스 과도막 적용시(베이스內 잔류 수분)
　과도막 금지(적정 도막으로 적용) →논샌딩(백색)
　적용 후 베이스 적용 추천
② 베이스 미건조후 투명 도장시
　베이스 완전건조 확인후 투명 적용
③ 피도체 – 부스 온도차의 의한 피도체면 수분발생
　피도체 – 부스간 적정온도 유지후 도장
　(탈지 및 먼지제거 작업 실시)
④ 에어라인內 수분 발생
　에어라인 발생 수분
　　⇨ 피도체에 잔류 건조 후 부풀음 발생
⑤ 퍼티, 서페이서 샌딩시 水연마후
　水연마는 지양(水연마후 수분은 완전제거후 베이스 적용)

녹 발생

▶ **원인 및 해결방법**

① 교환 판넬 작업시 전착면 제거 부분 발생(철재면)
　전착면 샌딩후 논샌딩서페이서 적용후 베이스
　도장 필수
　　⇨ 샌딩작업시 최대한 철판이 들어나지 않도록 작업
② 보수 판넬 작업시 하도, 중도 샌딩시 도막 제거
　부분 발생
　도막 제거 부분 ⇨ 중도 적용 필수
　(논샌딩 서페, 수용성 서페 적용)

3
4

NOROO
WATER-Q

칼라뱅크시스템이란 (주)노루페인트에서 제공하는 차종별 색상배합표와 90여가지의 기본 색상만으로, 국내외 전차종의 색상을 원하는 도료 타입으로 도장 기술자가 현장에서 직접 조색, 사용할 수 있도록 설계한 최첨단 현장조색시스템이며, 친환경 수용성 조색시스템이다.

WATER-Q SYSTEM

1 특징

- 물성 및 작업성이 우수하다.
- 저장성과 칙소성이 뛰어나 손쉽게 흔들어 사용할 수 있다.
- 경제적인 가격으로 조색 비용이 절감된다.

VOCs(g/l)	250 이하	2015년 기준 : 450 이하
혼합비	100 : 10~35	희석제 : WR-10
혼합 점도	23~27초	F.C#4, 25℃
도장 횟수	2~2.5회	Solid(2회), Metallic 및 Pearl(2.5회)
적정도막두께	10 ~ 15 ㎛	
제품유효기간	제조일로부터 12~24개월	실내 보관, 20℃ 기준

2 조색제 종류 및 구성

01 조색제의 종류

* WATER-Q SYSTEM 구성 – 수지: 1종 / 조색제: 72종 / 기타: 7종			
수지 1종	**컬러**	**바인더 타입**	**비고**
		Q-0010 (베이스코트 바인더)	투명 (1종)
조색제 72종	**컬러**	**색상 타입**	**비고**
		펄(PEARL) : Q-0130∼0760	23종
		적색(RED) : Q-1350∼1950	9종
		주황색(ORANGE) : Q-2300∼2500	3종
		황색(YELLOW) : Q-3350∼3980	7종
		녹색(GREEN) : Q-4350∼4450	2종
		청색(BLUE) : Q-5350-5830	6종
		보라색(VIOLET) : Q-6450	1종
		백색(WHITE) : Q-7000∼7800	4종
		흑색(BLACK) : Q-8000∼8350	3종
		실버(METALLIC) : Q-9260∼9890	15종
기타 7종		수성 탈지제	
		수성 건크리너	
		WR-10(희석제)	
		수성 응집제	
		수성 브랜딩 수지	
		수성 Activator	
		수성 Converter	

02 조색제의 구성

제품명의 숫자에 따라 컬러그룹(color group)을 알 수 있다.

Product name		Color group	Product name		Color group
Q-1XXX	→	Red : 9종	Q-6XXX	→	Vilolet : 1종
Q-2XXX	→	Orange : 3종	Q-7XXX	→	White : 4종
Q-3XXX	→	Yellow : 7종	Q-8XXX	→	Black: 3종
Q-4XXX	→	Green : 2종	Q-9XXX	→	Silver: 15종
Q-5XXX	→	Blue : 6종	Q-0XXX	→	Pearl : 23종

WATER-Q SYSTEM

03 조색제 일람표

COLORANT TONER

No	제품명	제품코드	색상정보			색상 특징	색감
1	Q-1350	PLC005241/0.5L	적색		마젠타 적색	바이올렛 감을 띠는 적색	메탈릭과 혼합시 어둡고 탁한 적색감
2	Q-1500	PLC005251/0.9L			표준 적색	밝고 선명한 표준 적색	메탈릭에 혼합시 약간의 핑크감
3	Q-1510	PLC005271/0.5L			고채도 핑크 마젠타 적색	선명한 고채도 핑크 적색	메탈릭과 혼합시 채도가 높은 적색감
4	Q-1550	PLC005281/0.5L			선명한 핑크 적색	브릴리언트 핑크 레드	단독사용시 밝고 선명한 적색감
5	Q-1630	PLC005291/0.5L			밝은 황적색	밝고 선명한 황적감을 나타냄	메탈릭 혼합시 측면에서 황적감
6	Q-1650	PLC005301/0.9L			선명한 황적색	밝고 선명한 황적감을 나타냄	메탈릭 혼합시 측면의 강한 황적감
7	Q-1790	PLC005311/0.5L			밝은 마룬 적색	정면 밝고 측면 어두운 마룬감	
8	Q-1800	PLC005321/0.5L			밝은 마룬 적색	정면 밝고 측면 어두운 마룬감	
9	Q-1950	PLC005331/0.5L			투명한 황동빛 적색	트랜스페어런트 골드 적색	메탈릭에 혼합시 밝은 골드감
10	Q-2300	PLC005341/0.5L	오렌지		표준 오렌지	트랜스페어런트 오렌지	밝고 선명한 오렌지감
11	Q-2400	PLC005351/0.5L			선명한 오렌지	트랜스페어런트 오렌지	밝고 선명한 오렌지감
12	Q-2500	PLC005361/0.5L			선명한 적미감 오렌지	트랜스페어런트 오렌지	밝고 선명한 오렌지감
13	Q-3350	PLC005371/0.5L	황색		오렌지 황색	선명한 오렌지 황색	적색감의 골드감
14	Q-3400	PLC005381/0.5L			오렌지 황색	메탈릭에 황색감을 주고자 할 때 사용	Hi-335와 비교시 약간 탁한 골드감
15	Q-3550	PLC005391/0.5L			탁한 적갈 황색	옥사이드 옐로우 (메탈릭 조색 금지)	솔리드색상 조색시 황토색감
16	Q-3650	PLC005401/0.5L			투명한 골드색	골드마이카에 혼합시 선명한 골드감	솔리드색상 제한적 사용, 은폐력 저하
17	Q-3760	PLC005411/0.9L			표준 황색	메탈릭색상에 가급적 사용 제한	중금속 미함유 표준 황색
18	Q-3970	PLC005421/0.5L			강한 녹미 황색	Hi-395보다 밝고 선명한 황색	메탈릭과 혼합시 측면의 강한 녹색감
19	Q-3980	PLC005431/0.5L			그린 골드 황색	메탈릭, 골드마이카에 혼합시 선명한 골드색감	솔리드 색상에 제한적 사용
20	Q-4350	PLC005441/0.5L	녹색		표준 녹색	메탈릭과 혼합시 정면 청미 녹색감	측면 어두운 청미 녹색감
21	Q-4450	PLC005451/0.5L			밝은 황미 녹색	녹색 마이카에 혼합시 밝고 선명한 녹색마이카 색상 나타냄	

No	제품명	제품코드	색상정보		색상 특징	색감
22	Q-5350	PLC005461 /0.5L	청색	녹미 청색	정측면 녹색감을 많이 띰	청미 녹색을 조색시 주로 사용
23	Q-5450	PLC005481 /0.9L		선명한 밝은 청색	메탈릭에 혼합시 정면 선명한 적색감, 측면 녹색감을 나타냄	
24	Q-5500	PLC005491 /0.5L		표준 청색	메탈릭에 혼합시 정, 측면 약간 녹색감을 띠는 청색을 나타냄	
25	Q-5600	PLC005501 /0.5L		선명한 적미 청색	정, 측면에서 강한 적색감을 나타냄	밝고 선명한 적미청색 조색시 사용
26	Q-5800	PLC005511 /0.9L		표준 적미 청색	메탈릭 혼합시 강한 적색감	탁한 적미 청색 조색시 사용
27	Q-5830	PLC005521 /0.5L		고채도 적미 청색	울트라 마린 청색	바이올렛 청색으로 투명도장 필요함
28	Q-6450	PLC005531 /0.5L	바이올렛	표준 바이올렛	메탈릭 혼합시 정면에서 강한 적색감을 나타냄	
29	Q-7000	PLC005541 /0.9L	백색	표준 백색	메탈릭 혼합시 측면에서 황색감을 나타내는 백색	
30	Q-7350	PLC005551 /0.5L		마이크로 백색 (오팔 조색제)	초미립 백색으로 솔리드 조색금지	정면 황색감, 측면 밝고 청미감
31	Q-7450	PLC005561 /0.9L		투명 백색 (각조정제)	메탈릭 색상에서 측면 밝아지고 정면 탁하고 큰 입자감(5% 이상 사용금지)	
32	Q-7800	PLC007271 /0.9L		고농도 백색	매탈릭 혼합시 측면에서 백색감	
33	Q-8000	PLC005571 /0.9L	흑색	고흑색도 흑색	Hi-820과 비교시 흑색도 우수함	메인 흑색으로 사용
34	Q-8200	PLC005581 /0.9L		표준 흑색	Hi-835와 비교시 흑색도 우수함	메인 흑색으로 사용
35	Q-8350	PLC005591 /0.5L		황미 흑색	Hi-820과 비교시 흑색도 떨어지며 메탈릭 조색시 정면 탁하고 측면 밝음	
36	Q-9260	PLC004791 /0.5L	실버	엑스트라 파인 실버	가장 작은 입자 실버	
37	Q-9300	PLC004801 /0.5L		파인 실버 (로우 플롭)	정면 탁하고 측면 밝음	
38	Q-9360	PLC004811 /0.5L		파인 실버 (로우 플롭)	정면 탁하고 측면 밝음	
39	Q-9380	PLC004831 /0.5L		미디움 실버 (로우 플롭)	정면 밝고 측면 어두움	
40	Q-9420	PLC004841 /0.9L		미디움 실버 (로우 플롭)	정면 탁하고 측면 밝음	
41	Q-9460	PLC004871 /0.9L		표준입자 실버 (로우 플롭)	정면 탁하고 측면 밝음	
42	Q-9500	PLC004881 /0.9L		표준입자 밝은 실버 (하이 플롭)	정면 밝고 측면 어두움	
43	Q-9560	PLC004891 /0.9L		표준입자 실버 (미디움 플롭)	정측면 중간 밝기의 실버	
44	Q-9600	PLC004911 /0.5L		하이 스파클 실버(하이 플롭)	정면 밝고 측면 어두움	

No	제품명	제품코드	색상정보			색상 특징	색감
45	Q-9560	PLC004921 /0.9L	실버		큰입자 실버 (미디움 플롭)	정측면 중간 밝기의 실버	
46	Q-9700	PLC004941 /0.5L			큰입자 실버 (하이 플롭)	정면 밝고 측면 어두움	
47	Q-9760	PLC004961 /0.9L			큰입자 실버 (하이 플롭)	정면 밝고 측면 어두움	
48	Q-9800	PLC005011 /0.5L			가장 큰입자 실버	측면 입자감 많고 밝아짐	
49	Q-9880	PLC011431 /0.5L			큰입자 실버 (하이 플롭)	정면 밝고 측면 어두움	
50	Q-9890	PLC005021 /0.5L			엑스트라 큰입자 실버(하이 플롭)	정면 밝고 측면 어두움	

PEARL TONER

No	제품명	제품코드	색상정보			색상 특징	색감
51	Q-0130	PLC004781 /0.5L	Mica		선명한 적색 마이카	적색의 착색마이카로 선명한 적색을 조색시 유용한 조색제	
52	Q-0180	PLC004821 /0.5L			큰입자 적색 마이카	적색의 착색 마이카	정면 황색감, 측면 어두움
53	Q-0220	PLC004851 /0.9L			오렌지 실버 마이카	오렌지색의 착색 실버	선명한 적색감 및 황색감
54	Q-0270	PLC007611 /0.5L			오렌지 실버 마이카	오렌지색의 착색 실버	선명한 적색감 및 황색감
55	Q-0330	PLC004861 /0.5L			밝은 골드 마이크	골드색의 간섭마이카로 밝은 색상 및 백색바탕의 측면에서 적색감시 사용	
56	Q-0350	PLC004901 /0.9L			골드 메탈릭 마이카	표준 입자크기 골드 마이카	선명한 은분 골드색
57	Q-0370	PLC004931 /0.5L			착색 골드 마이카	큰입자 골드색의 밝고 선명한 색상	채도가 높은 골드색 조색시 사용
58	Q-0380	PLC004951 /0.5L			큰입자 골드 마이카	골드색의 간섭 마이카	바탕색에 따라 색상차 발생(은폐력 부족)
59	Q-0410	PLC004971 /0.5L			큰입자 녹색 마이카	녹색의 착색 마이카	정, 측면 진한 녹색감
60	Q-0450	PLC004981 /0.5L			표준 녹색 마이카	녹색의 간섭 마이카	녹색의 조색제 사용으로 선명한 녹색
61	Q-0470	PLC004991 /0.5L			큰입자 녹색 마이카	녹색의 간섭 마이카	녹색의 조색제 사용으로 선명한 녹색
62	Q-0490	PLC007621 /0.5L			큰입자 녹색 마이카	간섭 마이카로 측면 약간의 적색감	녹색의 조색제 사용으로 선명한 녹색
63	Q-0510	PLC005001 /0.5L			청색 메탈릭 마이카	단독사용시 회색감을 나타냄	입자가 크고 스파클감을 나타냄

No	제품명	제품코드	색상정보			색상 특징	색감
64	Q-0530	PLC005031/0.5L	Mica		고채도 청색 마이카	채도가 높은 청색의 간섭 마이카	백색바탕의 측면에서 적색감
65	Q-0560	PLC007581/0.5L			표준 청색 마이카	청색의 간섭 마이카	탁한 녹미 청색 마이카 색상
66	Q-0570	PLC005041/0.5L			고채도 청색 마이카	채도가 높은 청색의 간섭 마이카	백색바탕의 측면에서 적색감
67	Q-0610	PLC005051/0.5L			표준입자 바이올렛 마이카	선명하고 측면 밝은 색상 조색기능	바탕색에 따라 색상차 발생(은폐 부족)
68	Q-0650	PLC005061/0.5L			작은입자 바이올렛 마이카	바이올렛색의 간섭 마이카	정면 바이올렛감, 측면 밝은 황색감
69	Q-0710	PLC005071/0.5L			스파클 백색 마이카	입자크기가 크고 반짝거림	바탕색에 따라 색상차 발생(은폐 부족)
70	Q-0720	PLC007591/0.5L			작은입자 백색 마이카	Q-0750와 비교시 입자가 작음	바탕색에 따라 색상차 발생(은폐 부족)
71	Q-0730	PLC005081/0.9L			밝은 백색 마이카	밝고 마이카감이 우수한 백색마이카	바탕색에 따라 색상차 발생(은폐 부족)
72	Q-0750	PLC007601/0.5L			작은입자 백색 마이카	정면 황색감, 측면 밝음	바탕색에 따라 색상차 발생(은폐 부족)
73	Q-0760	PLC005091/0.5L			표준 백색 마이카	중간입자 크기의 백색마이카	바탕색에 따라 색상차 발생(은폐 부족)

기타

No	제품명	제품코드	색상정보			색상 특징	색감
74	Q-0010	PLC005791/0.9L			조색용 투명	단독 사용 금지 (조색제와 혼합 사용)w	은폐력 조정
75	WR-10	TZ0010701/4L			희석제		
76	탈지제	PXZ003031/4L			수성 탈지제		
77	건크리너	PXZ003021/4L			수성 건크리너		
78	Q-300	SIC000283/0.7k			수성 응집제		
79	Q-400	PUB003361/0.9L			수성 Activator	수성 내부 부품 보수용	수성 Activator, 수성 Converter는 2액형으로 구성된 수성 내부용 부품 보수 시스템입니다.
80	Q-500	PLC008281/0.9L			수성 Converter	수성 내부 부품 보수용	
81	건세척기	S00000289/1E			SATA clean RCS - compact	수성 부자재	
82	드라이젯	S00000290/1E			Dry jet stand	수성 부자재	
83	보온 캐비닛	S00000726/1E			수성 보온 캐비닛	수성 부자재(캐비닛)	

3 도장 조건

제 품 명	Water Q 베이스
추천 스프레이 건	SATA RP 1.2(W) SATA RP 1.3
도장 횟수	2 ½회 도장 (WET – WET– MIST)
Flash off time	3 min at 20℃/50% 도장 후 베이스의 광택이 사라질 때까지 Airblowing
공기압	HVLP at air inlet 1.8 ～ 2.0 bar
적정 온·습도 조건	온도 20~30℃, 습도 40~60%

4 도장 방법

01 블록 도장

패널 전체를 도장하는 방법이다. 평활성 및 중도 도장이 완료된 패널 이후 공정이다.

1) 중도 연마

건식 연마를 한다. 샌더에 P600 연마지를 부착하여 표면 조정을 한다.

2) 탈지 및 세정

탈지는 유성 탈지와 수용성탈지 2차에 걸쳐서 시행한다.

- 1차 : DR–180
- 2차 : 수용성전용세척제

3) 도료제조

- Water Q 베이스 도료를 Water Q 희석제(WR–10)와 혼합한다.

희석비율

	메탈릭 베이스	솔리드 베이스
조색 도료	100	100
희석제	25~35 (25℃ 기준)	10~25 (25℃ 기준)
	▷ 온도변화에 따른 희석제 권장량 – 10℃ 상승 시 희석제 함량 3~4% 감소 – 10℃ 하락 시 희석제 함량 3~6% 추가	▷ 온도변화에 따른 희석제 권장량 (솔리드 화이트 색상) – 10℃ 상승 시 희석제 함량 2% 감소 – 10℃ 하락 시 희석제 함량 2% 추가
도장 방법 1회	균일하고 충분한 100% wet 도장 실시	균일하고 충분한 100% wet 도장 실시
도장 방법 2회	전체적으로 균일한 70% wet 도장 실시	균일하고 충분한 100% wet 도장 실시
도장 방법 3회	메탈릭 얼룩을 지우기 위한 30% mist 도장 실시	
건조 조건	도장 간 광택이 없어질 때 까지 충분한 에어블로잉 실시 (거리 30cm 이상)	
	클리어 도장 전 충분한 건조시간을 줄 것 (10분 이상, 20~30℃)	

4) 상도도장_베이스 코트

구 분	메탈릭 도장		솔리드 도장	
	Color 도장	2차 도장	1차 도장	2차 도장
에어압 (bar)	1.8	1.8	1.8	1.8
토출량	Full	Full	Full	Full
도장횟수	2.5회 (wet – wet – mist)		2회 (wet – wet)	
건 거리(cm)	10~15	20~25	10~15	10~15
운행스피드(cm/초)	25	30	25	25

5) 셋팅타임

■ 10분 이상 (온도 20~30℃, 습도 40~70%)

6) 상도도장_클리어 코트

하이큐 클리어 코트 TC-4500 적용		하이큐 클리어 코트 HC-5800 적용	
주제	4	주제	2
경화제 (CH–41)	1	경화제 (CCH–5000)	1

도장조건　　　　　　　　　　　　　■ SATA RP 1.3 건 사용

구 분	하이큐 클리어 코트 TC-4500		하이큐 클리어 코트 HC-5800	
	1차 도장	2차 도장	1차 도장	2차 도장
에어압 (bar)	2	2	2	2
토출량	Full	Full	Full	Full
도장횟수	2회 (wet – wet)		1.5회 (Mist – wet)	
건 거리(cm)	12~15		17~20	12~15
운행스피드(cm/초)	25		25	

02 블렌딩 도장

패널 전체도장이 아닌 일부분만 도장하는 방법이다. 평활성 및 중도 도장이 완료된 패널 이후 공정이다.

1) 중도연마

건식연마를 한다. 샌더에 P600 연마지를 부착하여 베이스 코트 도장 부분만 연마하고 클리어 도포 부분은 P1200, P2000 연마지나 #3000컴파운드, 블렌딩 전용 수세미로 연마한다.

2) 탈지 및 세정

탈지는 유성 탈지와 수용성탈지 2차에 걸쳐서 시행한다.
- 1차 : DR-180
- 2차 : 수용성전용세척제

3) 도료제조

- Water Q 베이스 도료를 Water Q희석제(WR-10)와 혼합한다.

희석비율

종류	혼합비	
Water Q 조색도료	100	**100**
Water Q 희석제	솔리드 10% ~ 25% 메타릭 25% ~35% 펄(마이카) 25% ~ 35%	**15~35**

4) 상도도장_베이스코트

구 분	메탈릭 도장		솔리드 도장	
	Color 도장	2차 도장	1차 도장	2차 도장
에어압 (bar)	1.5~2.0	1.5~2.0	1.5~2.0	1.5~2.0
토출량	Full	Full	Full	Full
도장횟수	2.5회 (wet − wet − mist)		2회 (wet − wet)	
건 거리(cm)	10~15	20~25	10~15	10~15
운행스피드(cm/초)	25	30	25	25

5) 셋팅타임

- 10분 이상 (온도 20~30℃, 습도 40~70%)

6) 상도도장_클리어 코트

적용도료

하이큐 클리어 코트 TC-4500 적용		하이큐 클리어 코트 HC-5800 적용	
주제	4	주제	2
경화제 (CH-41)	1	경화제 (CCH-5000)	1

도장조건　　　　　　　　　　　　　　　　■ SATA RP 1.3 건 사용

구 분	하이큐 클리어 코트 TC-4500		하이큐 클리어 코트 HC-5800	
	1차 도장	2차 도장	1차 도장	2차 도장
에어압 (bar)	2	2	2	2
토출량	Full	Full	Full	Full
도장횟수	2회 (wet – wet)		1.5회 (Mist – wet)	
건 거리(cm)	12~15		17~20	12~15
운행스피드(cm/초)	25		25	

5 전체 공정 도장 공정

워터큐(WATER-Q) 시스템 추천 제품

구분	제품명	특징
플라스틱 프라이머	PP-470(백색)	2:1 타입의 기능형 백색 플라스틱 프라이마로 도장 시 은폐율이 우수하며, 수성 워터큐시스템에 최적화
퍼티	P-8800(Plus)	다양한 소지에 사용 가능하며, 건조가 빠르고 연마성이 우수함
중도	PS-990(백색)	PS-990 : 하이브리드 프라서페 (샌딩/논샌딩 선택 사용) 알루미늄, 아연도금소재와의 부착성 우수
상도	WATER-Q	73종으로 구성된 원색 시스템
클리어	HC-5800	고광택, 고경도 투명도료, 후기 경화 건조성 우수한 2:1 HS클리어 코트

■ **손상부위 확인**
작업범위와 색상을 확인한다.

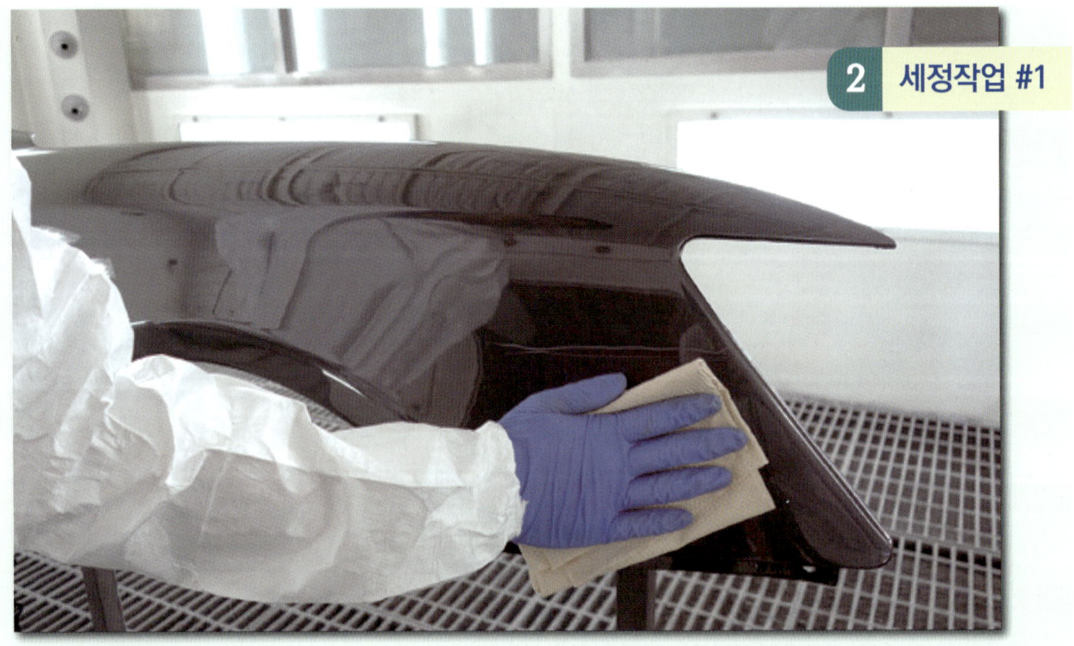

■ **세정작업_1**
작업면 오염물질 탈지작업을 한다.
[사용제품 : DR-180]

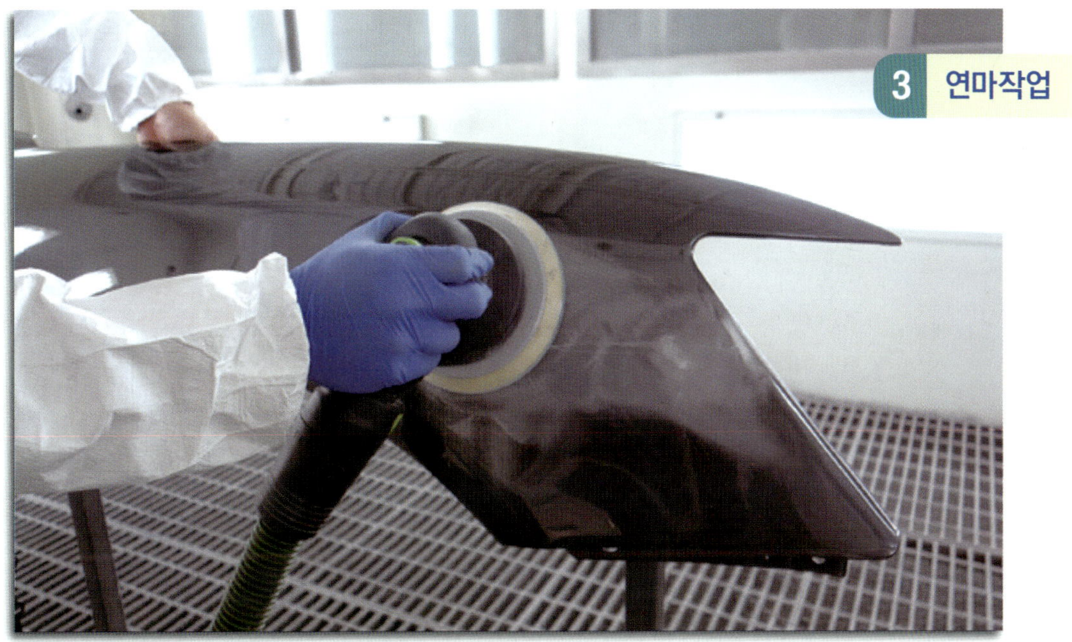

- **연마작업**
  구도막 제거 및 단낮추기 작업을 P120~P600 연마지를 부착한 샌더로 연마한다.

- **세정작업_2**
  작업면의 연마가루나 기타오염물질을 제거하기 위해 탈지작업을 시행한다.
  [사용제품 : DR-180]

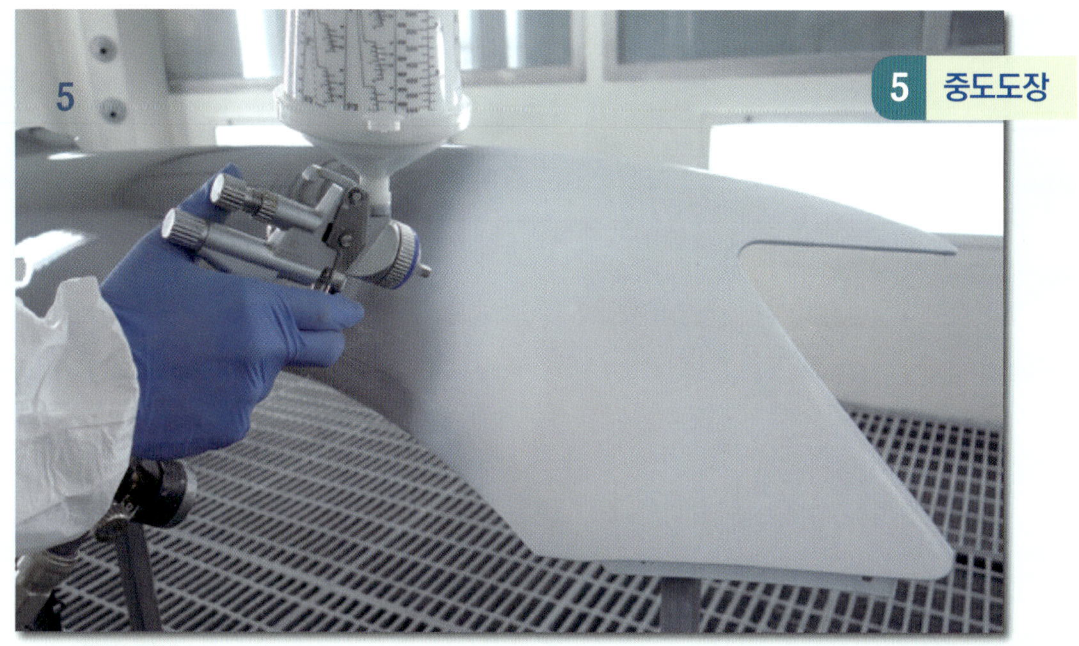

■ **중도도장**
하도공정이 완료된 패널에 중도도장을 실시한다.
[사용제품 : 하이큐 프라서페 PS-330, 하이브리드 프라서페 PS-990]

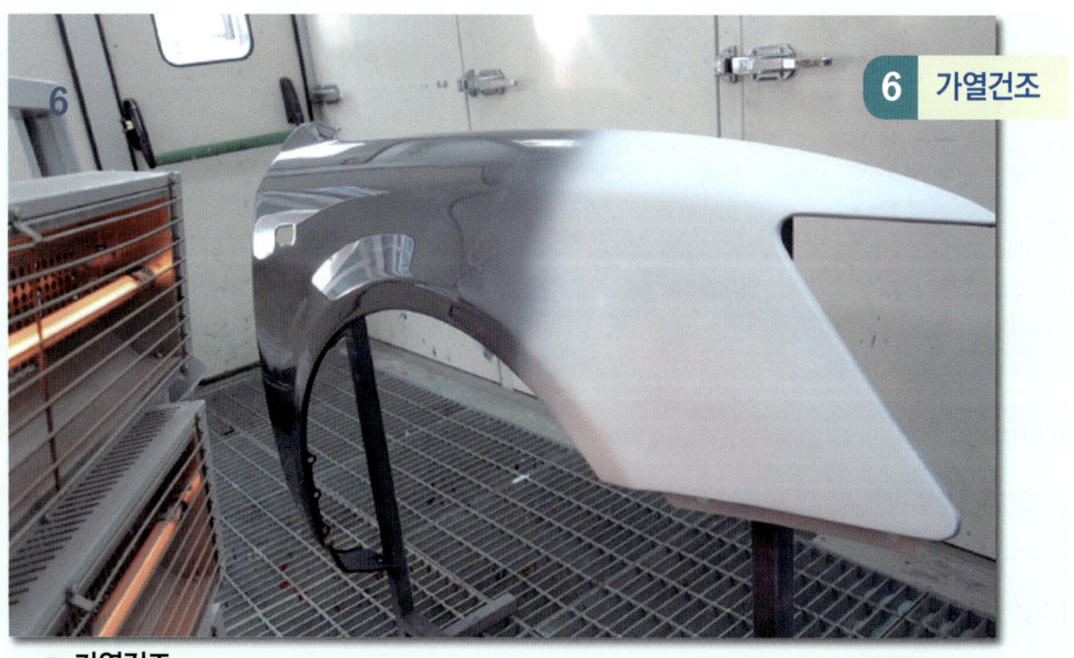

■ **가열건조**
적외선건조기로 제품별 기술자료 사양서에 준하여 건조시킨다.

- **연마작업**
  건조가 완료된 중도도료를 P400~P600연마지를 부착한 샌더기를 사용하여
  연마한다.

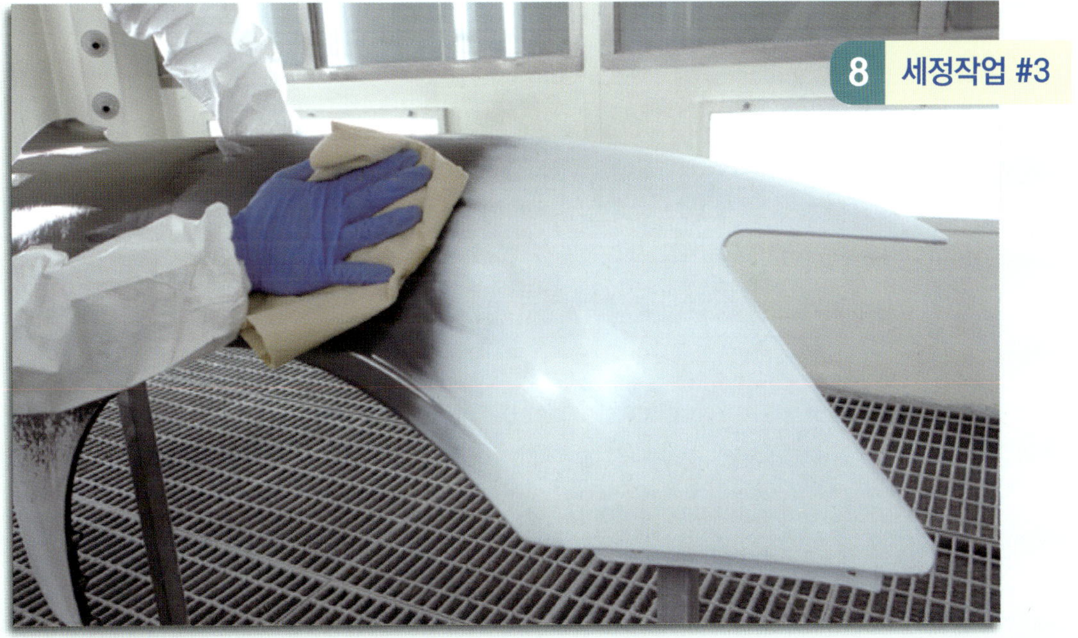

- **세정작업_3**
  중도도료 연마면 표면 오염물질 제거를 위해 탈지작업을 시행한다.
  [사용제품 : 선탈지(DR-180), 후탈지(수용성전용세척제)]

■ **색상 배합**
인터넷이나 칼라북의 배합자료로 배합계량한다.

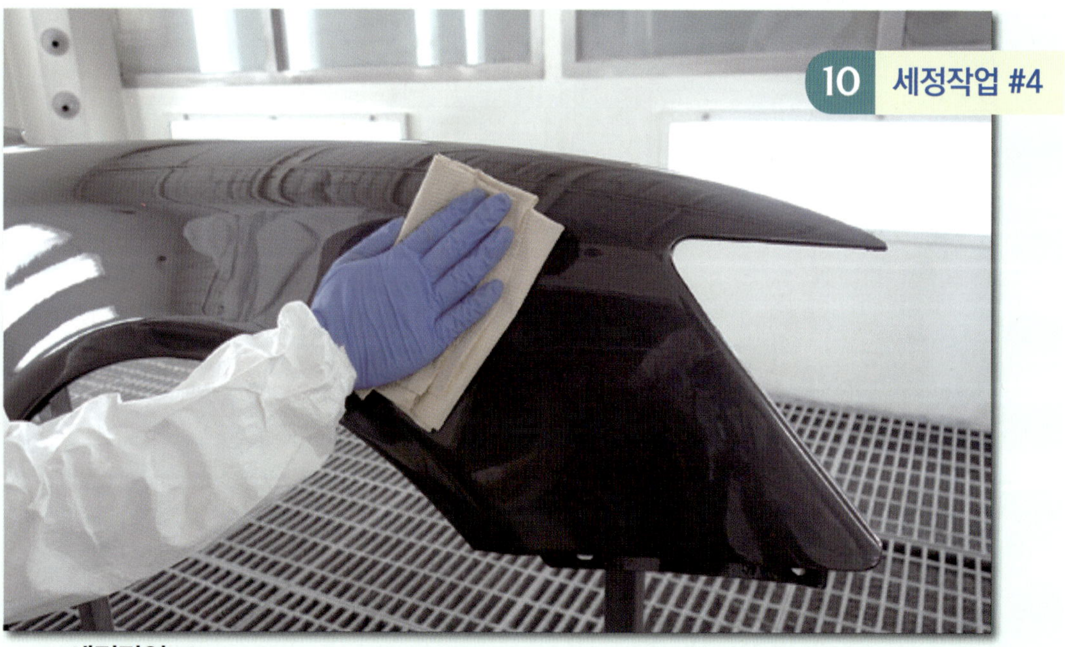

■ **세정작업_4**
수용성송진포를 사용하여 표면에 잔류하는 먼지나 이물질을 제거한다.

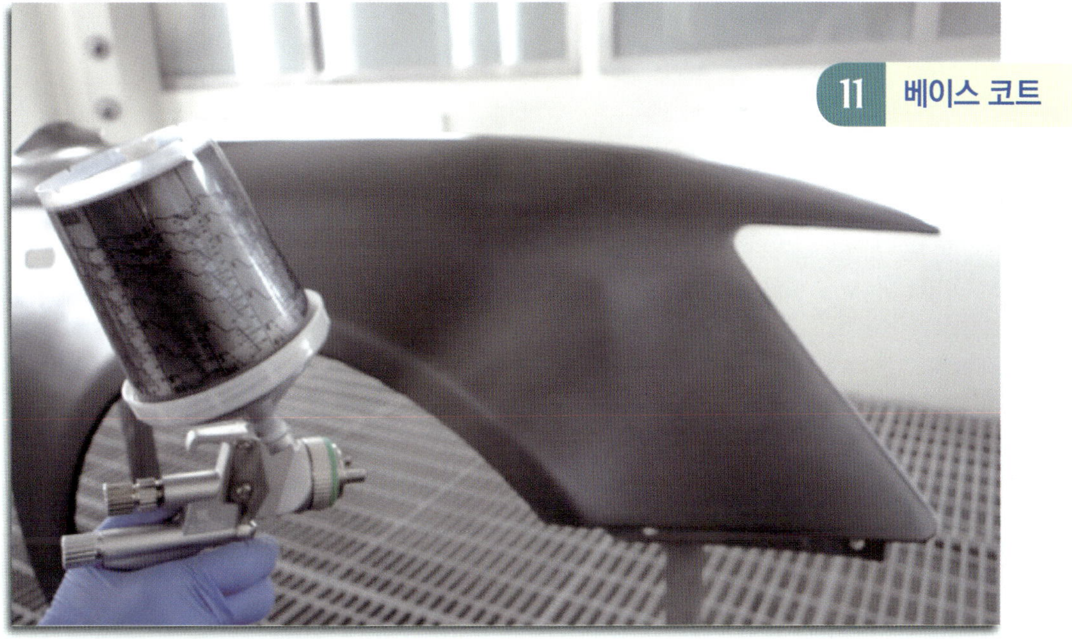

■ **상도도장(베이스 코트)**
　배합 및 혼합 완료된 도료를 도장한다. 도장방법은 앞의 자료를 참고하여 작업한다.

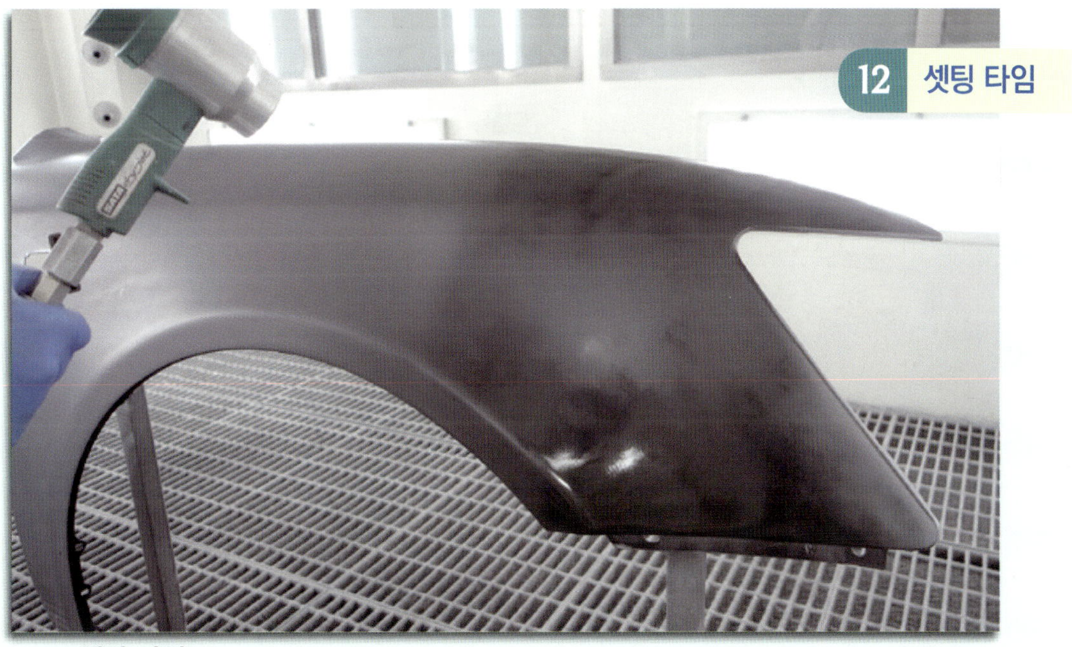

■ **셋팅 타임**
　베이스 코트 도장이 완료되면 클리어코트 도장하기 전 베이스도료가 완전히 건조
되어야 한다. 빠른 건조를 위해 드라이젯(Dry jet)이나 에어블로잉(Air blowing)한다.

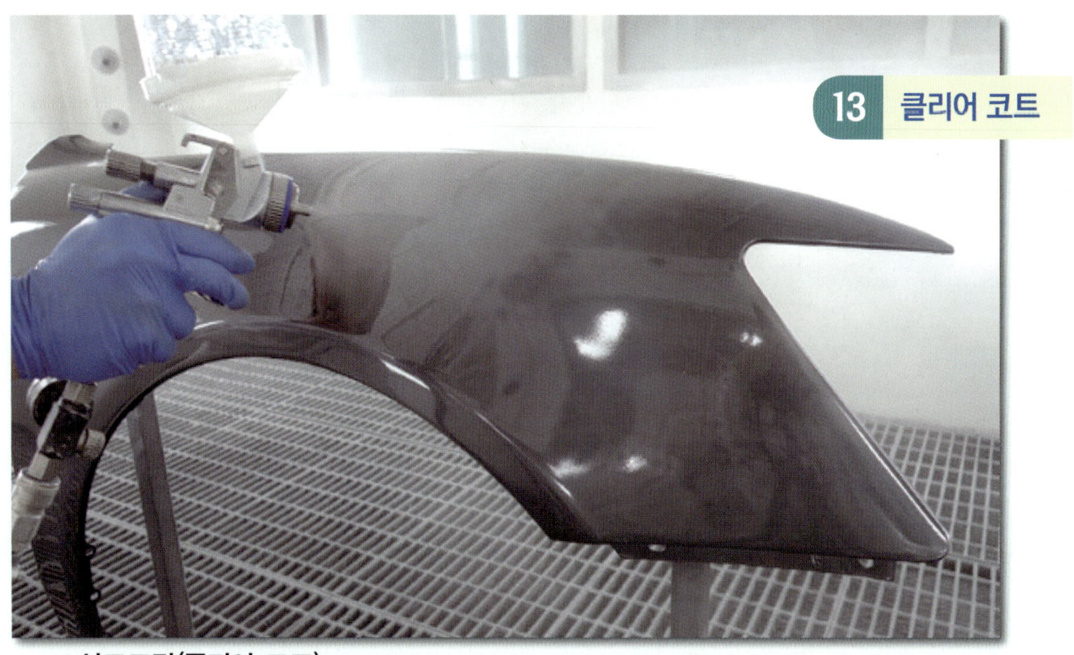

- **상도도장(클리어 코트)**

  베이스코트가 완전히 건조되면 클리어 코트를 도장한다.

  사용되는 클리어 코트의 혼합 및 도장방법은 앞의 자료를 참고하여 작업한다.

- **건조**

  해당도료의 기술자료집을 참고하여 가열건조를 실시한다.

1) 도료사용시 유의사항

① 도료 계량 전 **믹싱 머신**을 작동시켜 균일하게 교반하여 주세요.

② 도장에 필요한 양만큼 계량 및 사용하시고 남은 도료의 재사용을 피하여 주세요.

③ 적절히 코팅된 용기, 비닐, 플라스틱 용기를 사용하여 주세요.

④ 지정된 **희석제(WR-10)**를 사용하시고 혼합 후 바로 사용하여 주세요.

⑤ 사용 전 **MSDS**를 숙지하시고 안전에 필요한 보호 장구를 착용 후 사용하여 주세요.

⑥ 사용 시 본 제품에 대해 어떠한 유기 용제의 접촉도 피하여 주세요.

⑦ 본 제품은 단독으로 도막 성능을 발휘할 수 없으므로 하이큐 투명제품을 후속 도장 하여 주세요.

⑧ 사용 후 바로 세척하여 주시고 수용성 전용 세척기를 사용하여 세척하여 주세요.

⑨ 사용 후 남은 도료는 적절한 폐기 절차(응집제를 사용한 유·수성분 분리 후)에 의하여 폐기하여 주세요.

2) 보관시 유의사항

① 직사광선을 피하여, 5℃~35℃을 유지할 수 있는 실내에 보관하여 주세요.

② 부식 방지를 위하여 적절히 코팅된 용기, 비닐, 플라스틱 용기에 보관하여 주세요.

③ 피부와 눈 등의 신체에 도료가 접촉되지 않도록 하고, 어린이의 손에 닿지 않는 곳에 보관하여 주세요.

④ 제품 안전에 관한 자세한 사항은 **물질안전보건자료(MSDS)**를 참조하여 주세요.

3
5

PPG
ENVIROBASE®

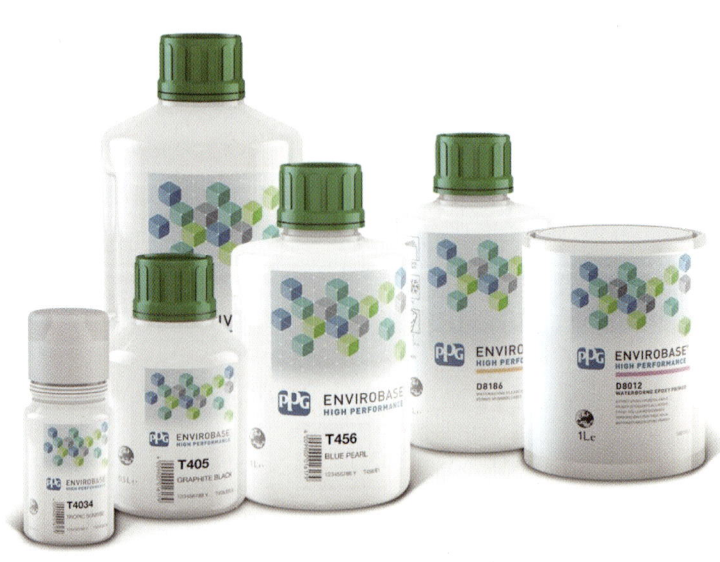

1987년 출시 후 3세대 수용성 베이스코트로 독창적인 기술의 하이드로 젤 (Hydrogel) 및 안티 정착 기술의 **ENVIROBASE®** 베이스 코트로 친수성과 소수성을 함께 가지고 있는 라텍스 에멀젼수지를 사용하고 안료 입자를 완전 캡슐화하여 침전방지, 색상 균일성유지, 은폐력 및 내후성이 강화되고, 교반이 필요 없도록 설계한 최첨단 현장조색시스템으로 친환경 수용성 조색시스템이다.

1 특징

01 독점적 인 마이크로 젤, 안티 정착 기술

ENVIROBASE® 베이스 코트 시스템은 친수성과 소수성을 함께 가지고 있는 라텍스 에멀젼수지를 사용하고 안료 입자를 완전 캡슐화하여 침전방지, 색상 균일성유지, 은폐력 및 내후성이 강화되고, 교반이 필요 없게 되었다.

라텍스 수지의 역할은 다음과 같다.

- 견고한 라텍스 코어로 내구성 있는 색상 제공
- 안정성을 위해 함께 굳어진 라텍스 입자
- 안료 및 수지는 부유 상태로 남아 있고 침전되지 않음

02 교반장치 불필요

라텍스 수지는 교반이 되지 않는 정착 기술로 설계되었기 때문에 더 이상 기계 혼합기가 필요하지 않다. 더 이상 믹싱머신이 필요하지 않게 되었다. 페인트 통을 3-4번 앞뒤로 기울이면 끝이다. 작업자는 이제 교반할 필요가 없어 교반이 덜 되어 색상이 틀릴 일이 없어질 뿐더러 작업자들간의 동일 색상편차도 없어진다.

03 건조

도막 내의 수분이 증발하면서 라텍스 구형 입자들끼리 서로 붙잡아줘서 안료입자의 이동을 방지한다. 메탈릭 입자의 침전 및 불규칙한 배열 방지와 얼룩의 최소화가 가능하다.

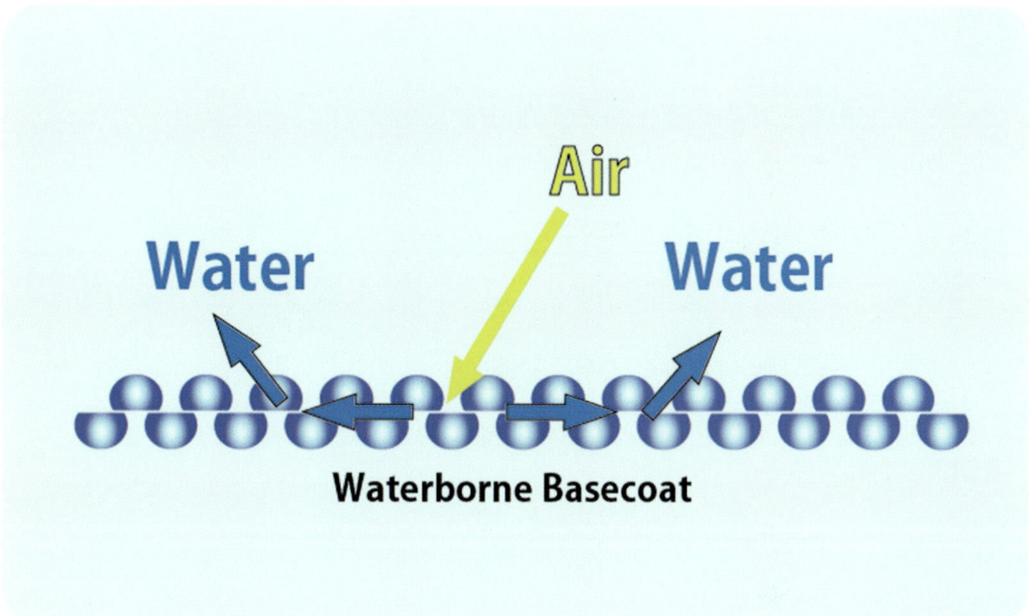

04 은폐력

- OEM도장과 동일한 입자 배열 구현가능
- 맑고 채도가 높은 색상으로 최근 컬러 트렌드에 적합
- 소모량 및 폐기량의 최소화 가능

05 내판컬러 도장

- 상도의 은폐력 향상을 위한 언더코트로 사용가능
- 후드 및 엔진룸 내부 투명작업 생략가능
- 엔진이나 내판 컬러 전용 컬러시편 제공

06 기타

- 도막 표면의 끈적임이 없기 때문에 먼지제거 가능
- 간단한 숨김도장 작업성

VOCs(g/l)	420 이하		2015년 기준 : 450 이하
혼합비(무게비)	엔바이로베이스 주제	희석제	희석제 : T494 ※ 희석제 포함 혼합된 컬러의 보관 　기간은 3개월
	솔리드	100	10	
	2coat	100	20	
	3coat	100	30	
혼합 점도	22~26초		F.C#4, 25℃
도장 횟수	2~3회		메탈릭컬러는 적절한 입자조정과 얼룩방지를 위해 베이스 건조 도막위에 색결정 도장을 실시
적정도막두께	12 ~ 15 ㎛		
제품유효기간	제조일로부터 4년		실내 보관, 20℃ 기준

2 수용성 시스템의 장점

수용성 시스템은 여러 가지 면에서 용제 시스템보다 우수하며, 특히 PPG 기술은 작업에 많은 이점을 제공한다.

01 환경 친화적

작업 환경에서의 냄새 감소 및 공기 품질 개선은 기존의 용제 시스템에 비해 PPG 수용성이 환경적으로 진보적인 몇 가지 이점이지만 작업자의 기술이 뒷받침되어야만 좋은 결과물을 얻을 수 있다. 사실 PPG 수용성은 용제형보다 더 나은 재도장 시스템이다. 미국에서 PPG 수용성으로 전환 한 대다수의 공장들은 국가가 규정하는 배출허용치 안에 있기 때문에 더 엄격한 VOCs 준수 규정의 적용을 받지 않는다.

02 보다 정확한 믹싱

솔벤트 기반 시스템에 필요한 기계식 혼합은 시간이 오래 걸리며, 제대로 수행되지 않으면 색상 일치가 잘되지 않고 생산성이 저하되어 도료가 낭비 될 수 있다. PPG 수용성 조색제를 사용하면 기계식 혼합 시스템이 필요하지 않다. 더 이상 교반기를 구동시키지 말고, 흔들고 부어주도록 하자. 메탈릭 안료가 잘 가라앉지 않는다. 조색제는 일관되게 정확한 일치를 위해 소량으로도 쉽게 부어진다. 조색실 공간을 절약하고 에너지 소비를 최소화하며 최첨단 조색제를 사용하지만 교반기를 구동시키는 소음을 줄였다.

03 향상된 메탈릭 방향성 및 쉬운 블렌딩 작업

PPG 수용성 베이스코트를 살펴보면 메탈릭의 방향성을 용제형보다 쉽게 맞출수 있고 얼마나 쉬운지 쉽게 인식할 수 있다. PPG 수용성의 경우 균일 한 증발률은 독특한 라텍스 수지와 함께 작동하여 메탈릭 안료를 올바른 위치에 배치하여 표면에서 뭉치지 않도록 해준다.

　PPG 수용성 사용자는 색상이 희미해지면 더 이상 얼룩이나 색이 바뀌지 않으므로 "보이지 않는" 색상차이를 얼마나 쉽게 얻을 수 있다. 용제와 같이 블렌딩할 때 잘못되었는지에 대해 항상 열의를 보낸다. 용제와 블렌딩 할 때 잘못된 감속기를 선택하면 색의 다양성이 증가 할 수 있으며 잘못된 스프레이건의 사용으로로 인해 금속 방향이 바뀌고 색상이 검게 변할 수 있다.

04 은폐력 향상을 위한 작은 안료

　PPG 수용성 안료는 용제형 안료의 두께의 절반이다.

　이 특성은 불투명도를 높이고 더 얇은 두께로 은폐 할 수 있게 한다. 그 결과 색상 이동이 적고 코팅이 적어진다.

05 적은 제품 필요

　PPG 수용성 시스템을 사용하면 약 25% 적게 분사되는 스프레이 사용하고 용제를 70~80% 적게 사용하게 된다. 그러므로 잠재적인 자재 절감액은 25~30%이다.

3 조색제 종류

75종의 수용성 조색 시스템	
69종	솔리드/펄/메탈릭 조색제
1종	메탈릭 각조정제
1종	3코트용 투명첨가제
1종	희석제
1종	건세척제
1종	응집제
1종	수용성탈지제

4 도장 조건

제 품 명	엔바이로베이스 하이 퍼포먼스
추천 스프레이 건	SATA HVLP WSB
도장 횟수	2~3회 도장 (WET – WET– MIST)
Flash off time	3 min at 20℃/50% 도장 후 베이스의 광택이 사라질 때까지 Airblowing
최대 건조 시간	24시간(20℃)
공기압	HVLP at air inlet 1.8 ~ 2.0 bar
적정 온.습도 조건	온도 20~30℃, 습도 40~60%

5 도장 방법

01 수용성 엔바이로베이스 HP 조색 시스템

제품 개요

- 엔바이로베이스 하이 퍼포먼스는 유기 용제의 방출을 현저히 절감할 수 있고 현재와 미래의 모든 환경 규제를 완벽히 만족할 수 있는 친환경 수용성 조색 시스템입니다. 매우 쉽고 간단한 작업 방법으로 도장 효율을 높일 수 있으며, 최고급의 자동차 보수 도장에서 최고의 도장 품질을 발휘할 수 있습니다.
- 2코트 혹은 3코트로 적용 가능하며, 현저히 우수한 은폐력과 블렌딩 능력으로 솔리드, 메탈릭, 펄 마이카, 특수 이펙트 칼라 등 모든 자동차 색상을 완벽하게 재현 가능합니다.
- PPG에서 추천하는 고품질의 PPG 클리어, 프라이머등과 함께 사용시, 엔바이로베이스 하이 퍼포먼스 시스템은 탁월한 광택과 내구성, 빠른 작업성 등을 보증합니다.
- 엔바이로베이스 하이 퍼포먼스는 세계 대부분의 자동차 메이커들로부터 승인받은 제품으로 자동차 메이커의 페인트 보증 시스템을 만족합니다.

제품 구성

- 엔바이로베이스 하이 퍼포먼스 조색제   T4XX, T4XXX
- 엔바이로베이스 하이 퍼포먼스 희석제   T494

소재 전처리

- 2액형의 소부형 프라이머 혹은 기술사양서에서 추천하는 PPG 델트론 프라이머를 사용하십시오. 2액형 에칭 프라이머에는 사용하지 마십시오.

- P800으로 수샌딩 혹은 P500으로 건샌딩하기 전에 PPG 수용성 탈지제(D8401)를 사용하여 소재 전체를 완전히 탈지하십시오.

혼합 비율

- 사용 전에 엔바이로베이스 하이 퍼포먼스 용기를 2 ~ 3초 간 손으로 가볍게 흔들어 주십시오. (너무 과도하게 흔들지 마십시오. 기포가 발생할 수 있습니다.)

- 조색된 엔바이로베이스 하이 퍼포먼스 칼라를 손으로 완전히 혼합하여 주십시오.

- 수용성 페인트에 사용이 적합한 나일론 여과지를 사용하십시오. 125 마이크론 이하의 제품을 추천합니다. (PPG 125마이크로 여과지 공급)

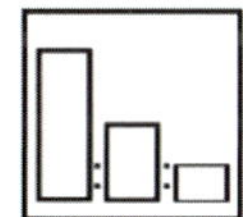

- 혼합비율은 무게비입니다.

혼합비 (무게비)	엔바이로베이스 주제		희석제	희석제 : T494 ※ 희석제 포함 혼합된 컬러의 보관 기간은 3개월
	솔리드	100	10	
	2coat	100	20	
	3coat	100	30	

- 부스 온도가 매우 높은 경우(30℃ 이상) 오버 스프레이 흡수를 위해 희석제를 10% 추가로 투입할 수 있습니다.

- 스프레이 점도는 희석제 천가량에 따라 달라지나, 22~26초를 추천합니다. (DIN 4, 20℃)

- 희석제 포함 혼합된 칼라의 보관 기관은 3개월입니다. (사용 전 잘 흔들어 주십시오.)

스프레이 건

- 스프레이 건은 SATA Jet WSB 를 사용하십시오.

적용 방법

은폐 코트

- 2~3 회 싱글 코트로 완전히 은폐될 때까지 스프레이 합니다. 코트별로 중간 건조 시간을 두어 완전히 건조시킵니다. 중간 건조 시간을 앞당기기 위해 드라이 젯을 사용하십시오.

에어 압력	1.5 bar
토출량	1.5 바퀴
패턴	최대

테크니컬 코트

- 메탈릭 칼라는 적당한 메탈릭 입자 조정과 얼룩 방지를 위해 베이스 건조 도막 위에 테크니컬 코트를 합니다.

에어 압력	1.2 bar
토출량	1 바퀴
패턴	최대

건조 시간

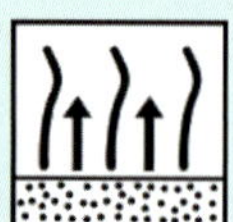

- 클리어코트 적용 전, 베이스 도막은 균일하게 완전히 건조되어야 합니다.

- 1회 코트마다 드라이 젯을 사용하여 도막을 완전히 건조시키십시오. 표면 광택이 완전히 사라진 것을 확인한 후 다음 코트를 적용하고, 건조 작업을 반복하십시오. 2 ~3 회 코트로 대부분의 색상은 완전히 은폐가 가능합니다.

건조 시간	드라이 젯을 사용하여 베이스 도막을 완전히 건조시키십시오.
최소 건조 시간	베이스코트의 표면 광택이 완전히 사라지고, 지촉 건조가 될 때까지
최대 건조 시간	20℃, 24시간.

하자 보수 및 클리어코트 적용

클리어 적용

- 엔바이로베이스 하이 퍼포먼스는 베이스 도막이 완전히 건조된 이후에 클리어코트가 적용되어야 합니다.

재도장

- 베이스 적용 후 24시간이 지나면 클리어를 도장하기 전에 1코트를 먼저 재도장해야 합니다.
- 최대 재도장 가능 시간은 48시간입니다.

샌딩

- 베이스 도막이 완전히 건조된 후에 샌딩이 가능합니다. 단, 건 샌딩만 가능하며, P1500 연마지를 사용하십시오. 샌딩 후 에어 블로우와 택렉으로 더스트를 완전히 제거하십시오.

추천 클리어

- 하이 솔리드 타입의 델트론 클리어를 추천합니다.

숨김 도장 방법

일반적인 방법

- 메탈릭 / 펄 색상의 도장 방법과 동일한 방법으로 숨김 도장이 가능합니다. 숨김 도장할 부위를 먼저 완전히 은폐시키고, 테크니컬 코트와 동일한 방법으로 스프레이 건 압력을 줄여서 마무리 할 수 있습니다.

T490을 이용한 방법

① 숨김 도장할 부위를 먼저 완전히 은폐시키십시오.
② 은폐시킨 후 남은 도료에 T490을 1:1 로 혼합하시오.
③ 경계 부위에 이 도료를 바깥쪽에서 안쪽으로 가볍게 도장하십시오.

장비 세척

- 모든 스프레이 장비는 사용 직후 세척하여야 하고, 수용성 전용 세척제 및 장비를 사용하십시오.
- 수돗물을 사용하는 경우 마지막에 반드시 증류수나 T497 건 세척제로 완전히 세척하여야 합니다.
- 장비의 보관과 재사용을 위해서 모든 장비를 완전히 건조시켜야만 합니다.

주의 사항

- 스프레이 건으로 에어 블로우하지 말고, 반드시 드라이 젯을 사용하십시오. 도장 전문가만 사용하여야 합니다.

저장 및 보관

- 엔바이로베이스 하이 퍼포먼스의 모든 조색제, T494 희석 전 혼합 도료, T494 희석 후의 혼합 도료는 서늘하고 건조한 곳에 보관해야 합니다.

- 저장 및 운반시 온도는 최소 +5℃ 이상, 최고 +35℃ 이하로 유지하고 절대 동결되지 않도록 하십시오.

- 엔바이로베이스 하이 퍼포먼스는 깨끗하고 건조한 용기와 장비에서 혼합되어야 하며, 솔벤트에 오염된 혼합 용기나 스프레이 장비는 사용할 수 없습니다.

- 혼합 용기는 반드시 플라스틱 재질로 된 것을 사용하고 금속 재질은 방청 코팅된 제품을 사용해야 합니다.

수용성 베이스코트를 이용한 그레이 스케일 배합

1.0L 기준

	G1	G3	G5	G6	G7
T400	1,216.2	1,159.1	945.2	638.1	152.4
T404	12.3				
T409		52.8	205.4	400.8	437.5
T414			18.1		322.9
T415		4.9			
T423				86.4	
T436					135.6
T443		1.6	11.8		
T494	123.0	122.0	118.0	112.6	104.8

0.5L 기준

	G1	G3	G5	G6	G7
T400	608.1	579.6	472.6	319.1	76.2
T404	6.2				
T409		26.4	102.7	200.4	218.8
T414			9.1		161.5
T415		2.5			
T423				43.2	
T436					67.8
T443		0.8	5.9		
T494	61.4	61.0	59.0	56.3	52.4

02 수용성 내부용 부품 보수 시스템

제품 개요

- 엔바이로베이스 하이 퍼포먼스의 자동차 내부용 부품 보수 시스템은 특수 무광 / 반광 색상에 대해 최대한 간단하고 효율적인 작업 공정을 제공할 수 있도록 디자인되었습니다.

- 자동차 내부 부품의 보다 정확하고 효율적인 재생산을 위해서 전착면에 그라운드 코트 색상으로 바로 적용이 가능합니다. 동시에 외부 부품에도 웨트-온-웨트 색상층을 형성하여 상도를 바로 적용할 수 있으며, 따라서 언더코트가 필요하지 않습니다.

- 엔바이로베이스 하이 퍼포먼스의 자동차 내부용 보수 시스템은 2가지 방법으로 색상을 확인할 수 있습니다. PPG 색상 검색 시스템으로 내부 부품 색상의 배합을 확인할 수 있으며, 내부 색상이 외장 색상의 반광, 무광 형태일 경우 수용성 외장 색상을 내부 보수용 모드로 전환하여 사용할 수 있습니다.

제품 구성

- 엔바이로베이스 하이 퍼포먼스 엔진베이 컨버터 T510

- 엔바이로베이스 하이 퍼포먼스 액티베이터　　　D8260

소재 전처리

- 최근의 자동차 부품들은 내구성을 최대화하기 위해서 고품질의 전착 도료가 적용되어 있습니다. 내부용 보수 시스템을 적용하기 전에 전착면을 최대한 손상되지 않도록 레드 스카치 브라이트로 샌딩하십시오.

- 맨 철판의 경우에는 에칭 프라이머나 에폭시 프라이머를 먼저 적용하여야 합니다. 최상의 도장 품질을 얻기 위해서는 하지 및 전처리 작업이 매우 중요합니다.

혼합 비율

1. 내부 부품용 전용 배합
(배합에 T510이 포함되어 있는 경우)

- T510 컨버터를 포함한 모든 조색제 투입 후, D8260 액티베이터와 T494 희석제를 투입하기 전에 반드시 완벽하게 혼합해야 합니다.

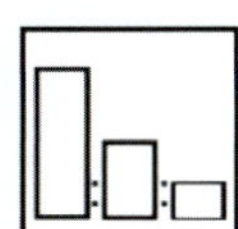

혼합 비율 (무게비)		
T510이 포함된 혼합 도료	100	
- 완벽히 혼합 후 -		
D8260 액티베이터	15	
T494 희석제	10	솔리드 색상
	25	메탈릭 / 펄 색상

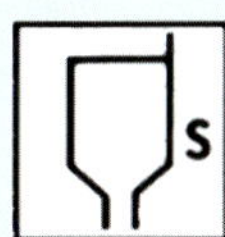

2. 기존 배합을 전환 사용
(배합에 T510이 포함되지 않은 경우)

혼합 비율 (무게비)		
엔바이로베이스 혼합 도료	70	
T510 컨버터	30	
- 완벽히 혼합 후 -		
D8260 액티베이터	15	
T494 희석제	10	솔리드 색상
	25	메탈릭 / 펄 색상

혼합 도료 특성

- 가사 시간 : 엑티베이터 혼합 후 20℃, 30분

- 스프레이 점도 : 18 ~ 20 초 DIN4 / 20℃

적용 방법 및 건조

- 스프레이 건 및 중간 건조 시간

- 엔바이로베이스와 동일
- 엔바이로베이스 기술 자료 참조

수용성 베이스코트를 이용한 내부 부품용 그레이 스케일 배합

1.0L 기준

	G1	G3	G5	G6	G7
T400	729.7	695.5	567.1	382.9	91.4
T404	7.4				
T409		31.7	123.2	240.5	262.5
T414			10.9		193.7
T415		2.9			
T423				51.8	
T436					81.4
T443		1.0	7.1		
T510	315.5	312.9	303.2	289.0	269.2

완전히 혼합 후

	G1	G3	G5	G6	G7
D8260	157.7	156.5	151.6	144.5	134.6

완전히 혼합 후

	G1	G3	G5	G6	G7
T494	121.0	120.0	116.0	111.0	103.0

03 T499 엔바이로베이스 응집제

제품 개요

- T499 응집제는 PPG의 엔바이로베이스 수용성 제품을 사용하는 동안 발생한 오염물질을 간단하고 효과적으로 처리하기 위해 개발된 파우더 제품입니다.

- 이 제품은 수용성 폐기물 처리에만 사용할 수 있으면 유용성 폐기물에는 사용할 수 없습니다.

제품 구성

- 엔바이로베이스 응집제 (파우더)

스프레이 건 세척

- 스프레이 건 세척에는 물을 사용하십시오.
- 에어 캡을 먼저 분리한 후 다음 순서에 따라 세척합니다.

> ① 사용 후 스프레이 건의 컵에 남아있는 페인트를 수용성 전용 폐기물 용기에 따라냅니다.
> ② 컵의 절반까지 물을 채우고 잘 흔들어 줍니다.
> ③ 건 세척기에 물을 버리고 남아있는 이물질을 완전히 닦아냅니다.
> ④ 컵을 분리하고 헹구어 줍니다.
> ⑤ 내부를 깨끗한 공기로 세척합니다.
> ⑥ 건이 완전히 깨끗해지면 부품들을 재조립하고 소량의 T494 시너를 부어줍니다.
> ⑦ 스프레이 건을 재 사용하기 전에 완전히 건조되었는지 반드시 확인하십시오.

- 건 세척기 사용 매뉴얼을 참조하여 세척작업을 진행하십시오.

폐기물 처리

- 다음 사항에 따라 처리하십시오.

  ① 폐기물 용기가 가득 차면 약 100g (한 스푼)의 T499 응집제를 투입합니다.
  ② 약 5분 동안 혼합 및 교반하여 줍니다.
  ③ 혼합을 멈추고 고체 폐기물이 응집하도록 합니다.
  ④ 액체가 완전히 맑아지는지 확인하십시오.
  ⑤ 액체가 맑아지지 않으면 2~4 단계를 반복하십시오.
  ⑥ 필터(여과지)를 장착하고 용기 하단의 밸브를 열어 줍니다. 이 때 액체를 별도 용기에 받아 두어야 합니다.
  ⑦ 용기의 액체가 완전히 빠져나가면, 용기 내부의 슬러리(고체상 물질)를 닦아냅니다.

폐기 방법

- 용기에서 회수된 고체상 물질(슬러리) 와 액상 물질은 다음 지침에 따라 분리하여 폐기하여야 합니다.

  ① 고체상 물질(슬러리)는 "관리대상 폐기물"이므로 지역의 법규에 따라 폐기하여야 합니다.
     (예: 유성 페인트와 동일한 방법)
  ② 액상 물질은 드레스터 1000 / 2000 과 같은 건 세척기를 사용하는 경우 10회까지 재사용이 가능하며, 재사용된 액상 물질은 "관리대상 폐기물" 이므로 지역의 법규에 따라 폐기하여야 합니다.
     (예: 냉각수 등과 동일한 방법)

보관 및 안전

- T499 응집제는 파우더이므로 흡입하지 않도록 하고 사용시에 반드시 장갑을 착용하십시오.

- 페인트, 솔벤트 등과 분리하여 서늘한 곳에 보관하십시오.

환경 법규 대응 여부 (VOCs 함유량)

- 관리 대상 제품이 아님

6 도장 공정

1 컬러 코드 확인

- **컬러 코드 확인**
  작업 범위와 색상을 확인한다.

2 조색 작업

- **조색 작업**
  컬러배합표에 따라 색상을
  계량한다.

3 도료 혼합

- **도료 혼합**
  계량된 도료에 희석제를 첨가하여
  혼합한다.

4 시편 도장

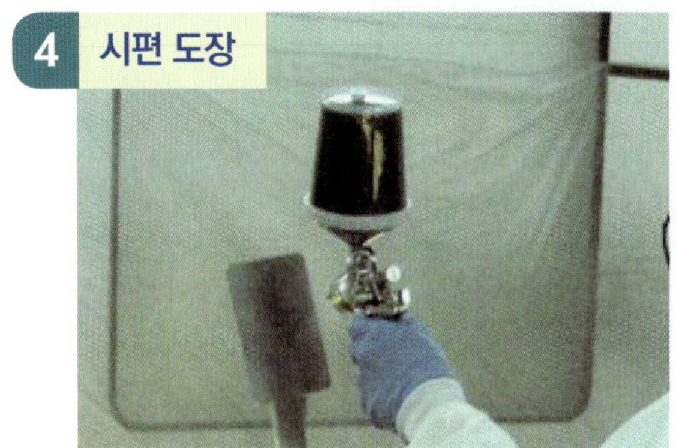

- 시편 도장

5 컬러 확인

- 컬러 확인

6 베이스 코트 준비

- 베이스 코트 준비

7 클리어 코트 준비

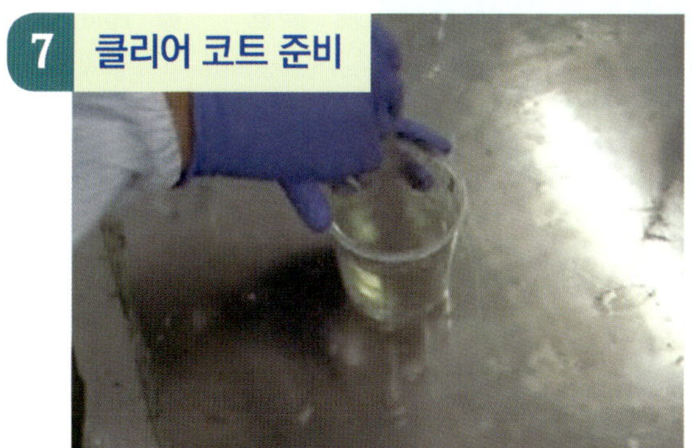

■ 클리어 코트 준비

8 실차 도장

■ 실차 도장

3
6
SPIES HECKER
Permahyd® Hi-TEC
Permahyd®
Hi-TEC
SPIES HECKER
Permahyd®
Hi-TEC
Basecoat

스피스 헥커(Spies Hecker)의 **Permahyd® Hi-TEC** 제품은 고운 입자의 안료로 구성되어 은폐력이 우수하고 채도가 높아 뛰어난 컬러 정확도 및 컬러 재현성이 있으며 엔진 베이나 도어 내부 내판 도장도 가능하다.

1 제품 종류

01 점도조정제

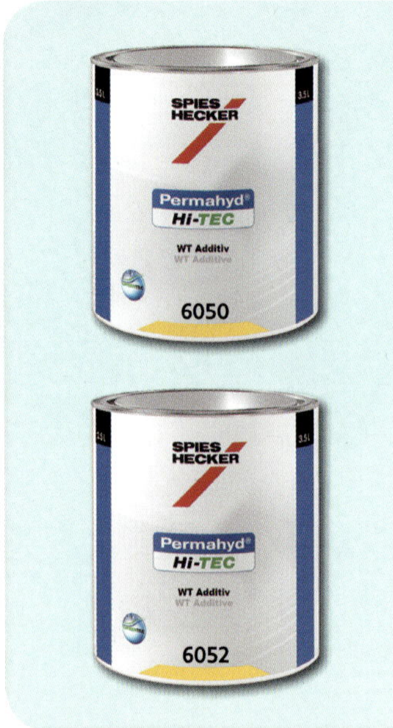

WT Additive 6050 / 6052

- 효과적인 영향
- 최적의 퍼짐성 부여
- 얼룩 방지
- WT 6050 / WT 6052
  (낮은 습도, <30%, 20~30℃)
- 10%: 솔리드 칼라
  20%: 펄, 메탈릭 칼라

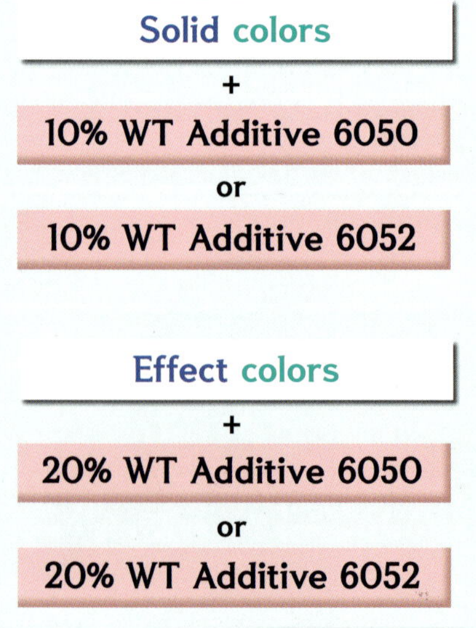

WT Mixing tints

- 손쉬운 작업성
- 고운 입자의 안료로 구성
- 높은 채도
  – 은폐력 우수, 뛰어난 칼라 정확도
- 우수한 칼라 재현성
- 2K 경화제 사용 가능
- 연마 가능
- 내판 도장 가능

02 도장실 온도 습도 가이드

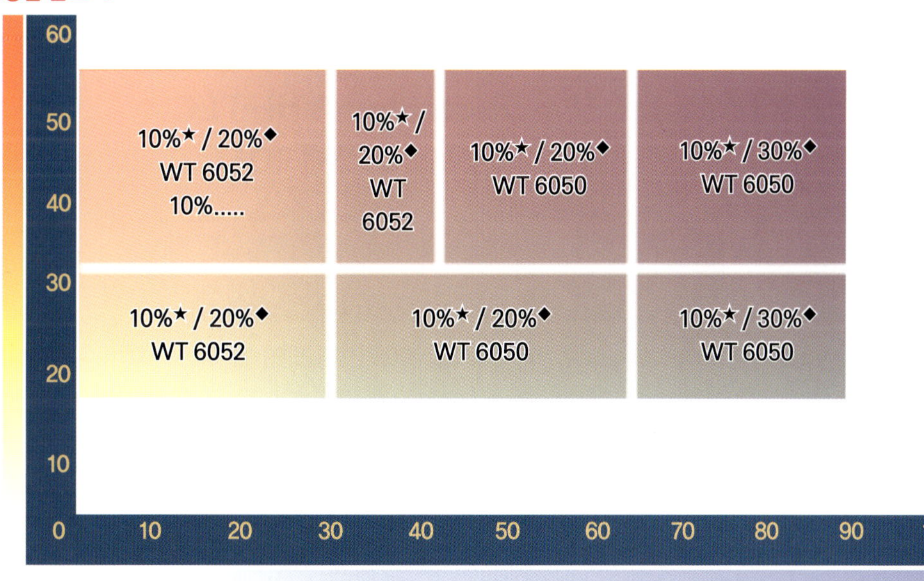

★ 솔리드 칼라   ◆ 이펙트 칼라

03 제품 설명

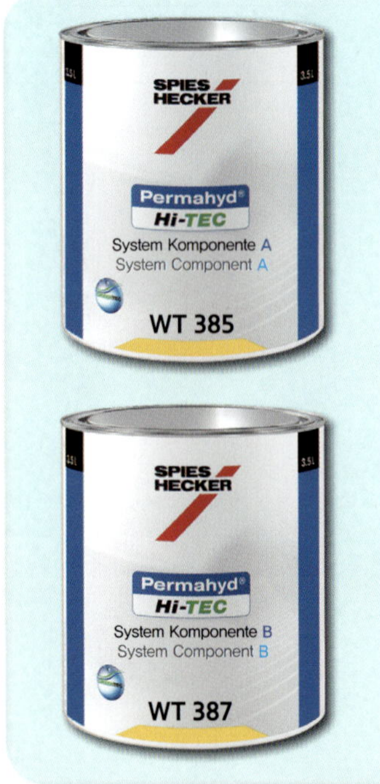

Permahyd® Hi-TEC
시스템 콤포넌트 A / 시스템 콤포넌트 B

▶ **Hi-TEC의 우수한 제품 특성을 부여하는 기술**

- 점도 조정
- 작업성 향상
- 도막 형성 향상
- 도막 경도 향상

Permahyd® Hi-TEC
블렌딩 첨가제 1051

- 블렌딩 부위가 자연스러움
- 최적의 오버스프레이 흡수
- 간단한 도장 방법
- 뛰어난 표면 웨팅성
- 부분도장시 첨가 사용
- 도장 후 약간 우윳빛, 건조 후 투명함

Permahyd®
플롭 콘트롤 WT 386

- 이펙트 칼라 배열을 도움
- 여러 배함에 혼합 사용
- 부분 도장시 적합

Permahyd® 경화제 3080

▶ **WT 틴트에 경화제를 사용하는 경우:**

- 멀티톤 작업: 5% 첨가
- 3코트 언더코트 작업: 5% 첨가
- 내판 작업: 100%

내판 도장시 투명 도장이 필요 없으며
우수한 화학적 / 기계적 물성을 부여한다.

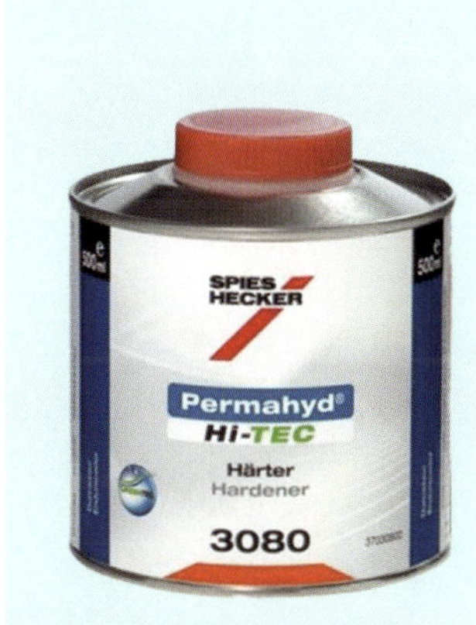

04 이상적인 저장조건

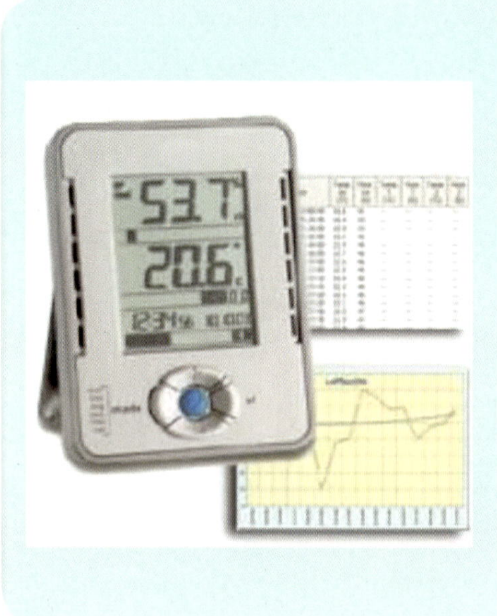

▶ **물이 얼 수 있음을 기억하라!**

▶ **조색실 추천온도: 20~25℃**

▶ 작업시간이 끝난 후 외부저장 창고
의 경우 창고 관리에 주의할 것!

▶ 과도하게 높은 온도는 제품에 영향
을 줄 수 있다.

- 칼라 매치 어려움
- 심한 경우 제품의 물성이 파괴됨

2 작업 방법

01 부분 보수 도장

■ **빠른 보수도장을 위해 추천하는 부위**

- 판넬 모서리 혹은 코너
- 작은 부위
- 차체 하단 부위 혹은 부착 첨가된 부위

2

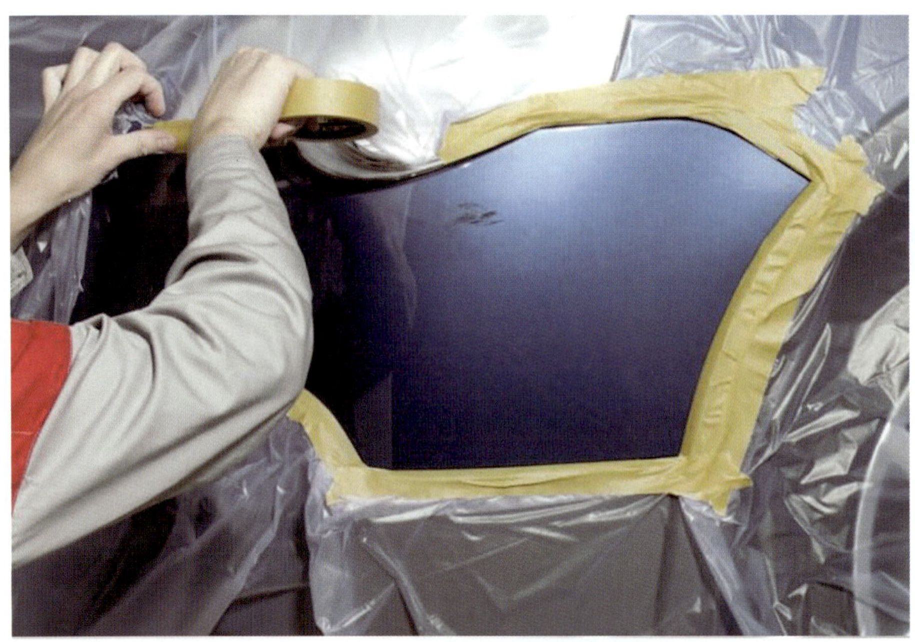

- 인접한 부위를 마스킹한다.

3

사용 세정제: Permaloid®	Spies Hecker 탈지포	
Silicone Remover 7010	Article Nr. D13318384	

- 손상 부위와 주위를 세정한다.
- 세정제와 탈지포를 사용한다.

4

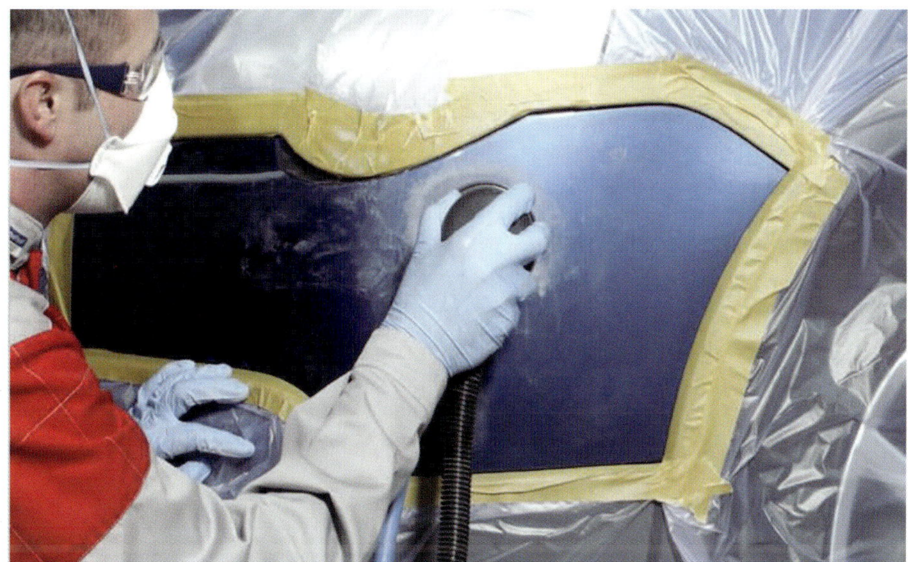

P1000 – P3000
예: 3M Blending disc 혹은 Abralon 2000

- **Speed repair 부위는 적합한 공구를 사용하여야 한다.**
  - 오비탈 샌더 소프트 백업 패드(스폰지 패드)
  - 스카이 브라이트를 이용한 손으로 연마는 피한다.

5

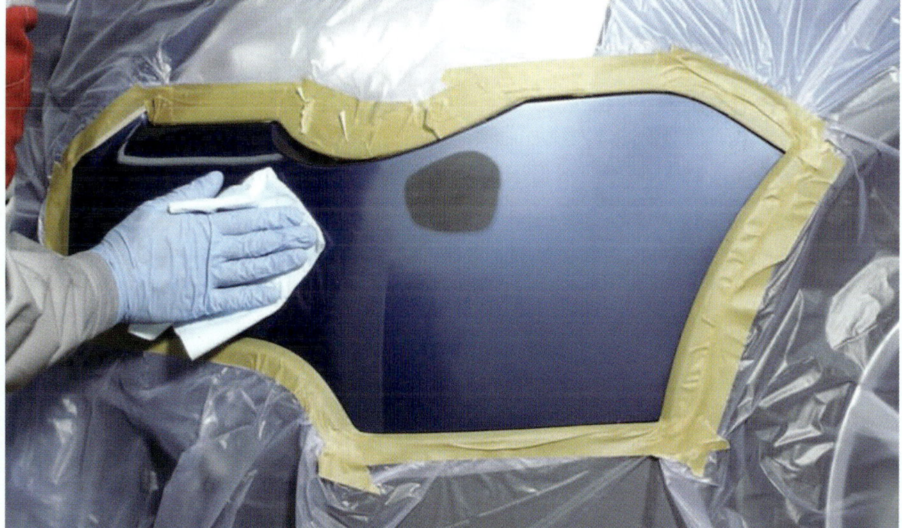

사용 세정제: Permaloid®	Spies Hecker 탈지포	
Silicone Remover 7010 / 7080	Article Nr. D13318384	

- **프라이머–서페이서를 도장하기 전에 세정제와 탈지포를 사용하여 표면 세정을 한다.**

6

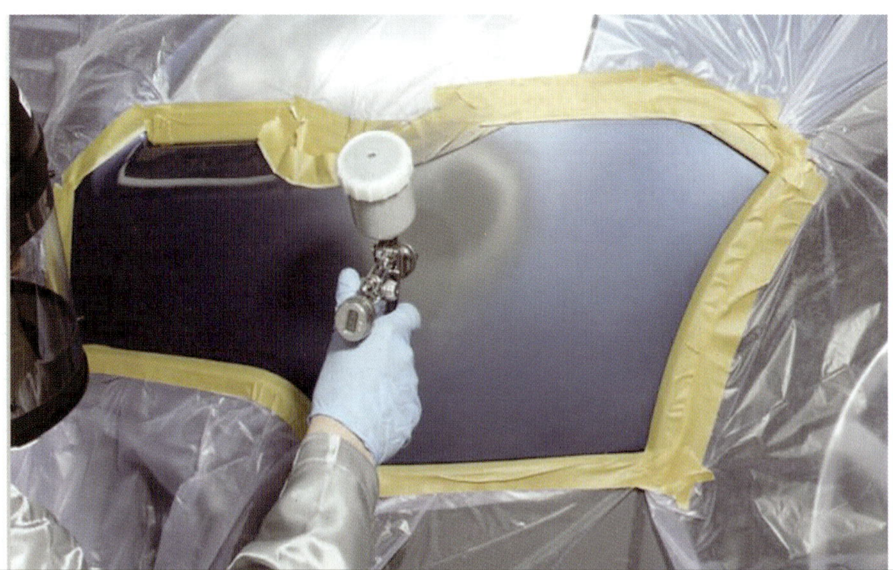

추천된 기술자료에 따라 사용

- **적용소재에 따라 적합한 프라이머-서페이서를 선정한다.**
  [플라스틱의 경우] • PS HS Vario Primer Surfacer 5340 사용
              • PC 1:1 Elastic Surfacer 3300

7

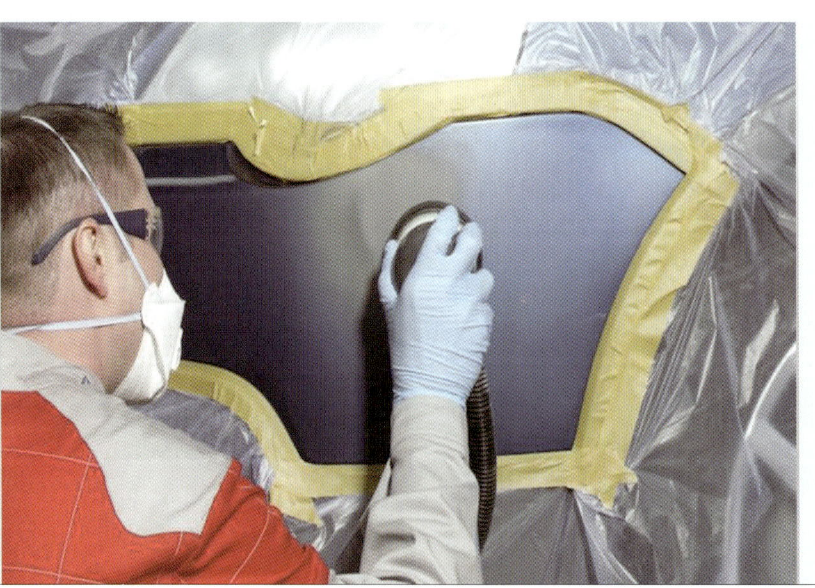

P500으로 표면을 연마
주위는 P1000 – 3000으로 연마
예: Abralon 2000 혹은 Trizact 3000

- **적합한 샌더기를 사용한다.**
  • 작은 부위 = 작은 샌더기 사용   • 가능한 연마부위를 작게 유지한다.
  • 고운 연마지 사용은 기본이다.

8

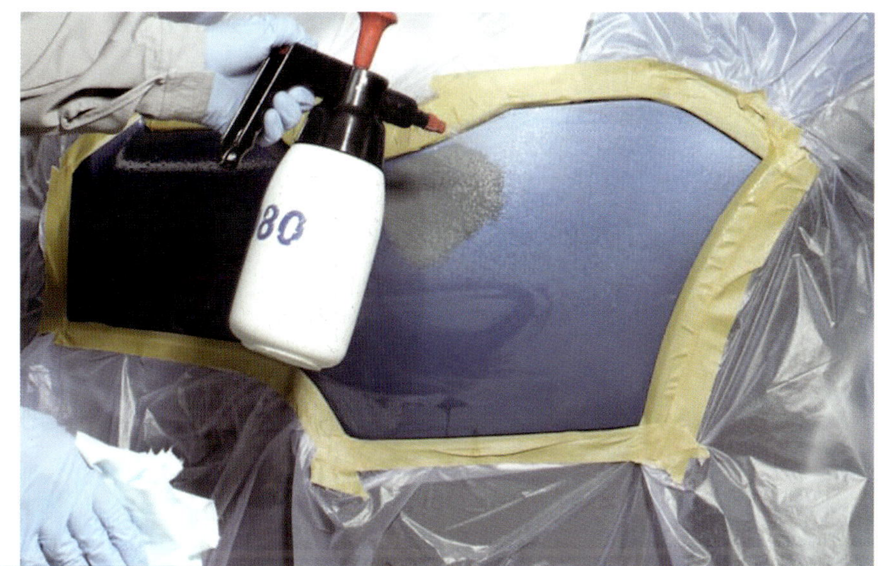

| 사용 세정제: Permaloid®
Silicone Remover 7080 | Spies Hecker 탈지포
Article Nr. D13318384 |  |

■ **세정제와 탈지포를 사용하여 세정한다.**

9

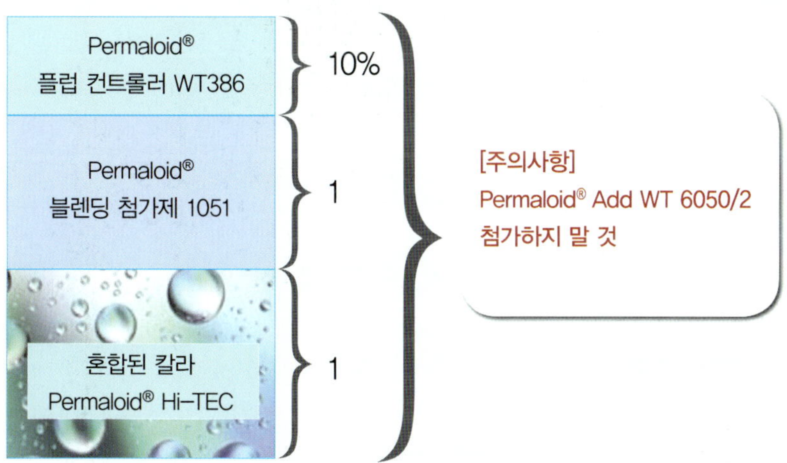

| 기술자료 준함 |  |

10

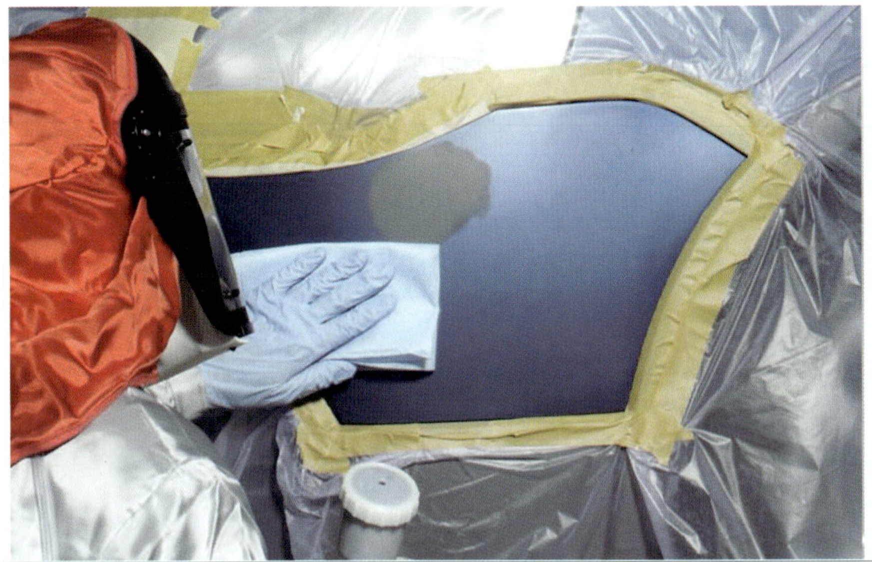

Tack Cloth와	Final tack cloth
압축 에어 사용	Article no. D13295540

- **먼지를 제거한다.**

11

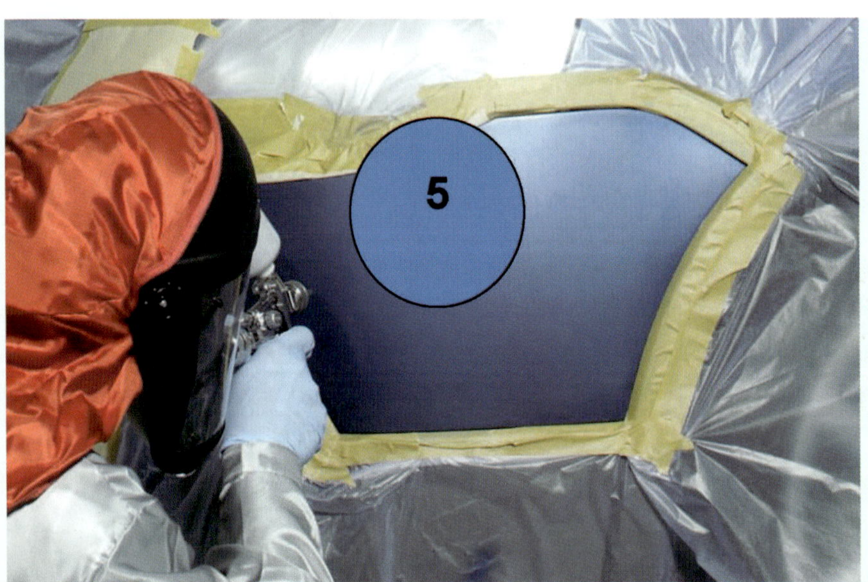

0.8–1.5 bar
예: SATA Mini Jet 혹은 Devilbiss SRI 1.0–1.2mm

- **3~5회 light coat로 베이스 코트 도장한다.**
- **매회 도장시 범위를 넓혀 나간다.**

12

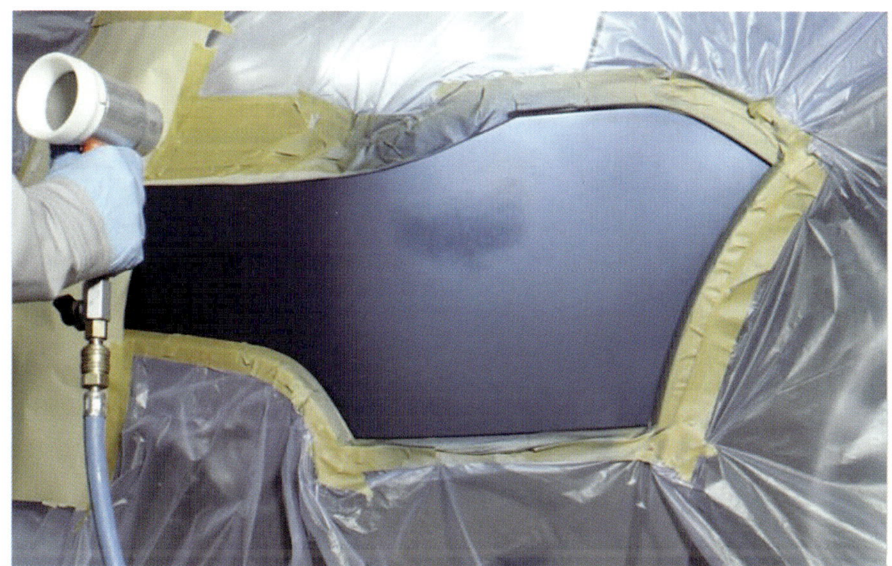

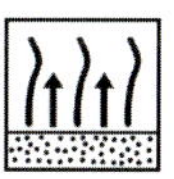

무광이 될 때까지 후레서 오프 타임을 준다.

- **생산성을 향상시키기 위해 블로잉 건을 이용하여 Flash off time을 줄일 수 있다.**

13

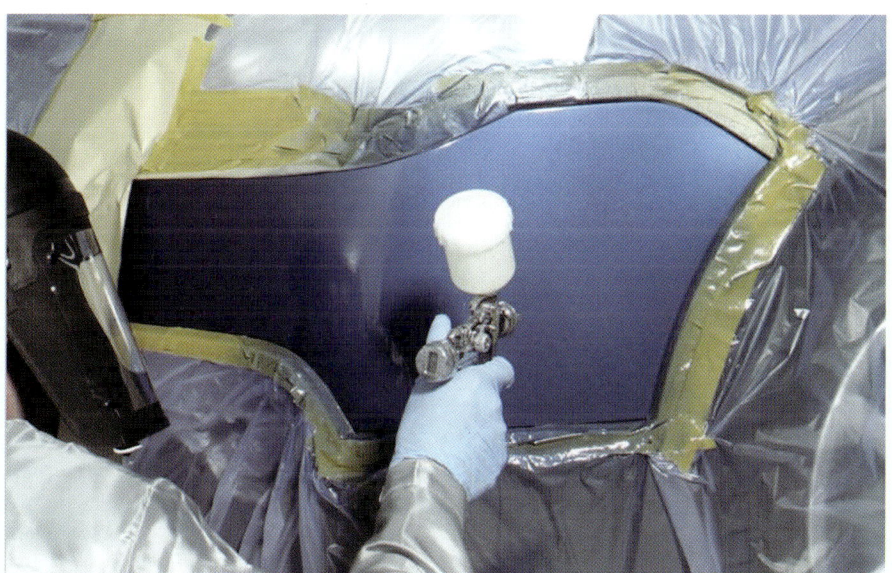

1.5회

Permaloid® Clearcoat

- **한번으로 투명 도장을 한다. (one operation)**
- **적합한 Permasolid® HS Clearcoat를 사용한다.**

14

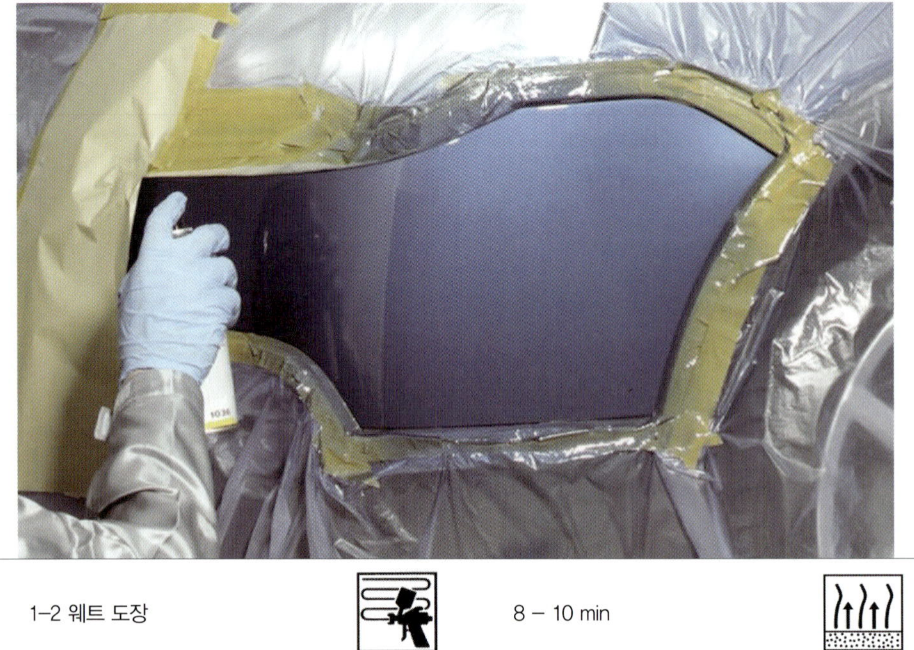

| 1–2 웨트 도장 | | 8 – 10 min | |

- 투명 마무리 부위에 블렌딩 시너 1036을 사용하여 마무리한다.

15

| 10 – 15 min | | |

- IR 건조기 시스템은 완벽한 건조를 제공한다.
- 주의하여 IR 건조기를 사용한다.

- 필요한 경우, 투명 마무리 부위를 폴리싱한다.

- 완성

02 내판 도장

1

사용 세정제: Permaloid®	Spies Hecker 탈지포	
Silicone Remover 7010	Article Nr. D13318384	

■ 세정제와 탈지포를 사용하여 탈지한다.

2

1.2 – 1.3mm 1 – 2회		15 – 30분 20℃ 무광이 될 때까지	

- Spies Hecker wet-on-wet surfacer를 도장한다.
  [주의사항]
  서페이서는 스톤침과 UV를 방지하며 후속 도장되는 제품과 접착을 좋게 한다.

3

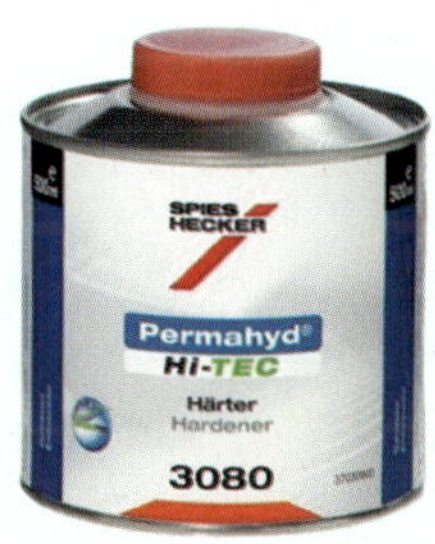

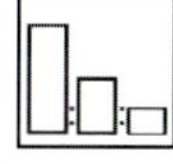

	100%	+	10%	+	10% 솔리드 색상 20% 이펙트 색상

- **Permahyd® Hi-TEC 경화제 3080 첨가 후 사용시간 (20℃ 기준)**
  - 펄/메탈릭 칼라: 45 – 60분
  - 솔리드 칼라: 90 – 120분

4

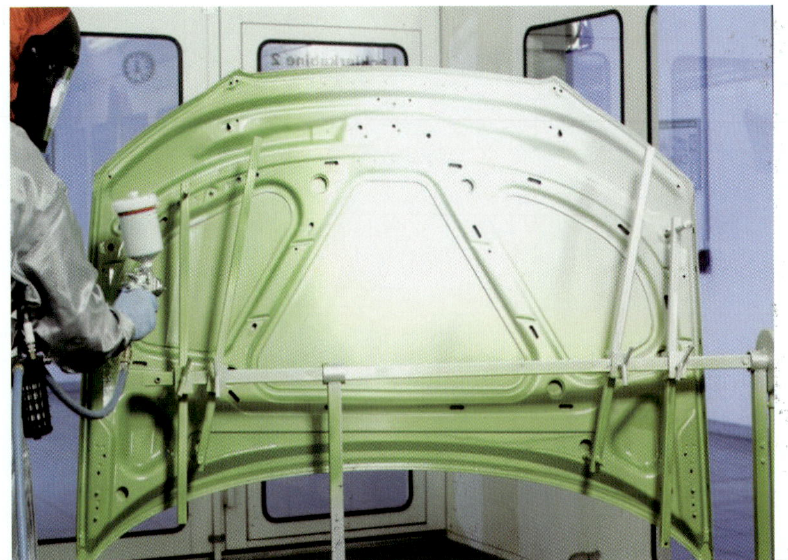

1.2 – 1.3mm
1.5회

- **본넷 내판을 도장한다.**
  - 혼합된 페인트는 오로지 내판에만 적용하여야 한다.
  - 외부 도장용으로는 추천하지 않는다.

5

5 – 10분 Flash-off

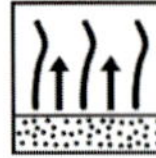

15 – 20분, 60℃ 열처리 혹은
자연건조, over night

- 첨가된 Permahyd®의 경화제 3080은 내화학성과 물리적인 특성을 증진시켜 준다.
- 새틴광택(satin gloss)은 OEM에서 내판 도장에 적용된 광택과 적합하다.

6

■ 완성

03 멀티톤, 3코트 펄

1

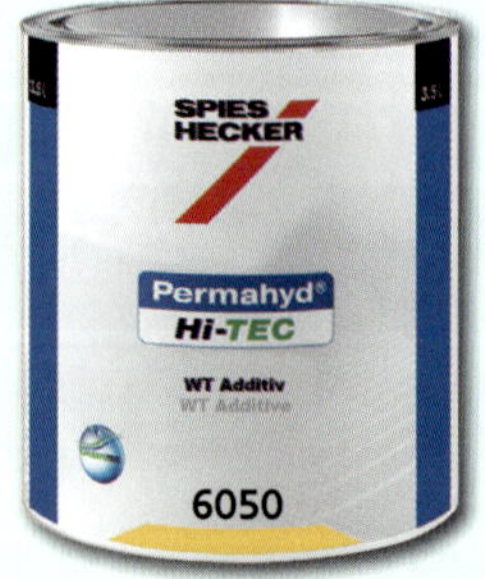

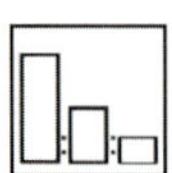   100%   +   5%   +   10% 솔리드 칼라
20% 펄/메탈릭 칼라

■ Permahyd® Hi-TEC 경화제 3080 첨가 후 사용시간 (20℃ 기준)
- 펄/메탈릭 칼라: 45–60분
- 솔리드 칼라: 90–120분

2

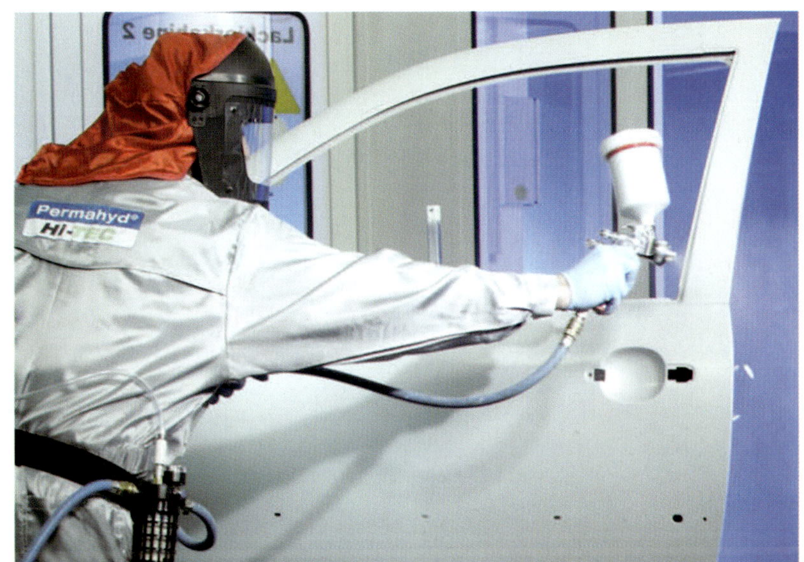

2.0bar
1.5회

- **첫 번째 칼라를 도장한다.** (Groundcolor)　　Full coat + effect coat = 1.5회
  [3코트 작업시 주의사항]
  - 언더코트에만 경화제를 첨가한다. • 이펙트 칼라와 마지막 도장에는 경화제를 첨가하지 않는다.

3

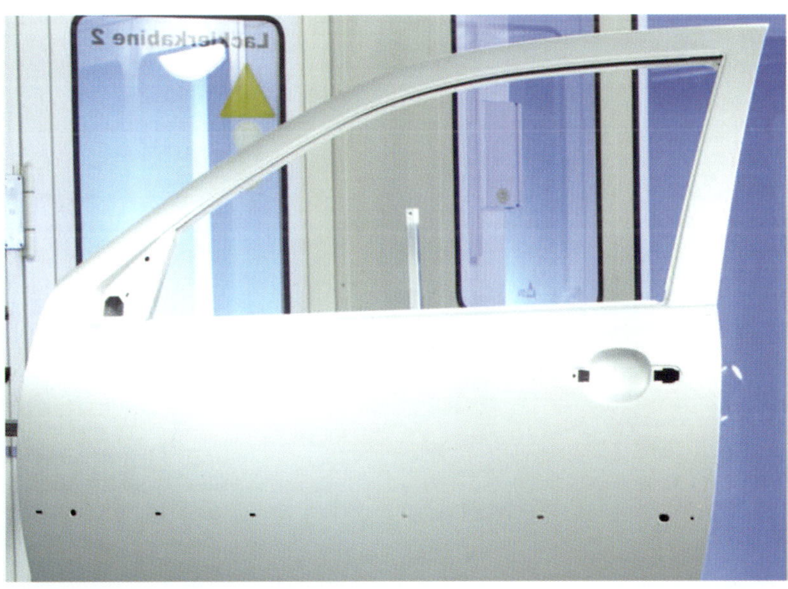

[건조 방법]
- Multi–air–flow 설비　　　　　　20~40℃, cool down
- 강제 건조　　　　　　　　　　5~10분 final flash–off time 후 10~15분, 60℃, **cool down**
- 대체 가능한 에어 건조　　　　　블로잉 없이 무광이 될 때까지 final flash–off time

4

- 추천된 마스킹 테이프를 사용하자.

Colad fine line yellow 9040xx
3M fineline blue 471 scotch

5

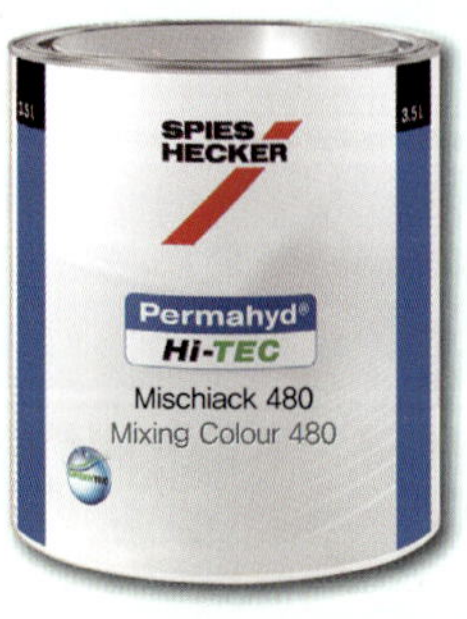

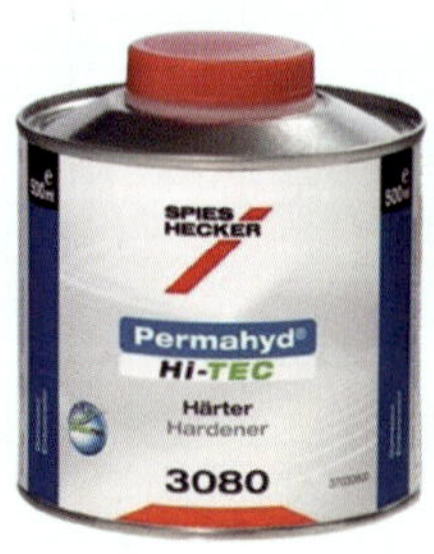

	100%	+	5%	+	10% 솔리드 칼라 20% 펄/메틸릭 칼라

- **Permahyd® Hi-TEC 경화제 3080 첨가 후 사용시간 (20℃ 기준)**
  - 펄/메탈릭 칼라: 45-60분
  - 솔리드 칼라: 90-120분

6

| 2,0bar
1.5회 |  | 무광이 될 때 까지 | 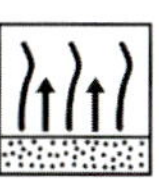 |

■ **두 번째 칼라를 도장한다.** ■ **도장은 신중하게 하여야 한다.**　Full coat + effect coat = 1.5회
[3코트 작업시 주의사항]　• 언더코트에만 경화제를 첨가한다.
　　　　　　　　　　　　• 이펙트 칼라와 마지막 도장에는 경화제를 첨가하지 않는다.

7

| 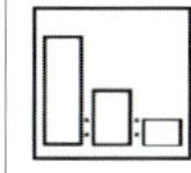 | 100% | + | 10% 솔리드 칼라
20% 이펙트 칼라 |

■ **마지막 칼라를 위한 혼합비율**

8

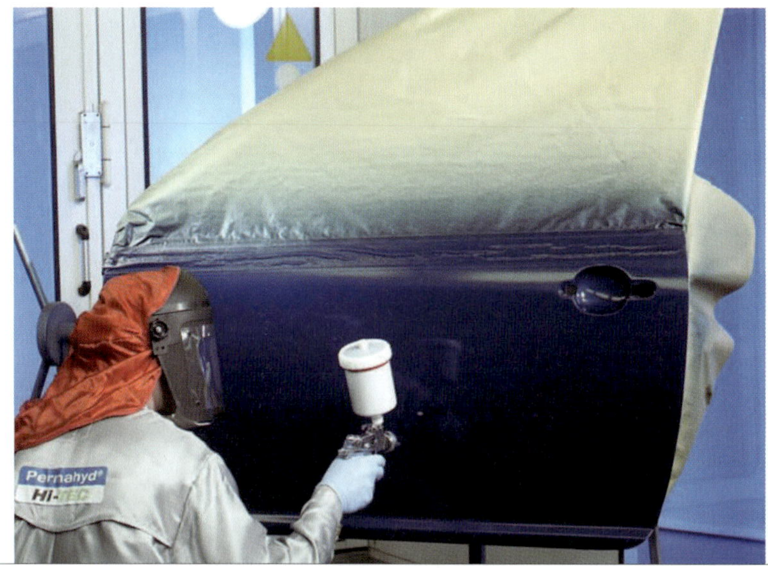

2,0bar 1.5회		무광이 될 때 까지	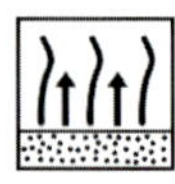

- 마지막 **칼라를 도장한다.**
- 마지막 칼라는 경화제를 첨가하지 않고 도장하여야 한다.
  Full coat + effect coat = 1.5회

9

1.5회 Permasolid® Clearcoat	

- **한 번으로 투명 도장을 한다.** (one operation)
- 적합한 Permasolid® HS Clearcoat를 사용한다.

10

■ 완성

04 블렌딩 도장 공정

건식연마 P500
혹은 습식연마 P1000

- **고운 연마지를 사용하여 손상된 부위를 연마한다.**
  [주의사항] 작은 부위와 작은 손상 부위를 위해 거친 연마제 사용을 피한다.

P1000 – P3000
예: 3M Blending disc 혹은 Abralon 2000

■ **블렌딩 부위는 적합한 공구를 사용하여야 한다.**
  - 오비탈 샌더 소프트 백업 패드(스폰지 패드)
  - 스카치 브라이트를 이용한 손으로 연마는 피한다.

사용 세정제: Permaloid®   Spies Hecker 탈지포
Silicone Remover 7010 / 7080   Article Nr. D13318384

■ **연마 후 반드시 세정한다.**
  - 탈지포와 세정제를 사용하여 닦는다.

2,0bar
1 – 2회 얇게 촉촉히 도장한다.

1051 작업 후 후레쉬 오프 없이
바로 베이스 코트 작업한다.

■ 손상된 부위를 둘러싸고 있는 주변 전체를 Permahyd® 블렌딩 첨가제 1051을 도장한다.
  Permahyd® 블렌딩 첨가제 1051은 단독 사용

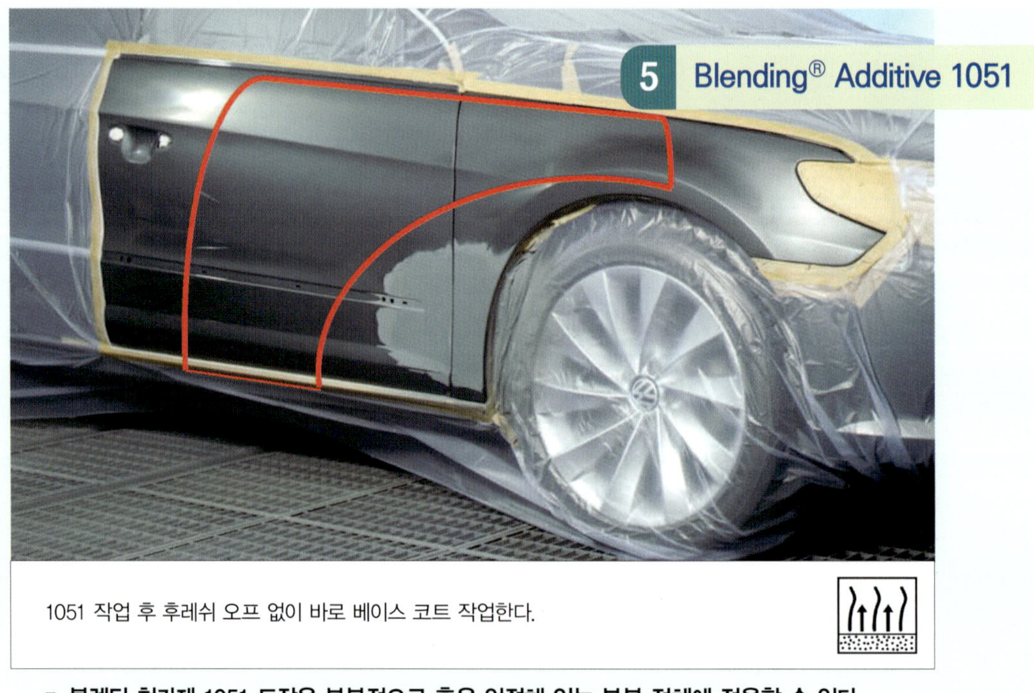

1051 작업 후 후레쉬 오프 없이 바로 베이스 코트 작업한다.

■ 블렌딩 첨가제 1051 도장은 부분적으로 혹은 인접해 있는 부분 전체에 적용할 수 있다.
  [참조] 최선은 2개 건을 사용하거나 혹은 컵을 교환하여 작업한다.
  예) SATA RPS 혹은 3M PPS System

2.0bar 1.5회 도장
한 번에 작업 완료할 것

혼합 비율: 다음 장 참조

- 블렌딩 첨가제 1051이 적용된 부위를 벗어나지 않도록 베이스 코트를 도장한다.

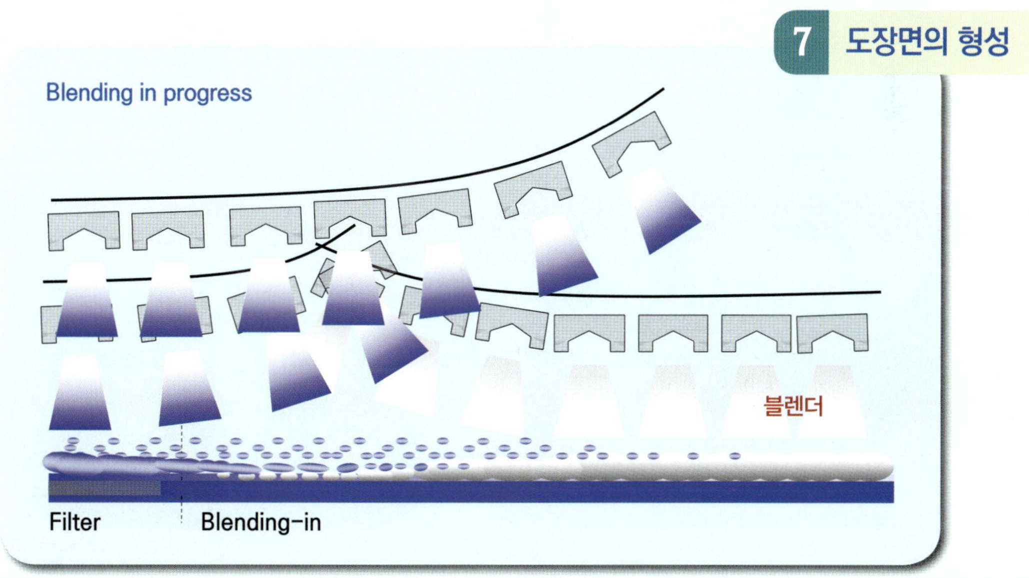

- 1–2회 블렌더 도장한다.
- 후레쉬 타임 없이 바로 베이스코트를 적용한다.
- 2회 도장 시 그림과 같이 블렌더 방향으로 펼치면서 스프레이한다.

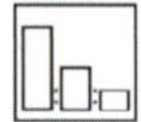
솔리드: WT 6050/2 10% 첨가
이펙트: WT 6050/2 20% 첨가

혼합 점도로 스프레이 사용 가능하다.

1.2 – 1.3mm, 1.5회
베이스코트 간에 후레쉬 오프가 없다.

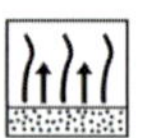
무광이 될 때까지

강제 건조 가능하다.

2.0bar
1.5회 = one operation

- 베이스 코트 작업과 인접한 준비된 부위에 블렌딩 작업은 동시에 한 번으로 완료되어야 한다.
  (one operation)
- 인접 부위에 블렌딩 작업 시 방아쇠를 당겼다 풀었다 하면서 원을 그리듯이 작업한다.

- **한 번 작업으로 신 판넬 혹은 보수 부위에 즉시 도장하여야 한다.**
  Full coat + effect coat = 1.5회

- **Permahyd® clearcoat를 공정에 따라 도장한다.**

■ 완성

3 컬러 조색

01 현장 조색 시스템 운영 방법

1) 색상코드 확인

각 자동차 제조회사에서는 색상 코드를 특정부위에 부착된 라벨에 표시하고 있으므로 라벨을 찾아 **색상코드**를 먼저 확인한다. (자동차 제조회사 별 색상코드 위치는 배합검색 웹사이트 혹은 배합검색 프로그램에서 찾을 수 있다.)

2) 배합 찾기

차량에서 확인된 색상코드를 바탕으로 하여 색측기(어콰이어 EFX, 어콰이어 RX), 칼라카드, 배합검색 웹사이트 혹은 배합검색 프로그램을 이용하여 가장 차량에 근접한 **색상 배합**을 선정한다.

3) 도료 평량

0.01g까지 측정할 수 있는 저울을 사용하여 배합에 표시된 양을 정확히 계량하고 철저하게 혼합한다. (제조사의 추천에 따라 희석제, 경화제를 비율에 따라 첨가할 수 있다.)

4) 색상 비교

혼합된 도료를 색상 **비교용 시편**(필름, 알루미늄 틴 패널)에 투명까지 도장하여 건조가 완료된 후 차량의 색상과 비교 평가한다.

① 비교 시편을 도장할 때에는 실제 차량에 사용되는 도장방법과 도료를 동일하게 적용될 수 있도록 한다.

② 동일한 색상을 오래 응시하는 것을 피한다. (눈의 피로, 색 순응, 잔상현상으로 인해 정확한 색상비교를 할 수 없다.)

③ 일출 직후나 일몰 직전, 후에는 색상비교를 피한다.

④ 색상 종류에 따라 관측 각도는 다양하게 변경하되 동일 면적의 반사 광량을 비교해야 한다.

⑤ 가능한 자연광에서 비교하는 것이 좋으며 비교 환경에 따라 인공태양조명, 칼라 인스펙터 등을 활용할 수 있다.

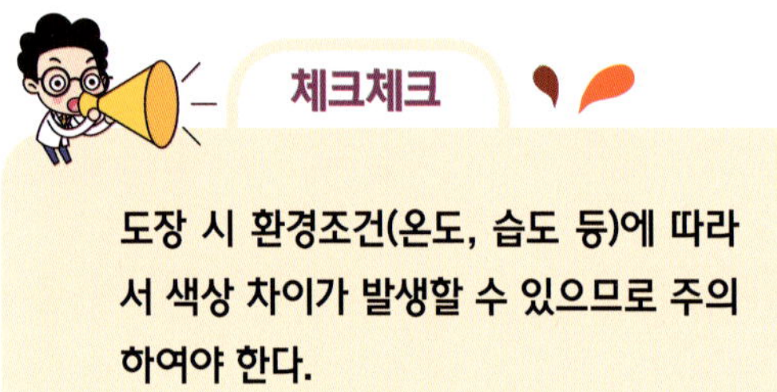

도장 시 환경조건(온도, 습도 등)에 따라서 색상 차이가 발생할 수 있으므로 주의하여야 한다.

5) 배합조정

① 각 색상 조정용 조색제의 특성을 숙지하고 비교용 시편 색상과 차량 색상을 비교하여 어떠한 방향으로 색상을 조정할지 결정한다.

② 색상의 밝고 어두움, 적용된 입자, 색상 등에서 가장 차이가 큰 것부터 먼저 조정한다.

③ 배합을 수정할 때 기준 배합을 근거로 수정한다.

02 조색할 때의 주의사항

색상은 관찰로부터 시작하여 조정안료 선정, 평량, 혼합, 스프레이, 열처리로 이어지는 여러 과정을 거쳐 원하는 색상에 도달하게 된다. 각 과정마다 정확성을 요하므로 아래의 규칙을 지킨다면 보다 빠르고 정확한 색상을 완성할 수 있다.

① 자동차 판넬이 청결한 상태에서 색상을 관찰한다.

② 관찰 각도를 유념하여 어두운 110도부터 45도 15도 순으로 관찰한다.

③ 주위에 사물이 적은 곳에서 관찰한다.

④ 관찰은 입자, 명암, 색상 등을 고려하여 정확히 한다.

⑤ 보수하는 부분과 이어지는 판넬에서 관찰한다.

⑥ 입자가 사용된 색상의 경우 입자를 우선 고려해야 한다.

⑦ 안료 및 저울의 청결상태 유지(저울은 주기적인 영점조정이 필요함)한다.

⑧ 시너는 지정된 것을 사용하며 혼합비를 정확히 준수한다.

⑨ 평량 후 조색제(안료) 혼합은 절저히 한다.

⑩ 실차에 도장할 때와 같은 방법으로 관찰시편에 도장한다.

03 Permahyd® Hi-TEC Mixing Color Poster

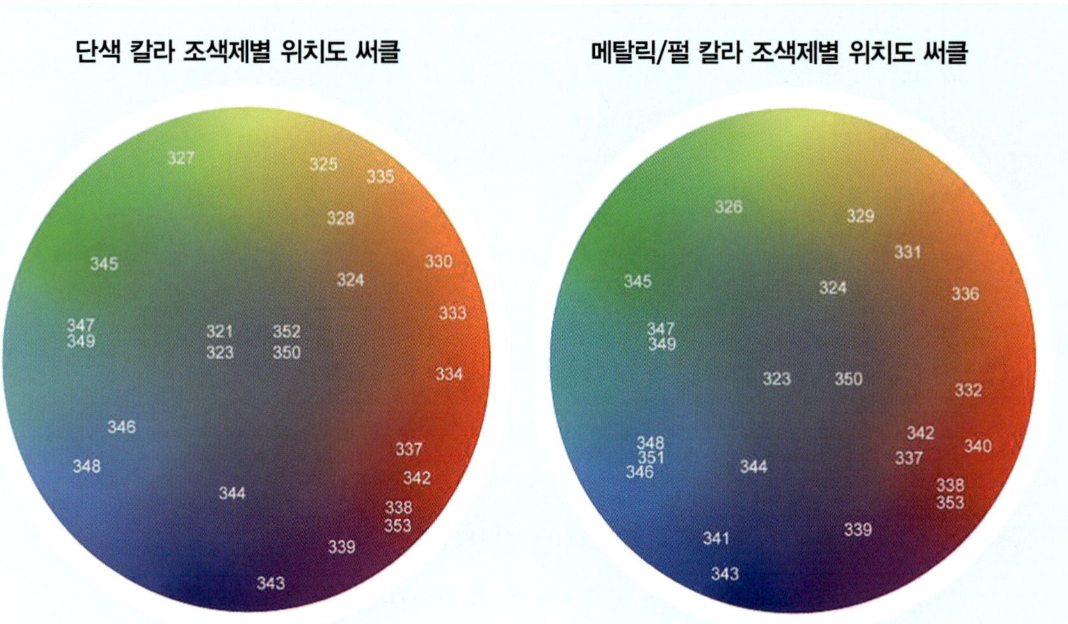

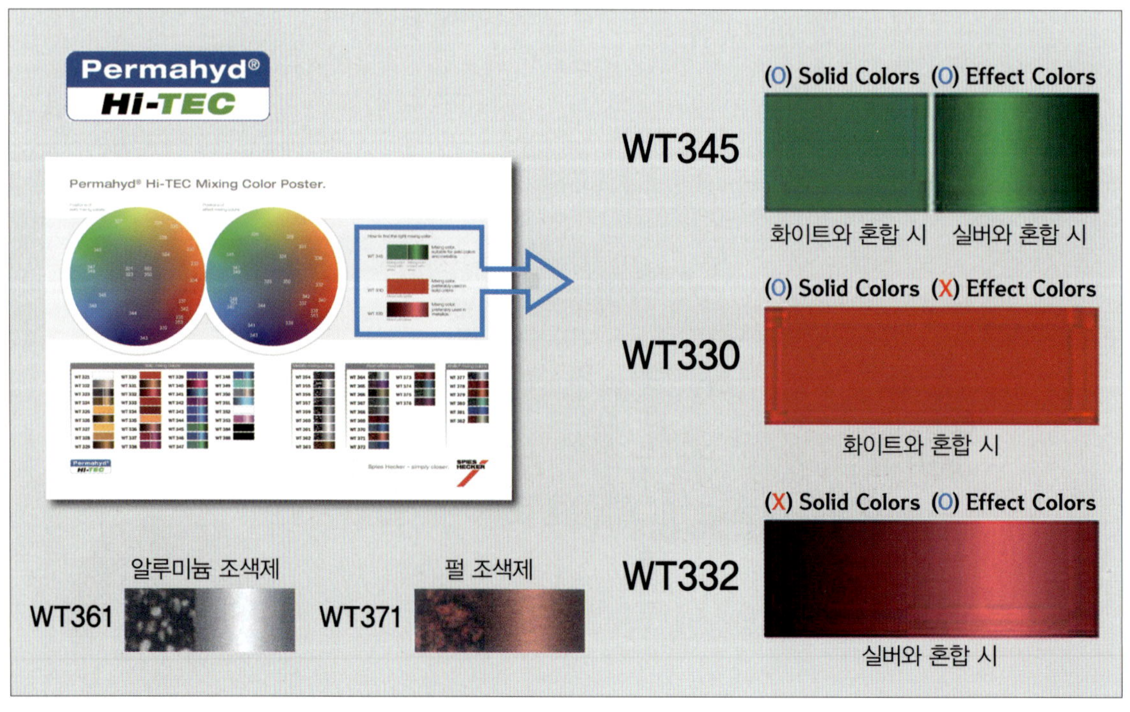

1) 실버 입자의 형상과 크기

조색제명	크기	형상	비고
WT354		일반형	
WT357		일반형	
WT303		광휘형	
WT356		일반형	
WT389		광휘형	
WT362		광휘형	
WT359		일반형	
WT390		광휘형	
WT361		광휘형	
WT360		일반형	
WT355		광휘형	

2) 실버 입자의 형상

3) 실버 위치도

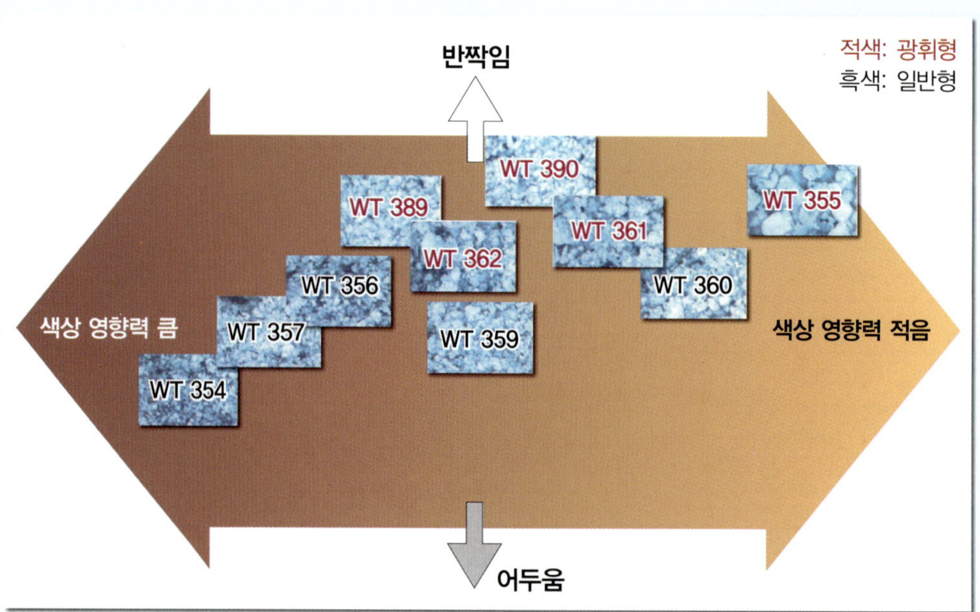

4) 실버 입자의 크기

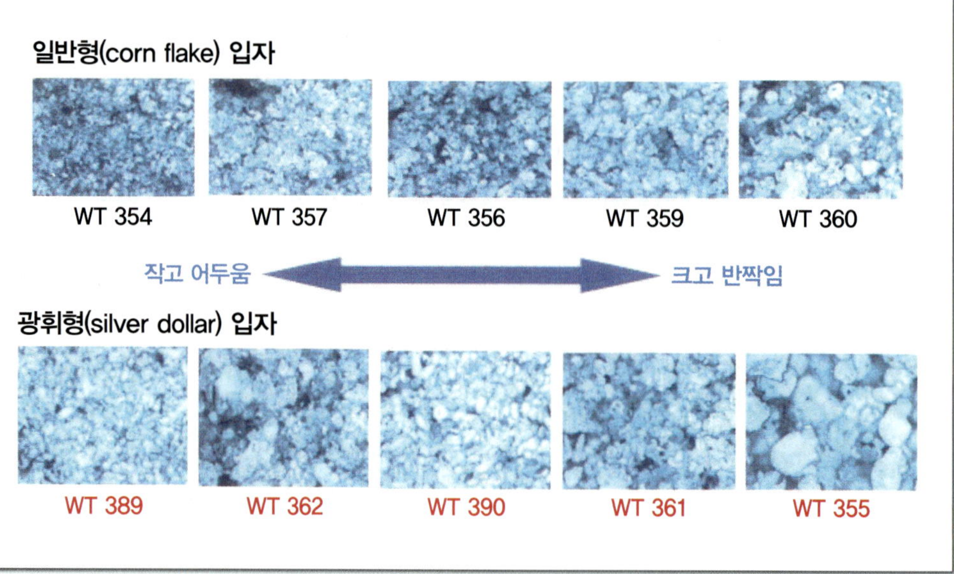

5) WT386 / WT352 / WT322 특성 비교

WT386(측면 밝기조정제)은 마치 투명한 구슬과 같아서 실버입자와 혼합하여 사용하면 실버입자가 나란히 배열하는 것을 방해하는 역할을 한다. 즉, 측면 밝기조정제를 사용하면 입자의 배열이 불규칙하게 되어 빛 반사 근접 각도(15도)는 어두워지고 나머지 각도는 밝아진다.

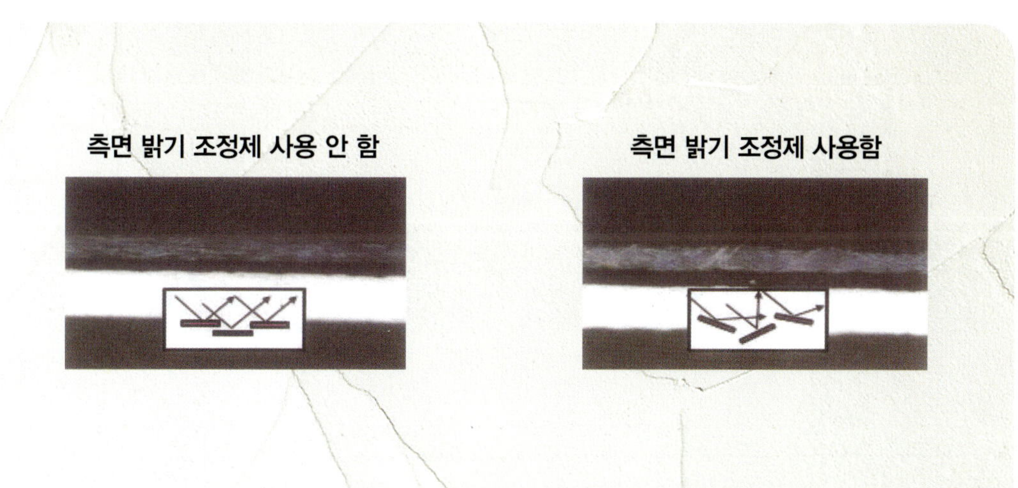

조색제	변화	15도	45도 & 110도
WT386	명암	어두워짐	밝아짐
	색감	약하게 청색이 살아남	약하게 황색이 살아남
	입자감	＼ ＼ ／ ＼ ＼ ／ ／ ＼ ＼	
WT352	명암	어두워짐	밝아짐
	색감	약하게 황색이 살아남	약하게 청색이 살아남
	입자감	― ― ― ―	― ― ―
WT322	명암	어두워짐	밝아짐
	색감	강하게 황색이 살아남	강하게 청색이 살아남
	입자감	― ― ― ―	― ― ―

6) 실버 입자의 형상

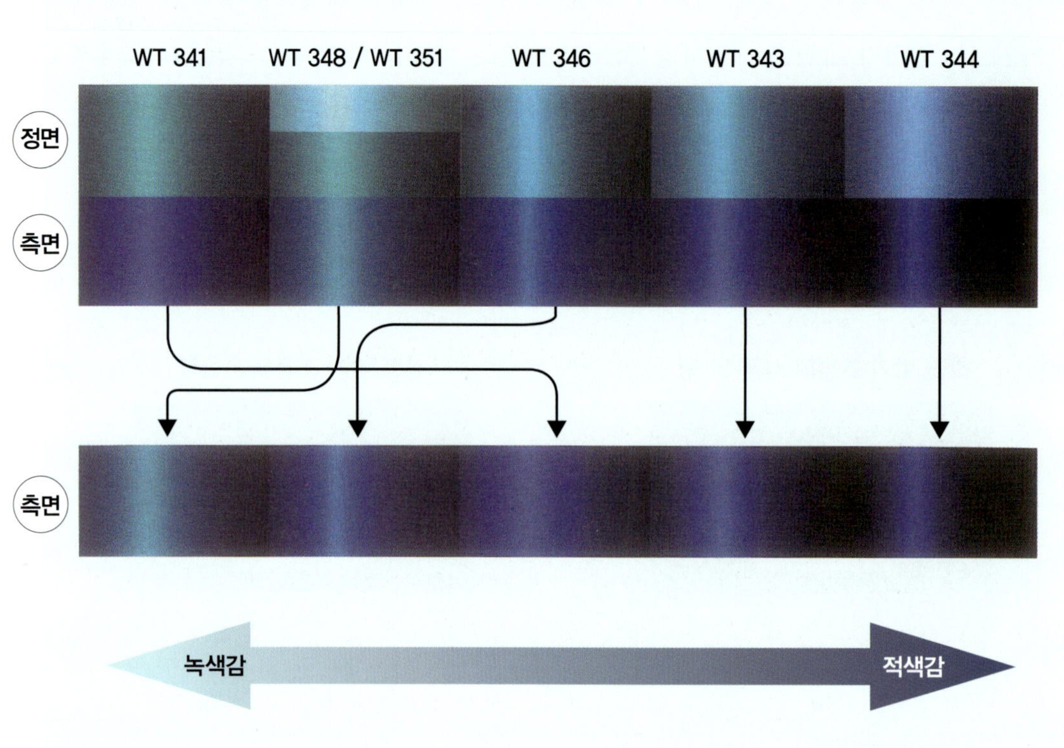

4 조색제 특성

01 Permahyd® Hi-TEC Base Coat Series 480 ◆ 솔리드

계열	조색제	조색제명	모의칼라	특성	용도
백색	WT 321	화이트		표준 화이트 (고농) 솔리드 칼라를 밝게, 이펙트 칼라에서 정면은 어둡고 측면은 밝아짐	전체
	WT 352	트랜스 화이트		저농 화이트 WT 321의 저농 버전	전체
	WT 322	마이크로 화이트		메탈릭, 펄 칼라에만 사용 정면에서 약한 황색빛, 측면에서 약한 우유빛 청색	이펙트
흑색	WT 323	스페셜 블랙		솔리드 색과 이펙트 칼라에 모두 사용 알루미늄 입자와 혼합 시 황색빛의 칼라감을 준다. 솔리드 색에서 백색조색제와 혼합 시 둔탁해지고 회색감으로 어두워짐	전체
	WT 350	트랜스 블랙		저농 블랙, WT 323의 저농 버전 정면은 블랙이고 측면은 약한 황색빛 블랙	전체
	WT 388	슈퍼 딥블객		제트니스가 우수한 블랙 WT 323보다 어두운 블랙 조색제, 주로 블랙칼라에 사용	전체
	WT 1500	울트라 딥블랙		염료를 포함하고 있는 제트니스가 매우 우수한 팩팩 타입 블랙, 염료가 함유하고 있어 2% 이상 실버와 혼합 사용시 실버와 반응하여 색상이 변화될 수 있고 내구성에도 문제가 될 수 있음 (솔리드 최대 5%, 실버 최대 2%, 펄 최대 5% 이내 사용)	솔리드
바이올렛	WT 339	바이올렛		정면은 바이올렛. 측면은 적색빛 바이올렛 맑은 청색감의 바이올렛 청색 칼라에서 적색 톤을 나타냄	전체
	WT 309	브릴리언트 마젠타		이펙트와 솔리드 칼라 용도로 사용하는 투명한 청색미 띤 적색 채도가 높고 깨끗하고 순수한 조색제로 순수한 색상으로 주로 사용	전체
	WT 342	다크 바이올렛		정면은 적색빛 바이올렛, 측면은 자주빛 적색, 주로 어두운 적색에 사용 바이올렛톤의 어두운 적색 안료 포함	전체

계열	조색제	조색제명	모의칼라	특성	용도
적색	WT 353	트랜스 마젠타 레드		저농 마젠타 레드, WT 338의 저농 버전 정면은 청색감 적색, 측면은 청색감 적색	전체
	WT 338	블루이쉬 마젠타 레드		중간정도의 청색감 나는 마젠타색 (=짙은 분홍색감) 조색제 단색과 메탈릭에서 다른 적색 조색제와 혼합 사용 단일 조색제로 사용시 채도 저하 백색 및 실버 조색제와 혼합시 맑은 핑크감 색상을 나타냄	전체
	WT 340	옐로우 마젠타 레드		중간 정도의 황색감 나는 마젠타 조색제 다른 적색 안료들과 혼합됨 주로 이펙트 칼라에 사용 메탈릭 조색제와 혼합시 맑은 핑크 색상을 나타냄	이펙트
	WT 337	레드		중간 정도의 적색 솔리드 색과 이펙트 칼라에서 투명하고 밝음 정면, 측면에서 적색	전체
	WT 333	그라나다 레드		중간 정도의 선명함과 밝은 적색 주로 솔리드 색에 사용되며, 밝은 적색에서 어두운 적색까지 모두 사용 이펙트 칼라에서는 측면을 밝게 할 때에만 소량 사용	솔리드
	WT 332	마룬		브라운감의 어두운 적색 조색제 주로 이펙트 칼라에 사용하며 중간 / 어두운 적색에 적용	이펙트
	WT 311	루비 레드		이펙트와 솔리드 칼라 용도로 사용하는 투명한 황미 딴 적색 채도가 높고 깨끗하고 순수한 조색제로 순수한 색상으로 주로 사용	전체
	WT 334	옥사이드 레드		주로 아이보리, 베이지, 브라운 칼라에 적색감을 주기 위해 사용, 조색제 단독으로는 은폐력 좋고 둔탁한 적색감의 브라운 색. 이펙트 칼라에서는 측면에 밝은 적색감 필요시에만 소량 사용	솔리드
	WT 331	트랜스 옥사이드		구리와 같은 이펙트 칼라감을 위한 선명한 아이런 옥사이드 레드 조색제 측면에서 어둡고 정면에서 맑고 채도 높음 솔리드 색에는 사용 금지	이펙트
	WT 336	트랜스 레드		선명하며 어두운 브라운 조색제. 이펙트 칼라에만 사용	이펙트
	WT 330	블러드 오렌지		정면은 밝고 반짝이고, 측면은 어두운 오렌지 깊은 적색감 오렌지와 깊은 적색감 브라운 칼라에 적용 이펙트 칼라에서는, 측면에서 밝은 오렌지감 필요 시에만 소량 사용	솔리드
	WT 308	브라이트 오렌지		이펙트와 솔리드 칼라 용도로 사용하는 투명한 오렌지색 채도가 높고 깨끗하고 순수한 조색제로 순수한 색상으로 주로 사용	전체

계열	조색제	조색제명	모의칼라	특성	용도
황색	WT 324	래디쉬 옐로우		적색빛의 맑고 채도높은 황색 조색제 황색, 오렌지, 갈색, 황색빛 녹색 단색 칼라에 사용 이펙트 칼라에서 황색감의 측면이 필요 시 제한적으로 소량 사용	이펙트
	WT 328	오커		주로 베이지, 아이보리, 브라운 계통의 솔리드 색에 적용 조색제 단독사용 시 은폐력 좋으며 둔탁한 황색 이펙트 칼라에서는 측면 채도가 낮고 황색감 필요 시에만 소량 사용	솔리드
	WT 329	트랜스 옐로우		정면은 적색, 측면은 황색 선명하고, 맑은 적색감나는 황색 조색제 주로 이펙트 칼라에 사용 이펙트 칼라 측면에서 밝은 황색감을 제공	이펙트
	WT 335	다크 옐로우		채도 높고 밝은 적색빛 나는 황색 조색제 황색, 오렌지, 브라운, 황색빛 녹색 솔리드 칼라에 사용 이펙트 칼라에서 측면의 밝은 황색톤 필요 시 소량만 사용	솔리드
	WT 327	옐로우		강한 녹색톤을 띄는 채도 높고 밝은 황색 조색제 주로 황색 / 녹색 솔리드 칼라에 적용 이펙트 칼라에서는 측면에서 밝은 녹색 / 황색톤 필요 시에만 소량 사용	솔리드
	WT 393	라이트 옐로우		정, 측면 약한 녹색감의 황색 조색제. 채도 높고 밝은 녹색톤의 황색 조색제, 주로 황색톤의 녹색 솔리드 칼라에 적용. 이펙트 칼라에서 측면에서 밝은 녹색톤의 황색감 필요 시에만 소량 사용	솔리드
	WT 326	그리니쉬 옐로우		정, 측면 모두 둔탁한 녹색빛 황색 조색제 주로 이펙트 칼라에 사용되며, 선명한 녹색빛의 황색 조색제	이펙트
녹색	WT 345	트랜스 에메랄드		정, 측면 모두 황색빛 녹색 조색제 맑고 선명하며 황색 톤이 띠는 녹색 조색제 솔리드, 이펙트 칼라에 모두 사용	전체
	WT 349	트랜스 그린		WT 347의 저농 버전 정, 측면 모두 청색빛 녹색 조색제	전체
	WT 347	트랜스 그린		솔리드와 이펙트 칼라에 적용 가능한 청색감 나는 녹색 조색제 청색의 안료를 함유하고 있으므로, 맑은 청색을 띠는 녹색에 사용	전체
청색	WT 351	트랜스 아주르 블루		정면은 녹색감이 강한 청색, 측면은 적색감 청색 WT 348의 저농 버전	이펙트
	WT 348	트랜스 아주르 블루		정면은 녹색감이 강한 청색, 측면은 적색감 청색 맑고, 채도 높고 선명한 청색 조색제 이펙트 칼라에만 사용. 측면에서 적색감	전체

계열	조색제	조색제명	모의칼라	특성	용도
청색	WT 341	아주르 블루		정면은 녹색감이 강한 청색, 측면은 적색감이 강한 청색 이펙트 칼라에 사용되는 녹색감 청색 조색제. 정, 측면에 따라 청색감이 가장 큰 칼라 변화 있으며, 측면에서 매우 적색감으로 변함	이펙트
	WT 343	블루		정, 측면 모두 청색 솔리드와 이펙트 칼라에 모두 적용하는 중간 청색 조색제	전체
	WT 346	트랜스 딥 블루		정면은 녹색감 청색, 측면은 녹색감이 강한 청색 약간의 녹색감을 띠는 맑고, 선명한 청색 조색제 이펙트 칼라에서 측면은 약간 녹색감을 나타냄	전체
	WT 344	다크 블루		정면은 적색감 청색, 측면은 탁한 적색감 청색. 솔리드와 이펙트 칼라에 모두 적용하는 선명하고 적색감이 강한 청색 조색제. 이펙트 칼라에서는 측면이 매우 강하고 탁한 적색톤이 나타남	전체

02 Permahyd® Hi-TEC Base Coat Series 480 ◆ 펄

계열	조색제	조색제명	모의칼라	특성	용도
백색 펄	WT 368	화인 화이트 펄		정, 측면 모두 실버색감 화이트 펄 미세한 입자의 화이트 펄 조색제	이펙트
	WT 364	화이트 펄		정, 측면 모두 실버색감 화이트 펄 중간 거친 입자의 화이트 펄 조색제	이펙트
적색 펄	WT 369	레드 펄		미세한 입자의 적색 펄 조색제 정면은 밝은 적색, 측면은 적색 적색 입자감 있는 칼라에 적용하며, 다른 펄보다 은폐력이 있음	이펙트
	WT 376	레드 펄 엑스트라		중간 입자의 적색 펄 조색제 정면은 맑은 청색감의 적색, 측면은 맑고 밝은 녹색감	이펙트
	WT 373	루비 펄		거친 입자와 은폐력이 있는 레드 펄 조색제 정면은 밝은 적색, 측면은 적색	이펙트
	WT 365	라일락 펄		중간 거친 입자의 자주빛 바이올렛 펄 조색제 맑고 밝은 입자감 있는 칼라에 적용 정면은 맑은 적색 바이올렛, 측면은 맑고 밝은 녹색빛	이펙트

계열	조색제	조색제명	모의칼라	특성	용도
브라운펄	WT 371	브라운 펄		중간 거친 입자의 구리색감 나는 펄 조색제 정, 측면 모두 은폐감 있는 적갈색빛 적색	이펙트
골드펄	WT 366	골드 펄		중간 거친 입자의 맑고 반짝이는 황색감 펄 조색제 정면은 맑은 황색감, 측면은 맑은 청색감	이펙트
녹색 펄	WT 367	화인 그린 펄		미세한 규격의 녹색빛 펄 조색제 정면은 맑은 녹색, 측면은 맑고 밝은 적색빛	이펙트
	WT 375	그린 펄		입자감 있는 중간 규격의 맑은 녹색감의 펄 조색제 정면은 맑은 녹색, 측면은 맑고 밝은 적색감	이펙트
청색 펄	WT 315	엑스트라 화인 블루 펄		아주 미세한 규격의 적색감 있는 정색펄 조색제 WT 372 보다 작음	이펙트
	WT 316	더콰이즈 펄		중간 규격의 녹색감 띠는 청색펄 조색제 정면은 맑은 녹청색, 측면은 적색	이펙트
	WT 374	블루 그린 펄		입자감 있는 중간 규격의 청색감 띠는 녹색 펄 조색제 정면은 은폐감 있는 칭색빛 녹색, 측면은 은폐감 있는 황색빛 녹색	이펙트
	WT 372	화인 블루 펄		미세한 규격의 적색감 있는 청색 펄 조색제 정면은 맑은 청색감, 측면은 맑은 황색감	이펙트
	WT 370	브라이트 블루 펄		중간 거친 입자의 맑은 청색감 펄 조색제 맑고 밝은 입자감 있는 칼라에 적용 정면은 맑은 청색감, 측면은 맑은 황색감	이펙트
특수 펄	WT 312	매직 파이어 이펙트		채도 높은 녹색, 적색, 약한 녹색으로 변하는 특수 펄	이펙트
	WT 392	매직 이펙트		적청색, 청녹색, 약한 적색으로 변하는 특수 펄	이펙트

03 Permahyd® Hi-TEC Base Coat Series 480 ◆ 질라릭

계열	조색제	조색제명	모의칼라	특성	용도
질라릭	WT 377	다이아몬드 화이트		질라릭 화이트 펄 조색제, 측면에서 매우 반짝이는 효과 정면은 실버감의 화이트, 측면은 반짝이는 실버감의 화이트 펄	이펙트
	WT 378	다이아몬드 레드		질라릭 레드 펄 조색제 중간 거친 입자로 다른 레드필보다 더욱 반짝임 정면은 밝은 적색, 측면은 밝고 반짝임이 있는 적색	이펙트
	WT 379	다이아몬드 카퍼		질라릭 구리감 펄 조색제 반짝임이 더욱 강하며, 다른 펄보다 은폐감이 있음 정면은 적갈색감 적색, 측면은 반짝이며 적갈색감 적색	이펙트
	WT 380	다이아몬드 그린		질라릭 녹색 펄 조색제 매우 반짝이는 효과와 더불어 선명하고 거친 입자감 정면은 맑은 녹색, 측면은 약한 적색감이면서 반짝임	이펙트
	WT 381	다이아몬드 블루		질라릭 블루 펄 조색제 중간 거친 입자로 맑고 반짝이는 청색 정면은 맑은 정색감, 측면은 약한 황색감이면서 반짝임	이펙트
	WT 382	다이아몬드 골드		질라릭 황금빛 펄 조색제 중간 거친 입자로 측면에서 매우 반짝임이 있음 정면은 맑은 황색, 측면은 맑고 반짝이는 청색감	이펙트

04 Permahyd® Hi-TEC Base Coat Series 480 ◆ 메탈릭

계열	조색제	조색제명	모의칼라	특성	용도
메탈릭 - 일반형	WT 305	울트라 화인 실버		매우 고운 입자와 매우 반짝이는 알루미늄 조색제 액체 알루미늄과 같은 느낌을 줌. 예) Nissan– KAB, Lexus– 1F1, M.Benz– 047과 같은 OEM에 적용됨	이펙트
	WT 354	화인 실버		매우 입자가 미세한 알루미늄 조색제 WT 356 보다 미세하며 측면에서 더 밝음 정면은 회색, 측면은 약간 밝다.	이펙트
	WT 357	마이크로 실버		입자가 매우 미세하고 회색빛의 알루미늄 조색제 WT 356보다 정면은 더 어둡고, 회색빛이며 약하게 반짝임이 있으나, 측면에서 더 밝다.	이펙트
	WT 356	미디움 실버		입자가 중간 정도의 알루미늄 조색제 정면은 반짝이고 측면은 어두움	이펙트
	WT 359	브라이트 실버		중간 규격의 미세한 알미늄 입자 WT 356 보다 더 밝고 더 반짝임이 있으나, 측면에서는 더 어두움 정면은 반짝이고 빛나며 측면은 어두움	이펙트
	WT 360	코울스 실버		중간 규격의 거친 알루미늄 조색제로 반짝이는 칼라에 적용 WT 356 보다 정면이 더 밝고 반짝이나, 측면은 더 어두움 정면은 밝고 반짝이며 측면은 매우 어두움	이펙트
메탈릭 - 광휘형	WT 317	플래틴 실버 브릴리언트 화인		매우 고운 입자와 매우 반짝이는 알루미늄 조색제 WT 305 보다 정면이 더 반짝이고 측면이 어두움 예) Mazda – 46v, Lexus– 1F1, 1J2, 1J7과 같은 OEM에 적용됨	이펙트
	WT 303	플래틴 실버 엑스트라 화인		알루미늄 입자가 원형인 실버달러형 조색제 WT 389보다 작음	이펙트
	WT 389	플래틴 실버 화인		알루미늄 입자가 원형인 실버 달러형 조색제 WT 390 보다 입자가 작음	이펙트
	WT 362	브릴리언트 실버 화인		알루미늄 입자가 원형인 실버달러형 조색제 WT 357에 비하여 더 밝고 빛나며 측면은 더 어두움 정면은 밝고 빛나며 측면은 어두움	이펙트
	WT 390	플래틴 실버		알루미늄 입자가 원형인 실버 달러형 조색제 WT 389보다 입자가 큼	이펙트

계열	조색제	조색제명	모의칼라	특성	용도
특수 메탈릭	WT 361	브릴리언트 실버		알루미늄 입자가 원형인 실버달러형 조색제 WT 362보다 정면은 밝고 측면은 어두움 정면은 회색감 측면은 약간 밝음	이펙트
	WT 355	브릴리언트 실버 코울스		매우 거친 입자 알루미늄 실버달러형 조색제 반짝이는 입자감이 많이 나는 메탈릭 칼라에 적용 정면은 반짝이고 측면은 어두움	이펙트
	WT 304	매직 스파클 이펙트		투명한 황색톤의 매우 거친 글라스 플레이크	이펙트
	WT 307	프리즈마 실버		정면에서는 실버 측면에서는 무지개 색을 내는 특수 실버 조색제 예) Audi − LX7T	이펙트
	WT 358	스페셜 실버		메탈릭 칼라용 특수 실버 조색제	이펙트
	WT 363	브릴리언트 골드		밝은 황색감의 알루미늄 조색제 은폐력이 우수함 정면은 밝은 황색감 측면은 어두운 황색감	이펙트
	WT 383	브릴리언트 오렌지		WT 363에 비해 적색감이 많은 적황색 알루미늄 조색제 정, 측면에서 적, 황색감	이펙트
기타	WT 310	파우더 펄 바인더		파우더 펄 사용을 위한 조색제 바인더로 사용	
	WT 386	플롭 컨트롤	Flop Control Flop Control	측면을 밝게 하기 위한 명암 조정제	이펙트
	WT 385	시스템 컴퍼넌트 A		퍼마하이드 하이텍용 점도 조절제	
	WT 387	시스템 컴퍼넌트 B		투명도가 높은 화이트 조색제	
	1051	블렌드 인 첨가제		블렌딩용 첨가제	

P·A·R·T
4
작업 안전

4·1 안전

1 안전 기준

01 안전(safety)

사고가 없는 상태 또는 사고의 위험이 없는 상태를 말한다.

02 안전 관리(safety management)

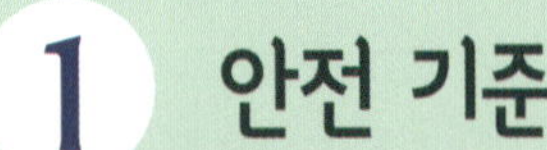

재해로부터 인간의 생명과 재산을 보호하기 위한 계획적이고 체계적인 활동을 말한다.

1) 안전 관리의 목표

① 인간의 존중(안전제일 이념)
② 경영의 합리화(생산손실 예방)
③ 사회적 신뢰성의 확보(기업 이미지 실추 예방)

2) 안전 관리 효과

① 직장의 신뢰도 증가 ② 이직률의 감소
③ 품질향상 및 생산성의 확보 ④ 인간관계의 개선
⑤ 기업의 경비 절감

03 산업 재해

사업장에서 우발적으로 일어나는 사고로 인한 피해로 사망이나 노동력을 상실하는 현상으로 천재지변 1%, 물리적 재해 10%, 불안전 행동 89%이다.

04 하인리히(W.H.Heinrich) 이론

① 사회적 환경과 유전적인 요소 ② 개인적인 결함
③ 불안전 상태 및 불안전 행동 ④ 사고
⑤ 상해

1) 재해 발생 과정

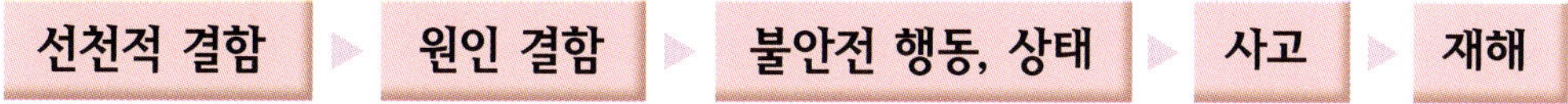

2) 불안전한 동작이 일어나는 원인

① 착각을 일으키기 쉬운 외부 조건이 많은 경우
② 감각 기능이 정상을 이탈했을 경우
③ 두뇌의 명령에서 근육 활동이 일어날 때까지 전달하는 신경의 저항이 클 경우
④ 올바른 판단에 필요한 지식이 부족할 경우
⑤ 의식 동작을 필요로 할 때까지 무의식 동작을 행할 경우
⑥ 시간적이나 수량적으로 세밀한 능력을 발휘하는데 필요한 신경계의 저항이 클 경우

05 산업 재해 발생 원인

1) 인적 요인(man factor)

① **심리적 원인:** 망각, 고민, 집착, 착오, 생략

② **생리적 원인:** 피로, 음주, 고령

③ **직장적 원인:** 인간관계, 조직, 분위기

2) 설비적 요인(machine factor)

① 기계설계의 결함 ② 비표준화

③ 방호장치의 불량 ④ 정비, 점검의 불량

3) 작업적 요인(media factor)

① 작업정보의 부적절 ② 작업 자세, 동작 결함

③ 작업 공간의 부족

4) 관리적 요인(management factor)

① 관리 조직의 결함 ② 교육의 부족

③ 규정의 미비 ④ 지도 감독의 소홀

⑤ 건강 관리의 불량

06 산업 재해 예방 4원칙

1) 예방 가능의 원칙

천재를 제외한 인재는 사전에 예방이 가능하다.

2) 손실 우연의 법칙

사고 발생시 손실의 유무 및 대소는 우연으로 정해지므로 예측할 수 없다.

3) 원인 연계의 원칙

사고에는 반드시 원인이 있고 그 원인은 대부분 복합적으로 연계되어 있다.

4) 대책 선정의 원칙

직접, 간접 사고의 원인과 불안전 요소가 발견되면 반드시 대책 선정이 가능하고 대책이 실시되어야 한다.

2 재해

01 산업 재해의 종류

① **화학적 위험:** 화재, 폭발
② **물리적 위험:** 방사선 장해, 화상, 동상, 난청, 손 절단
③ **전기 위험:** 감전
④ **건설 위험:** 추락, 붕괴, 침하, 낙반
⑤ **수공구 위험:** 공구, 운반

02 산업 안전 사고

① **감전:** 전기 사용량이 많아져 감전 사고도 매년 늘고 있다.
② **화재:** 기름, 가스, 전기, 목재, 종이, 섬유류 등에 불이 붙어 발생
③ **폭발:** 도시 가스, LP 가스, 석유 제품, 화학 약품 등이 폭발
④ **추락:** 사다리에서 떨어지는 사고 등
⑤ **기계 설비:** 기계 장치에 손 물림, 벨트 장치에 손 물림, 드릴링 머신에 넥타이 감김, 절단기 및 굽힘 기계에 손 끼임 등

03 교통 안전 사고

자동차, 철도 차량, 선박, 항공기 등 교통수단에 의한 사고가 있다.

04 학교 안전 사고

① **활동 시간별:** 체육 시간, 휴식 시간, 과외 활동, 교과 수업, 실험 실습 시간 순
② **발생 원인별:** 학생 부주의, 시설 미비, 교사의 과실, 학생들 간의 다툼 순
③ **학교급별:** 중학교와 고등학교에서 많이 발생

05 가정 안전 사고

감전, 화재, 가스 폭발, 욕실에서 미끄러짐, 사다리나 옥상에서 추락, 물체를 이동시킬 때 등이 있다.

3 화재 예방

01 화재의 종류 및 소화기 표식

1) A급 화재

보통 화재(일반화재)라고도 하며 목재, 섬유류, 종이, 고무, 플라스틱처럼 다 타고 난 이후에 재를 남기는 화재이다. 냉각소화의 원리에 의해서 소화되며, 소화기에 표시된 원형 표식은 백색으로 되어 있다.

2) B급 화재

유류 화재(가스화재 포함)라고도 하며, 액체 화재 시 연소 후에 보통 화재와는 달리 재 같은 찌꺼기가 남지 않는 화재로 휘발유, 석유류 및 식용유 등과 같이 연소되기 쉬운 인화성 액체가 포함된다.

외국에서는 가스 화재를 별도로 구분하는 경우도 있으나 우리나라에서는 LPG(액화석유가스), LNG(액화천연가스), 부탄가스 등과 같은 가연성가스도 B급화재로 분류한다. 질식소화의 원리에 의해서 소화되며, 소화기에 표시된 원형의 표식은 황색으로 되어 있다.

3) C급 화재

전기 화재라고도 하며 변압기, 전기다리미, 두꺼비집 등 전기기구에 전기가 통하고 있는 기계나 기구 등에서 발생하는 화재를 말한다. 질식소화의 원리에 의해서 소화되며, 소화기에 표시된 원형의 표식은 청색으로 되어 있다.

4) D급 화재

금속분 화재라고도 하며 우리나라의 경우 별도로 구분하지 않는 경우가 많은데 금속분(금속가루), 마그네슘 가루, 알루미늄 가루 등이 연소될 때는 무척 빠른 속도로 연소하여 폭발하기도 한다.

이런 금속분 화재의 경우 일반 ABC 분말소화기로는 소화를 할 수 없으므로 금속 화재용 전용 소화기를 사용하여야 한다. 이러한 이유로 금속가루는 물 등 수분과 결합하면 폭발적인 반응을 하므로 수분이 없는 장소에 보관하여야 한다. 질식소화의 원리에 의해서 소화시켜야 한다.

02 소화 방법

1) 가연물 제거

가연물을 연소구역에서 멀리 제거하는 방법으로, 연소방지를 위해 파괴하거나 폭발물을 이용한다.

2) 산소의 차단

산소의 공급을 차단하는 질식소화 방법으로 이산화탄소 등의 불연성 가스를 이용하거나 발포제 또는 분말소화제에 의한 냉각효과 이외에 연소 면을 덮는 직접적 질식효과와 불연성 가스를 분해·발생시키는 간접적 질식효과가 있다.

3) 열량의 공급 차단

냉각시켜 신속하게 연소열을 빼앗아 연소물의 온도를 발화점 이하로 낮추는 소화방법이며, 일반적으로 사용되고 있는 보통 화재 때의 주수소화(注水消火)는 물이 다른 것보다 열량을 많이 흡수하고, 증발할 때에도 주위로부터 많은 열을 흡수하는 성질을 이용한다.

4　산업 안전 보건 표지

01 금지 표지 ◆ 8종

① **색채:** 바탕은 흰색, 기본 모형은 빨간색, 관련 부호 및 그림은 검은색

② **종류:** 출입금지, 보행금지, 차량 통행금지, 사용금지, 탑승금지, 금연, 화기금지, 물체 이동금지

출입금지	보행금지	차량 통행금지	사용금지
탑승금지	금연	화기금지	물체 이동금지

02 경고 표지 ◆ 9종

① **색채:** 바탕은 노란색, 기본 모형은 검은색, 관련 부호 및 그림은 검은색

② **종류:** 방사성 물질 경고, 고압 전기 경고, 매달린 물체 경고, 낙하물 경고, 고온 경고, 저온 경고, 몸 균형 상실 경고, 레이저 광선 경고, 위험 장소 경고

03 경고 표지 ◆ 6종

① **색채 :** 바탕은 무색, 기본 모형은 빨간색(검은색도 가능), 관련 부호 및 그림은 검은색

② **종류 :** 인화성 물질 경고, 산화성 물질 경고, 폭발성 물질 경고, 급성 독성 물질 경고, 부식성 물질 경고, 발암성·변이원성·생식독성·전신독성·호흡기 과민성 물질 경고

인화성 물질 경고	산화성 물질 경고	폭발성 물질 경고	급성독성 물질 경고
부식성 물질 경고	방사성 물질 경고	고압전기 경고	매달린 물체 경고
낙하물 경고	고온 경고	저온 경고	몸균형 상실 경고
레이저광선 경고	발암성 · 변이원성 · 생식독성 · 전신독성 · 호흡기과민성 물질 경고		위험장소 경고

04 지시 표지 ◆ 9종

① **색채:** 바탕은 파란색, 관련 그림은 흰색

② **종류:** 보안경 착용 지시, 방독 마스크 착용 지시, 방진 마스크 착용 지시, 보안면 착용 지시, 안전모 착용 지시, 귀마개 착용 지시, 안전화 착용 지시, 안전 장갑 착용 지시, 안전복 착용 지시

보안경 착용	방독 마스크 착용	방진 마스크 착용

보안면 착용	안전모 착용	귀마개 착용

안전화 착용	안전장갑 착용	안전복 착용

05 안내 표지 ◆ 7종

① **색채:** 바탕은 흰색, 기본 모형 및 관련 부호는 녹색(바탕은 녹색, 기본 모형 및 관련 부호는 흰색)

② **종류:** 녹십자 표지. 응급구호 표지, 들것, 세안장치, 비상용기구, 비상구, 좌측 비상구, 우측 비상구

녹십자 표지	응급구호 표지	들것	세안장치
			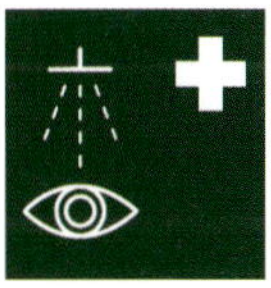
비상용기구	비상구	좌측비상구	우측비상구

5 유기 용제

시너, 솔벤트 등 어떤 물질을 녹일 수 있는 액체상태의 유기 화학 물질로서 휘발성이 강한 것이 특징인데, 공기 중에 유해가스의 형태로 존재하기도 한다.

01 성질

① 기름이나 지방을 잘 녹이며, 특히 피부에 묻으면 지방질을 통과하여 체내에 흡수된다.
② 쉽게 증발하여 호흡을 통하여 잘 흡수된다.
③ 인화성이 있어 불이 잘 붙는다.
④ 대부분은 중독성이 강하여 뇌와 신경에 해를 끼쳐 마취작용과 두통을 일으킨다.

02 종류

유해성의 정도 등에 따라 1종, 2종, 3종으로 분류한다.

	1종 유기 용제	2종 유기 용제	3종 유기 용제
표시 색상	빨 강	노 랑	파 랑
종 류	• 벤진 • 사염화탄소 • 트리클로로에틸렌	• 톨루엔 • 크실렌 • 초산에틸 • 초산부틸 • 아세톤 • 트리클로로에틸렌 • 이소부틸알콜 • 이소펜틸알콜 • 이소프로필알콜 • 에틸에테르	• 가솔린 • 미네랄스피릿 • 석유나프타 • 석유벤진 • 테레핀유
최대 허용 농도	• 25ppm	• 200ppm	• 500ppm

03 작업 환경 관리

1) 유기 용제 대체 사용

유기 용제를 사용하는 경우 현재 취급하고 있는 물질보다 유해성이 적은 물질로 대체하는 것은 효과적인 작업 환경 개선 방법 중의 하나(수용성 도료)이다.

2) 작업 공정의 적합한 배치

① 해당 공정이 분산 배치되지 않도록 한다.
② 해당 공정을 가능한 한 자동화 하거나 타 작업장과 격리시켜 유기 용제의 광범위 노출을 방지한다.
③ 관련 기계·기구 등을 배치하는 경우 밀폐시키거나 국소 배기 설비를 설치하는 등 해당 작업 근로자의 노출 기회를 줄인다.

04 증기 발산원 밀폐

① 작업에 필요한 개구부를 제외하고는 완전히 밀폐시켜 유기 용제의 확산을 방지한다.
② 유기 용제의 보관 장소 등 밀폐된 작업 장소에서는 음압(−)을 유지하여 밀폐실 내부의 공기가 밖으로 나오지 않도록 설계한다.
③ 밀폐 작업 장소가 음압(−)의 유지가 곤란하거나, 음압을 유지해도 개구부 등을 통하여 유기 용제가 누출 될 경우 국소 배기 장치를 설치하여 오염 발산원을 원천적으로 봉쇄한다. 그리고 유기 용제가 들어있는 용기는 사용할 때만 열어서 사용하고 즉시 밀봉하여 유기 용제의 확산을 막고, 유기 용제가 묻은 걸레나 휴지는 밀폐된 쓰레기통에 버리고 자주 비워야 한다.

05 국소 배기 장치의 설치 및 관리

작업 특성상 유기 용제의 확산을 방지하는 설비의 조치가 곤란한 경우에는 작업 특성에 맞는 형식과 성능을 갖춘 국소 배기 장치를 설치한다.

① 후드의 설치는 유기 용제의 증기를 흡입하기에 적당한 형식과 크기로 선택한다.

② 후드는 유기용제 증기의 발산원마다 설치해야 한다.

③ 배기 닥트의 길이는 가능한 짧고, 굴곡부의 수의 적게 하여 배출이 용이하도록 한다.

④ 배풍기의 위치는 공기 청정장치의 앞으로 조정이 가능하다.

⑤ 배기구는 직접 외부로 개방하며 공기 청정장치가 없는 장치의 배기구 높이는 옥상 또는 옥상난간 상부로부터 1.5m 이상으로 한다.

⑥ 공기 청정장치를 설치할 때는 고체 흡착방식 또는 그보다 정화 성능이 우수한 공기 청정장치를 설치한다.

⑦ 국소형 공기 청정장치를 설치하지 아니한 국소 배기 장치 등의 배기구 높이는 옥상 또는 옥상난간 상부로부터 1.5m 이상으로 한다.

⑧ 국소 배기 장치의 제어 풍속은 아래 표 이상이 되도록 한다.

후드의 형식		제어 풍속(m/s)
포위식 후드		0.4
외부식 후드	측방 흡인형	0.5
	하방 흡인형	0.5
	상방 흡인형	1.0

06 건강관리

1) 근로자 개인 위생관리

① 휴게 시설을 설치하되 유기 용제를 취급하는 장소와 격리된 장소에 설치한다.

② 흡연을 금지한다.

③ 음식물 섭취를 금지한다.

④ 작업 실시 후 음식물을 섭취할 경우에는 손이나 얼굴을 깨끗이 씻고, 별도의 방에서 섭취한다.

⑤ 필요시 보호구를 착용한 후 작업에 임하도록 하고 사용한 보호구는 불순물 및 감염물을 제거한 후 청결한 장소에 보관한다.

⑥ 비상시 사용한 호흡용 보호구는 최소 1개월 또는 사용 후 마다 소독하여 보관한다.

⑦ 오염된 피부를 세척할 경우에는 유기 용제의 사용을 금하고 피부에 영향을 주지 않는 제품을 사용하여 세척한다.

⑧ 작업을 종료한 후에는 손, 얼굴 등을 깨끗이 씻거나 목욕을 실시한다.

⑨ 퇴근 시에는 작업복을 벗고 평상복으로 갈아입는다.

2) 유기 용제 중독 증상

① 유기 용제가 입, 기도 피부 등을 통하여 체내에 들어옴으로써 중독이 된다.

② 고농도에 급성으로 노출시 혼란, 어지러움, 두통, 집중력 저하 등의 증상이 나타난다.

③ 장기간 유기 용제에 노출되는 경우에는 중추 신경계 외 말초 신경계의 장애가 나타난다.

④ 저농도 장기 노출에 의한 인지기능의 장애나 정서변화 등 중추 신경계의 장애도 초래한다.

⑤ 유기 용제에 의한 중추 신경계의 만성장애는 그 정도에 따라 경증, 중등증, 및 중증으로 나뉜다.

경증	기질적 정서 증후군	제1형(단순 증상)
중등증	경증의 만성독성 뇌병증	제2A형(지속적 정서 혹은 성격변화)
		제2B형(지적기능 장애)
중증	중증의 만성독성 뇌병증	제3형(치매)

3) 응급조치

① 유기용제 등이 눈에 들어간 경우에는 즉시 많은 양의 물로 씻어내고 안과의사의 검진을 받는다.

② 유기 용제 등이 피부에 접촉된 경우에는 비누 또는 물로 씻어내고 씻은 후에도 계속 가렵고 염증이 발생되면 즉시 의사의 검진을 받는다.

③ 재해가 탱크 내부 등 밀폐된 곳에서 일어난 때에는 급히 뛰어 들거나 방독면을 착용하고 들어가는 것을 금지하고 필히 송기 마스크를 착용한 후 정확한 방법으로 구조 작업을 한다.

④ 환자는 즉시 통풍이 잘되는 평탄한 곳에 옮긴 후 머리를 낮추고 옆으로 눕히거나 엎드려 눕혀서 응급조치를 하고 즉시 의사의 진단을 받도록 한다.

⑤ 환자의 옷을 헐겁게 풀어주고 입안에 구토물이 있는지의 유무를 확인하여 있을 경우에는 씻어내고 호흡이 정지된 환자는 지체 없이 의사가 올 때까지 인공호흡이나 산소 호흡기에 의한 호흡을 계속한다.

⑥ 어두운 곳에서 재해가 발생한 경우에는 성냥 등 화기 사용을 금지하고 방폭 구조형 전등을 이용한다.

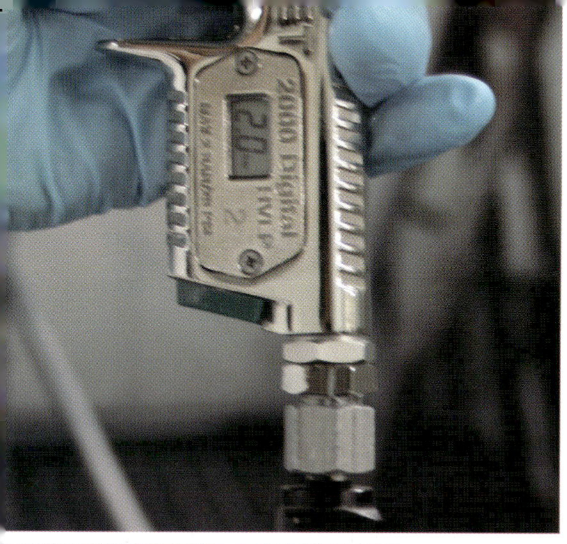

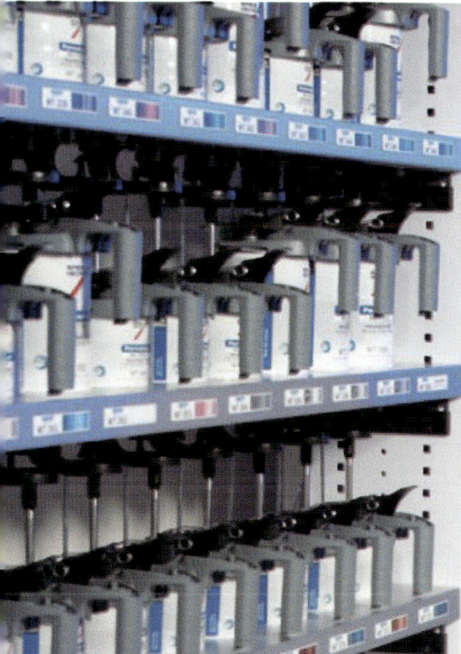

자료 참조

- 환경 친화형 도료의 보급 및 사용에 관한 지침 (환경부)

자료 협조

- Cromax® Cromax EZ 자동차 보수팀
- Glasulit 90 Line 자동차 보수팀
- KCC SUMIX 자동차 보수팀
- NOROO WATER-Q 자동차 보수팀
- PPG ENVIROBASE® 자동차 보수팀
- Spies-hecker Permahyd® Hi-TEC 자동차 보수팀

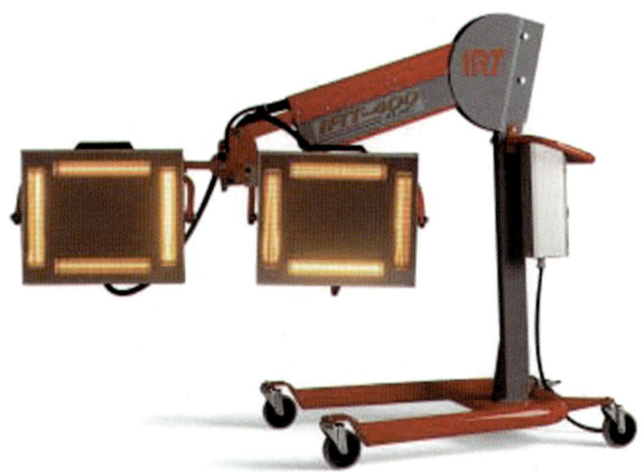

친환경 페인팅의 신세계

자동차 수용성 도장

초판발행_ 2018년 6월 5일
제1판2쇄_ 2021년 3월 2일

저   자_ 김재훈
발 행 인_ 김길현
발 행 처_ (주) 골든벨
등   록_ 제 1987-000018호 © 2018 Golden Bell
ISBN _ 979-11-5806-300-9
가   격_ 28,000원

기획_ 이상호
책임 디자인_ 안명철
편집 및 디자인_ 조경미, 김선아
제작 진행_ 최병석
웹 매니지먼트_ 안재명, 김경희
오프 마케팅_ 우병춘, 이대권, 이강연
공급 관리_ 오민석, 정복순, 김봉식
회계 관리_ 이승희, 김경아

저자 김재훈

· 한국 폴리텍 대학 화성캠퍼스
· 이메일(paintmaster@naver.com)

- 이 책의 내용에 관한 질문은 저자의 e-mail로 문의해 주세요.
- 질문의 요지는 이 책에 수록된 내용에 한합니다.
- 본사 전화는 업무용으로 책의 내용에 대한 질문에는 답할 수 없음을 양지해 주시기 바랍니다.

(우) 04316 서울특별시 용산구 원효로 245(원효로 1가 53-1) 골든벨 빌딩 5~6F
● TEL: 영업부 02-713-4135 / 편집부 02-713-7452
● FAX: 02-718-5510 ● 홈페이지: www.gbbook.co.kr ● 이메일: 7134135@naver.com